Claudia Reiterer

Der Popcorn-Effekt

Vom Traum zum Erfolg

CLAUDIA REITERER

Der POPCORN EFFEKT
Vom Traum zum Erfolg

braumüller

Bibliografische Information der Deutschen Nationalbibliothek
Die Deutsche Nationalbibliothek verzeichnet diese Publikation in der
Deutschen Nationalbibliografie; detaillierte bibliografische Daten
sind im Internet über http://dnb.d-nb.de abrufbar.

Printed in Austria

1. Auflage 2015
© 2015 by Braumüller GmbH
Servitengasse 5, A-1090 Wien

www.braumueller.at

Autorenfotos Umschlag: ORF | Thomas Ramstorfer
Druck: Druckerei Theiss GmbH, A-9431 St. Stefan im Lavanttal
ISBN 978-3-99100-159-1

Für meine Freundinnen
Doris und Christine

Inhalt

Der Anfang des Erfolgs 12

DAS FELD DER KINDHEIT UND JUGEND

Ich will nichts Geerbtes 17

*„Ich habe aus dem Satz ‚Aus dir wird nichts!' ‚Aus mir kann alles werden!'
gemacht."* Claudia Reiterer 19

Gewaltige Väter und Mütter 21

*„Die Hilfe von meiner Mutter in meiner Kindheit
war der Schlüssel zum Erfolg."* Jane Goodall 21

„Du musst versuchen, schneller zu sein als die anderen." Vater zu Susie Wolff 22

*„Wenn man Kinder hat, die keine Angst haben, dann muss man auch solche
Eltern haben!"* Marc Girardelli 24

„Eltern sollten keinen zu großen Druck auf ihre Kinder ausüben."
Marcel Hirscher 26

„Wenn ich sage, es ist Grün, auch wenn es Rot ist, ist es Grün."
Elisabeth Gürtlers Vater 28

„Wir haben dich was Anständiges lernen lassen."
Vater zu Freddy Burger 30

*„Wenn ich einmal im Leben was erreichen sollte, dann gebe ich jedem
Menschen, der mich fragt und was in der Küche machen will, eine Chance."*
Alfons Schuhbeck 32

*„Der Schauspieler Otto Tausig sollte mir auf Wunsch
meines Vaters den Schauspielberuf ausreden."* Roland Düringer 33

Der genetische Rucksack und die Umwelt 35

„Jeder muss ein Profil haben, viele fahren mit Slicks durchs Leben."
Alfons Schuhbeck 39

Schule – eine ewige Baustelle 43

„Fehlerfrei – wie dumm ist das denn?" Florian Gschwandtner 44

„Wie still wäre es im Wald, wenn nur die begabtesten Vögel sängen."
Homepage Evangelische Schule Berlin Zentrum – Alexander Puschkin 46

*„Ich möchte mein Kind in keine Schule schicken, wo es nur höchst
engagierte Lehrer gibt. Das Kind wäre dort ja total überfordert."*
Rudolf Taschner 49

Vor-Bilder 53

*„Handle ein einziges Mal nach deinem Gefühl, nicht immer nach deinem
Verstand!"* Zitat aus dem Film „Knight Moves" 53

„Du musst immer daran glauben, dass ein Mann sein Schicksal
verändern kann. Alles ist möglich, du musst nur die Sterne neu ordnen."
Zitat aus dem Film „Ritter aus Leidenschaft".. 54

„Ich war begeistert, weil ich unter anderem wusste,
dass ich dann ins Fußballstadion und in die Staatsoper gehen kann."
Bundespräsident Heinz Fischer über seinen Vater, als dieser Staatssekretär wurde 56

DIE ZUTATEN DES ERFOLGS

TALENT UND FLEISS 61

„Was willst du?" – „24 Stunden arbeiten." Barbara Stöckl 62

„Das Einklinken in das andere System ist der Schlüssel zum Erfolg.
Beobachte, wie die anderen leben und was sie wollen." Alfons Schuhbeck.............. 62

Die 10.000-Stunden-Regel.. 63

„Ich kenne einige Sänger und Sängerinnen, die nicht besonders begabt sind,
dafür aber wahnsinnig fleißig." Angelika Kirchschlager 67

„Wenn es darauf ankommt, ist es das gewisse Etwas, ich nenne es
das ‚Killergen‘, das den Unterschied ausmacht.
Das schlägt auch Trainingsweltmeister." Marcel Hirscher............................... 68

„Die breite Masse hat nicht mitbekommen,
was das am Anfang für ein harter Kampf war." Andreas Gabalier 69

„Schlamperei, Ungenauigkeit, das Reinfallen auf sich selbst verhindern
letztendlich Erfolg bei durchaus begabten Menschen." Cornelius Obonya.... 70

„Verschleudere dein Talent nicht, schärfe es, mache was daraus, es gibt
keinen Grund, sich auf irgendetwas auszuruhen."
Gerhard Bronner zu Cornelius Obonya.. 75

GEDULD UND DURCHHALTEVERMÖGEN 77

„Durchhaltevermögen schlägt Talent." Marc Girardelli.................................. 77

„Wenn ich meinen inneren Schweinehund überwinden will, dann sage ich
mir selber ‚Aufstehen, Krone richten, weitermachen‘." Tatjana Oppitz 79

„Ich habe Eckart Witzigmann 35-mal gefragt, ob ich bei ihm arbeiten darf."
Alfons Schuhbeck 83

SCHUSTER, BLEIB (NICHT) BEI DEINEM LEISTEN 87

„Erfolg beginnt immer mit einer Idee!" Cornelius Obonya 89

„Der eigenen Sehnsucht zu folgen, heißt, mit dem Mainstream
in Konflikt zu kommen." Heinrich Staudinger 90

EMOTIONALE INTELLIGENZ... 91

„Das Leben muss doch auch Sinn machen, nicht nur Profit." Gertrud Höhler.......... 91

Entscheidende Kompetenzen für Emotionale Intelligenz................................... 93

INTUITION – KOPF ODER BAUCH? 95

„Ich glaube von 100 Entscheidungen, die ich in meinem Leben getroffen habe, habe ich 99 aus dem Bauch getroffen, aber es war sehr schön, als 98 davon hinterher intellektuell bestätigt werden konnten." Frank Elstner 95

„Alles, was ich im Leben aus dem Hirn gemacht habe, war nicht optimal. Alles, was ich aus dem Bauch heraus gemacht habe, war erfolgreich."
Alfons Schuhbeck 97

„Ich habe in meinem Leben viele Entscheidungen intuitiv getroffen und sie waren richtig." Freddy Burger 98

„In der Bildungsdebatte ist die Herzensbildung unterrepräsentiert."
Barbara Stöckl 100

„Ich entscheide mich nur, wenn Kopf und Bauch gleichzeitig Ja sagen. Sonst treffe ich diese Entscheidung nicht." Gerhard Zeiler 105

„Zwei Drittel Kopf und ein Drittel Bauch." Heinz Fischer............................. 108

„Ich verstehe die Masse, also nicht den Superhochintelligenten und auch nicht den ganz Supersuperdummen, aber die Masse. Und das ist eine intuitive Fähigkeit." Florian Gschwandtner.......................... 110

RESILIENZ, DIE PSYCHISCHE WIDERSTANDSKRAFT –
BIEGEN STATT BRECHEN 111

Wer geht, wer bleibt, wer kommt. Was war, was ist, was sein wird. 111

KREATIVITÄT 116

„Es gibt keinen Lift zum Erfolg, du musst die Stufen nehmen."
Florian Gschwandtner.. 118

Das Bewusstsein, etwas Besonderes zu sein 121

Denken Sie über den Tellerrand, senkrecht und quer............................ 122

Der erste Kreativitätstest der Welt 124

Der falsche und der richtige Raum 126

DER ZUFALL UND DAS LIEBE GLÜCK... 130

„Wenn ich im Schlafsack gesteckt wäre, der ist immer zu bis ganz oben, dann hätte ich keine Chance gehabt." Gerlinde Kaltenbrunner 130

„Träume erlauben uns, Möglichkeiten auszuprobieren, die in der Wirklichkeit gar nicht gehen, aus denen man aber trotzdem etwas lernen kann."
Ernst Ulrich von Weizsäcker 136

„Alle Erfindungen gehören dem Zufall an, die einen näher, die anderen weiter vom Ende, sonst könnten sich vernünftige Leute hinsetzen und Entdeckungen machen, so wie man Briefe schreibt." Georg Christoph Lichtenberg 137

DER PROZESS

WAS TREIBT SIE AN? 148

DRUCK 149

„Meine besten Ideen hatte ich nur unter Druck." Frank Elstner..... 149

„Wenn man oben ist, dann gibt es nur eine Richtung,
und zwar nach vorne mit Vollgas." Marcel Hirscher.................................... 151

„Kraftreserven können durch Gefühle wie Wut mobilisiert werden
und Wut ist ein wichtiger Motor für Erfolg." Gertrud Höhler..................... 152

MISSERFOLG UND SCHEITERN 153

„Weg mit dem Misserfolgsvermeidungsdenken!" Gerhard Zeiler............................. 153

„Wenn Systeme erfolgreich sein sollen, müssen sie Fehler provozieren
und geradezu erlauben." Ernst Ulrich von Weizsäcker 154

Wenn Misserfolge letztlich erfolgreich werden............................ 154

„Visionen, Ideen und Kreativität entstehen nur im
tatsächlichen Verlust." Gerry Friedle alias DJ Ötzi.. 156

„Ohne Scheitern wäre ich nichts, für mich war das Verlieren
oft lehrreicher als das Gewinnen." Marcel Hirscher 158

„Ich lasse mir den Kopf nicht durch Schwierigkeiten vernebeln." Helmut Marko... 161

FREUDE UND LEIDENSCHAFT 164

„Raus aus der Blumenwiese und rein in den Dschungel."
Anne Meyer-Minnemann... 164

„Das Schönste, was es gibt, ist Visionen zu haben,
Fantasie, Leidenschaft und Disziplin." Alfons Schuhbeck.................... 167

KRÄNKUNGEN UND MANGEL 168

„Man würde nie so viel von sich preisgeben, man macht das eigentlich nur,
weil man so eine Sehnsucht hat nach Anerkennung, Liebe und Lob."
Gerry Friedle alias DJ Ötzi.. 168

MUT UND RISIKO 173

„Man muss den Mut haben, sich zu blamieren." Barbara Stöckl......... 173

Racing-Gen ohne Führerschein und mit Jochen Rindt.................................. 176

„Es gibt immer einen Weg, wenn der andere versperrt ist,
immer einen Weg nach vorne." Margot Käßmann................................... 179

„Unternehmer müssen sich immer mit dem ‚Worst Case' beschäftigen."
Freddy Burger 180

„Man muss die Tollkühnheit haben, das Risiko zu lieben." Marc Girardelli.............. 181

„Mut ist der schmale Grat zwischen Tollkühnheit und Feigheit."
Gertrud Höhler.. 182

DIE ENTSCHEIDUNG..183

„Raus aus der Enge und von außen draufschauen." Gerlinde Kaltenbrunner.............183

„Ich frage und mache Sitzungen und Meetings,
aber die Entscheidung treffe ich allein." Elisabeth Gürtler 187

„Du musst die Reise zum Erfolg in einige Zwischenetappen einteilen,
sonst verlierst du den Glauben an dich." Marc Girardelli..................................190

PLAN ODER KEIN PLAN? 191

„A dream without a plan is just a wish!" Susie Wolff....................................192

„Einen Chef braucht man nicht, wenn die Sonne scheint. Einen Chef braucht
man vor allem, wenn es regnet. Er muss den Regenschirm aufspannen."
Gerhard Zeiler...192

WARUM SIND MANCHMAL ARSCHLÖCHER ERFOLGREICHER? 194

„In der schlechtesten Gesellschaft kann der Schlechteste nach oben kommen."
Gertrud Höhler...199

„Führung durch Angst ist nicht mehr so weit verbreitet wie früher, aber noch
immer zum Überdruss vorhanden. Auf Dauer hat niemand damit Erfolg."
Gerhard Zeiler...203

„Ich will kein geistiges Sodbrennen." Alfons Schuhbeck 204

„Wahrscheinlich ist auch der unangenehmste Zeitgenosse im Grunde eine
kleine Seele, die geliebt werden will." Angelika Kirchschlager.......................205

„Der Schlimme ist interessanter als der Brave." Florian Gschwandtner 206

DER KNALL-EFFEKT

DER POPCORN-MOMENT...221

„Ich kann ohne Applaus leben, aber nicht, wenn ich auf der Bühne stehe."
Udo Jürgens 227

„Ein Unternehmer muss nicht gewählt werden, auch wenn er unbeliebt ist, ist er
Unternehmer. Dann ist er ein unbeliebter Unternehmer." Elisabeth Gürtler 229

NEID UND KRITIK..230

„‚Nix gschimpft is gnua globt', also keine Kritik ist genug Lob."
ORF-Journalist Geert Kahl zu Claudia Reiterer nach ihrer ersten „Pressestunde" 232

Wenn sich Genies bekämpfen...233

„Künstler sollen Menschen sein dürfen auf der Bühne [...] kein Kanonenfutter."
Angelika Kirchschlager...237

„Ich muss vor mir selber geradestehen, nach meinen Wertvorstellungen
leben; die Leute, die etwas Negatives über mich schreiben, sollen glücklich
werden damit." Gerlinde Kaltenbrunner..239

„Neid ist ein Feind des Erfolgs." Andreas Gabalier.. 241

„Ich freue mich immer, wenn andere besser sind als ich und
insofern spüre ich dabei keinen Neid." Ernst Ulrich von Weizsäcker 242

„Berechtigte Kritik motiviert mich." Tatjana Oppitz 244

„Es ist besser, nach einer Diskussion recht zu haben
als vor einer Diskussion unrecht." Gerhard Zeiler.. 244

„Wenn man glaubt, man kann es immer allen
recht machen, scheitert man." Barbara Stöckl... 245

DIE DRITTELFORMEL UND ANDERE ERFOLGSREZEPTE........ 246

„Ein Drittel Glück. Ein Drittel Können. Ein Drittel Sympathie."
Claudia Reiterer.. 246

„Frauen müssen hellwach sein und springen, wenn sie Chancen haben,
und nie sagen: Das ist mir zu viel oder ich weiß nicht, ob ich das kann.
Sie müssen JA sagen!" Elisabeth Gürtler.. 250

DIE NUMMER ZWEI 252

Bronze macht glücklicher als Silber 252

WAS HABEN DIE SIEGER GEMEINSAM? 255

ARBEIT ALS ENERGIEQUELLE 255

MUT ZUR PAUSE.. 256

„Du kannst dich nur in der Stille spüren, anders geht's nicht."
Angelika Kirchschlager.. 256

„Der Mensch braucht Auszeiten, der Mensch braucht Erholungszeit.
Man kann nicht alles zur gleichen Zeit machen." Freddy Burger 258

„Nichts aufschieben. Aus einem kleinen Haufen wird
dann ein unreparierbarer Berg." Alfons Schuhbeck... 259

KUNST DER BALANCE 260

„Erfolg ist nicht einfach das So-Bleiben, sondern auch das Anders-Werden."
Ernst Ulrich von Weizsäcker.. 260

„JA, ICH WILL!" 261

OHNE ZIEL, KEINE RICHTUNG.. 262

STANDORT BESTIMMT DEN STANDPUNKT.. 263

LÖFFELLISTE 263

„„Die Popcorn Six': Können, Glück, Durchhaltevermögen,
Fleiß, Persönlichkeit und Willenskraft.'" Claudia Reiterer.. 266

REFERENZEN 268

Der Anfang des Erfolgs

Ich sitze mit meinem Mann und meinem Sohn vor dem Fernsehgerät und wir zittern gemeinsam mit Marcel Hirscher. Schafft er es zum vierten Mal Weltcupgesamtsieger zu werden oder nicht? Mein Pulsschlag ist erhöht. Wie hoch muss er erst bei Hirscher sein und wie hält dieser Ausnahmesportler den Druck in diesem Moment überhaupt aus? Wie schafft er es, die Grenzen zu überwinden?

Erfolgreiche Menschen begleiten uns überallhin, sogar bis in unser Wohnzimmer, sei es am Smartphone, im Radio, in Büchern, den Zeitungen und natürlich im Fernsehen. Man denke nur an die Neujahrsansprache des Bundespräsidenten oder an Frank Elstner mit seinen „Menschen der Woche". Ein anderes Mal liege ich auf der Couch und bereite mich mit den Thesen von Ernst Ulrich von Weizsäcker auf einen Klima- und Umweltschutzkongress vor. Aus dem Radio höre ich Gerlinde Kaltenbrunner, die von ihren Bergexpeditionen erzählt. Und wenn ich koche, verwende ich gerne die Gewürzmischungen von Alfons Schuhbeck und entspanne mich bei den lebensnahen Texten und der Musik von Annett Louisan. Als ich einmal Cornelius Obonya in „Die Hebamme" genießen wollte, machte ich mir Popcorn für das Heimkinofeeling, aber es funktionierte nicht. Erst beim zweiten Anlauf glückte es. Ich fragte mich: Was habe ich beim ersten Mal falsch gemacht? Lag es an den Zutaten? Oder stimmte die Temperatur nicht? Welche Parameter müssen gegeben sein, um erfolgreich Popcorn herzustellen? Die Erzeugung von Popcorn ist wie eine Parabel für den Erfolg im Leben. Denn auch der berufliche Durchbruch ist das Ergebnis der richtigen Zutaten im korrekten Verhältnis. Es braucht Können, Glück, Begabung, Emotionale Intelligenz, Förderer und Fleiß. Alles hinein in den Topf des Lebens, den Deckel draufsetzen, mit Mut und Risiko die Temperatur nach oben drehen, die Hitze und den Druck aushalten, bis die Grenzen von innen heraus gesprengt werden und wie beim Maiskorn der Erfolg in diesem einen besonderen Moment aufgeht, die innere Stärke nach außen quillt. Das funktioniert meist nur, wenn man aus den genetischen und sozialen Zwängen, auf die man konditioniert wurde, ausbricht. Wenn es läuft, dann läuft es, und alles geht plötzlich wie von selbst, der Erfolg stellt sich ein. Wie aber kommt es dazu? Was muss man tun, um erfolgreich zu werden? Ich wollte es genauer wissen und habe einige Menschen, die es, wie man im Volksmund sagt, „geschafft haben", interviewt, um sie genau das zu fragen. Was hat bei ihnen zu diesem Popcorn-Moment geführt? Und wer hat vielleicht den Topf einmal von der heißen Platte zurückgezogen, weil das Risiko zu groß war? Aus den Erfolgsgeschichten anderer kann man lernen und immer auch die eine oder andere Lebensweisheit mitnehmen. Solche Denkanstöße für das eigene Leben, die eigene Erfolgsgeschichte finden sich in diesem Buch zuhauf. Ich nenne sie die Popcorn-Sätze. Aber fangen wir bei der Basis an. Beim Popcorn muss das Feld, auf dem die Maispflanzen angebaut werden, stimmen, sonst können sie nicht gedeihen und daraus nie die Maiskörner werden, die „aufgehen". Umgelegt auf uns Menschen sind die ersten prägenden Jahre jene der Kindheit und Jugend. Wie war es wohl um das Feld der Kindheit und Jugend von Publikumslieblingen und Siegern bestellt?

DAS FELD DER KINDHEIT UND JUGEND

Ich will nichts Geerbtes

Bis zu meinem 25. Lebensjahr wusste ich nichts über meine Gene oder was die Aussage, du hast diese oder andere Eigenschaften „geerbt", bedeuten sollte. Kinder und deren Chancen werden oft nur nach ihrem Erbgut beurteilt. Das empfinde ich seit jeher als ungerecht. Der Grund: Ich bin nicht bei meinen leiblichen Eltern aufgewachsen. Kinder, die von ihren biologischen Erzeugern großgezogen wurden, wiesen für mich häufig Ähnlichkeiten im Verhalten oder in ihrer Entwicklung zu ihren Eltern auf. Aber ist das wirklich so? Werden Umwelt und Gene meist nicht zu Unrecht gleichgesetzt?

Um Popcorn produzieren zu können, benötige ich den Rohstoff, die Maispflanze, und ein Feld, auf dem die Pflanze wachsen kann. Dazu wird das Samenkorn in den leicht feuchten Boden ausgelegt. Acht Grad sind die ideale Temperatur für die Aussaat. Ob die Pflanzen gedeihen, hängt von der Beschaffenheit des Bodens, von der Witterung, also von Sonne und Regen, sowie von der Pflege ab. Relevant ist auch, ob zusätzlich ein Dünger verwendet wird oder nicht. Und wenn ja, welcher? Trotzdem wird nicht jedes Samenkorn gleich gut wachsen, auch wenn es sich um dasselbe Feld handelt, in das es gesät wurde. Es hängt also von unzähligen Faktoren und Bedingungen ab, ob die Saat aufgeht, das Korn gut wachsen und eine reiche Ernte eingefahren werden kann. Die Biologen nennen es die „Ökologie" eines Organismus: „Die größte Eiche in einem Wald ist nicht nur deshalb die größte, weil sie aus der kräftigsten Eichel stammt, sondern weil ihr auch kein anderer Baum die Sonne genommen hat, die Erde tief und nährstoffreich ist, kein Hase den Jungbaum angefressen und kein Forstarbeiter den jungen Baum vorzeitig gefällt hat."[1]

Wenn es aber um uns Menschen geht, dann wird noch immer darüber diskutiert, ob nun die Gene ODER die Umwelt *schuld* an unserem Lebensverlauf sind. Oder wird das nur gerne als Ausrede für die eigene Bequemlichkeit verwendet? Bewertet die Gesellschaft etwas als erfolgreich, dann hat man das Talent geerbt. Steht am Schluss ein gescheiterter Lebensweg, ist es Schicksal gewesen.

Am Tag meiner Geburt kam ich in ein Kinderheim in Wien, wo ich ein knappes Jahr verbrachte. Die Zustände in den Heimen dieser Zeit wurden erst vor Kurzem aufgearbeitet. Ein Bericht der Historikerkommission unter der Leitung von Reinhard Sieder aus dem Jahr 2012 spricht von „liebloser, menschenverachtender und gewaltsamer Erziehung" in den 1950er-, 1960er- und 1970er-Jahren. Damals war Gewalt gesetzlich erlaubt. Erst 1977 wurde das Züchtigungsrecht der Eltern abgeschafft. Erst 1989 hat Österreich nach Schweden, Finnland und Norwegen mit dem Kindschaftsrecht-Änderungsgesetz das absolute Gewalt verbot in der Erziehung verankert.[2]

Mit elf Monaten wurde ich in einem lastwagenähnlichen Gefährt mit anderen Heimkindern „ausgeliefert" und zu meinen Pflegeeltern gebracht. Es war nicht ungewöhnlich, wenn Besitzer von landwirtschaftlichen Betrieben gleich bis zu zehn Pflegekinder aufgenommen haben. Im Historikerbericht ist die Rede von Großpflegefamilien und „Pflegekolonien" in bestimmten ländlichen Bezirken in der Steiermark und dem Burgenland. „Wir vermuten, dass das Pflegegeld und die Arbeitsleistung der älteren Pflegekinder maßgebliche Motive der an Geld und Arbeitskräfte mangelleidenden Bauernfamilien waren"[3], heißt es weiter. Meine Pflegeeltern hatten keine Landwirtschaft. Aber ihre hochintelligente leibliche Tochter Marianne hatte eine schwere spastische, körperliche Lähmung, konnte nicht gehen sowie ihre Hände nicht einsetzen, und hatte sich immer Geschwister gewünscht. So sind drei Pflegekinder ins Haus gekommen. Auch wenn mir eine bewusste Erinnerung an die Zeit im Heim fehlt, so wusste ich immer aus dem Bauch heraus, wenn mir später angedroht wurde, mich „wieder ins Heim zu schicken", weil ich unartig war, dass das noch viel schlimmer sein müsste. Als ich „geliefert" wurde, konnte ich bereits laufen, und mein kindliches Gemüt war von Zornattacken geprägt. Ich konnte so lange die Luft anhalten, bis ich blau im Gesicht wurde. Nur ein Kübel kaltes Wasser half mir wieder beim Atmen. Heute nehme ich an, dass es eine der unangenehmen Spätfolgen des ersten Lebensjahres gewesen sein könnte.

„Ich habe aus dem Satz ‚Aus dir wird nichts!' ‚Aus mir kann alles werden!' gemacht." Claudia Reiterer

Als Pflegekind auf dem Land, in einem Dorf mit damals 17 Häusern und 56 Einwohnern, war man ein Kind zweiter Klasse. Das spürte ich am eigenen Leib und wirklich bewusst in der Volksschule. Mein Pflegebruder Josef, ein dunkelhäutiges Mädchen und ich wurden einige Male in die Ecke gestellt. Sehr schnell entdeckte ich, dass ich mit Leistung den Zustand ändern konnte. Ich lernte auf Teufel komm raus. Josef war ein Zeichentalent und hatte einen unglaublichen Humor. Eines Tages, wir waren etwa 13 Jahre alt und auf dem Weg zum Bus in die Hauptschule, sagte ich zu Josef, dass wir von zu Hause weg müssten, wenn aus uns was werden sollte. Er stimmte mir zu und einmal ausgesprochen, war dieser Wunsch von diesem Tag an fest in meinem Kopf verankert. Zu dieser Zeit besuchte ich gerade die Hauptschule in Hartberg. Sie war zwar nur fünf Kilometer von zu Hause und der Volksschule entfernt, aber weit genug, um zu bemerken, sich durch den eigenen Lebenslauf *durchschummeln* zu können. Ich verschwieg immer öfter Teile meiner Familiengeschichte, lernte selbstsicher aufzutreten, lernte fleißig und merkte schnell, dass ich so gleich wie die anderen behandelt wurde. Mein Gerechtigkeitssinn wurde bereits in meiner Schulzeit geschärft, wenn man etwa auf „Schwache" losgegangen ist oder Sätze wie „Aus der kann ja nichts werden, die Mutter ist Alkoholikerin, der Vater nie daheim!" über eine Mitschülerin gefallen sind. Das machte mich rasend, diese Bestimmtheit, dass man von den Eltern die Zukunftsaussichten des Kindes ableitete. Was sollte dann aus mir werden? Von meiner biologischen Mutter wusste ich damals nichts, außer dass sie mich weggegeben hatte. Als Kind war das für mich völlig unbegreiflich und ich hatte Angst, ein *schlechter* Mensch zu werden. Nein, bestimmte ich für mich. Dieser Angst wollte ich nicht nachgeben und ich spürte früh, ich kann denken, was ich will, und vielleicht auch ein Leben führen, das ich will. Träumen, Tagträumen, war meine Lieblingsbeschäftigung. Die Augen schließen und mich auf einer Bühne tanzen und spielen sehen oder im Radio Klaviermusik hören und mir vorstellen, das bin ich, eine große

Konzertpianistin, die sich bei tosendem Applaus verbeugt. Es war ein gutes Gefühl. Viele Grenzen, wie Schulbildung und Elternhaus, schienen aus Beton gegossen zu sein, aber in meinem Kopf gab es keine Balken, nur Freiheit. Musik, meine Freundinnen, die Kirche, Selbstgespräche, die Reise in Fantasiewelten unzähliger Bücher aus der Leihbibliothek, das Verfassen vieler Tagebücher haben meinem geistigen Überleben den nötigen Raum gegeben. Und ich habe aus dem Satz „Aus dir wird nichts!" „Aus mir kann alles werden!" gemacht, zumindest in meinen Träumen. Das alles konnte allerdings nicht wettmachen, dass ich im *echten* Leben Angst hatte und lange mutlos war.

Was wäre aus mir geworden, wenn ich geliebt und gelobt, meine Talente gefördert worden wären? Oder waren es gerade die Angst, die Kränkungen, der ständige Kampfgeist, die mich antrieben und meine Ziele erreichen ließen? Sind erfolgreiche Menschen mehrheitlich gut behütet aufgewachsen oder haben traumatische Erfahrungen sie erst auf den Erfolgskurs gebracht? Wussten sie schon in ihrer Kindheit oder Jugend genau, was sie werden oder erreichen wollten? Welche Voraussetzungen müssen gegeben sein? Ist es die Intelligenz, der soziale Hintergrund, die Schulbildung oder ein angeborenes Talent? Ich erinnere mich an Klassenbeste, die nun ein durchschnittliches Dasein fristen, und an „schlechte" Schülerinnen, die beruflich Erfolg haben. Jeder hat seine eigene Geschichte. Ich traf Menschen, die liebevolle Eltern hatten, Patriarchen als Väter oder gar ohne Vater oder bei Pflegeeltern aufgewachsen sind, Menschen, die auf der Straße lebten, Förderer hatten, Mütter mit und ohne Angst.

Gewaltige Väter und Mütter

„Die Hilfe von meiner Mutter in meiner Kindheit war der Schlüssel zum Erfolg." Jane Goodall

Es fing im Hühnerstall an und endete im Urwald. Die 1934 geborene britische Verhaltensforscherin Jane Goodall verbrachte mit ihrer Mutter Ferien auf dem Bauernhof der Großeltern. Beim Einsammeln der Hühnereier ging ihr eines nicht aus dem Kopf: „Wo ist bei einer Henne die Öffnung so groß, um ein Ei herauszulassen?" Die kleine Jane folgte einer Henne in ihr Hühnerhaus, aber diese floh vor lauter Schreck. Daraufhin kroch sie in den nächsten kleinen Hühnerstall und wartete still in einer Ecke mit Stroh getarnt. Sie beobachtete eine Henne so lange, bis diese aufstand und etwas rundes Weißes langsam aus den Federn zwischen ihren Beinen fiel. Jane war mehrere Stunden im Stall. Familie, Freunde und die alarmierte Polizei suchten sie schon. Sie wird nie vergessen, dass ihre Mutter, als sie wieder auftauchte, nicht mit ihr schimpfte, sondern sich ihre Geschichte von dem Wunder mit dem Ei geduldig anhörte: „Ich sage meinem Publikum immer, dass die Hilfe von meiner Mutter in meiner Kindheit und darüber hinaus eigentlich der Schlüssel zu meinem Erfolg war. Sie hat mich stets darin bestärkt, hart für meine Träume zu arbeiten, positiv zu denken und daran zu glauben, was ich erreichen will. Sie war auch in den ersten Monaten meiner Forschungsarbeit in Gombe in Afrika eine große Stütze für mich, denn sie begleitete mich und war an meiner Seite. Das Gleiche gilt für Schimpansen-Mütter. Es gibt gute und schlechte. Der Nachwuchs der unterstützenden Mütter ist erfolgreicher. Ich erzähle diese Geschichten den Eltern von heute, um sie darin zu bestärken, dass auch sie ihre Kinder unterstützen sollen." Die amerikanische Baby-Forscherin Alison Gopnik hat in ihrem Buch „Kleine Philosophen" festgestellt, dass Kinder Forscher, Beobachter, Nachahmer und Denker sind. Es geht um die „Zuwendung", sagt der Erziehungswissenschaftler Jörg Ramseger von der Fachuniversität Berlin in einem Thesenpapier für die Deutsche Kinder- und Jugendstiftung.[4]

„Du musst versuchen, schneller zu sein als die anderen."
Vater zu Susie Wolff

Diese Zuwendung beider Elternteile durfte auch die Britin Susie Wolff erfahren. „Ich wurde angstfrei erzogen", erzählt sie mir bei unserem Treffen im Café Français in Wien. In der Königsklasse der Autorennen, der Formel 1, gibt es auch keinen Platz für Angst. Wolff sitzt als einzige weibliche Testfahrerin im Cockpit für Williams. Das nächste Training in Barcelona steht an, für das Rennen am 15. März 2015 in Melbourne in Australien muss alles perfekt sein. Ihre Eltern lernten sich im Motorbike-Shop ihres Vaters kennen. Es ist ihre Mutter, die ihre Tochter *angstfrei* alles probieren ließ. Das erste Rennen auf einem Mini-Motorbike absolvierte sie mit nur zwei Jahren. Mit vier Jahren fuhr sie jeden Hang mit den Skiern runter. Nie hörte sie „Pass auf!" oder „Vorsicht, ich habe Angst!" Einmal hatte sie keine Handschuhe an und ihre Finger waren schon ganz blau. Da meinte ihre Mutter nur: „Warum hast du nichts gesagt?" Sie erinnert sich, dass sie einfach nicht wusste, dass überhaupt etwas passieren kann. Auch rückblickend gesehen ist für Wolff ihre Mutter eine starke, unabhängige Frau und eine große Unterstützung für ihren Vater. Die Beziehung ihrer Eltern ist von gegenseitigem Respekt geprägt. Die großen Entscheidungen treffe der Vater, er sei der „Chef". Ohne ihre Eltern wäre sie nicht dort, wo sie heute ist, sagt sie.

Ihr Vater half ihr schon als Kleinkind, Entscheidungen selbst zu treffen, die wegweisende war das erste Gokartrennen. Sie empfand es als furchtbar, weil alle anderen besser und schneller waren und immer wieder gegen ihr Auto fuhren. Sie war kein „Naturtalent". Die achtjährige Susie kam zu ihrem Vater und sagte: „Ich mag das überhaupt nicht, das ist alles nicht mein Ding!" Seine Reaktion: „Okay, wir haben zwei Möglichkeiten. Wir stellen das Auto zurück in den Lastwagen und wir fahren nach Hause, das ist alles kein Problem. Oder du gehst zurück und versuchst, schneller zu sein als die anderen, und wenn die anderen dich schlagen wollen, dann schlägst du doppelt zurück." Ihr um 18 Monate älterer Bruder David Stoddard war immer ein Vorbild für sie, weil ihre Eltern in der Erziehung nie einen Unterschied zwischen den beiden gemacht haben. Sie lernte: Gewinnen zu wollen, ist keine Frage des Geschlechts und „was David kann, kann ich auch". Das kleine Mädchen ging zurück zu seinem Gokart und machte weiter. Das war der Moment, „wo ich selbst spürte, jetzt ist die Entscheidung gefallen, ich will Rennen fahren". Sie fuhr schon kurz darauf Rennen gegen Lewis Hamilton. Der zweifache Formel-1-Weltmeister hat bereits damals alle Rennen gewonnen und für Wolff war er immer schon einer der talentiertesten Fahrer. Wenn sie sich jetzt an der Rennstrecke treffen, dann schwelgen sie ab und an in der Vergangenheit: „Schau, wie weit wir es geschafft haben. Wir waren Kinder, die einfach einen Traum verfolgt haben. [...] Jetzt bist du Formel-1-Weltmeister und ich bin Testfahrerin bei einem der bekanntesten und besten F1-Teams."

Mit 13 fuhr sie zum ersten Mal in der Formel 3, dem Trainingsplatz für die Formel 1. Sie fing an, Meisterschaften zu fahren. Die Berufsentscheidung, Rennfahrerin werden zu wollen, traf sie aber erst mit 14: „In diesem Moment wusste ich, das ist mein Job, das bin ich, ich kann Rennen fahren." Der Lohn folgte gleich, sie wurde im selben Alter „British Woman Kart Racing Driver of the Year". Sie liebt das prickelnde Gefühl von Geschwindigkeit. Wenn sie nicht Autorennfahrerin wäre, wäre sie Skirennläuferin geworden.

Jane Goodall und Susie Wolff fühlten bei ihren Eltern keine Panik. Angstfreiheit hat nach Kenntnis der Entwicklungspsychologie entscheidend mit einer festen Bezugsperson zu tun, die Zeit mit dem Kind verbringt. Gewalt und Frustrationserlebnisse in dieser frühen Phase prägen sich unauslöschlich ins Gehirn ein. Erziehung bedeutet, Kindern Liebe und auf positive Weise die richtige Zeit und den richtigen Ort für ihr Handeln zu zeigen. Kinder brauchen das Gefühl, ein verlässliches Zuhause zu haben, wo man sich wohlfühlt und gerne hinkommt.

„Wenn man Kinder hat, die keine Angst haben, dann muss man auch solche Eltern haben!" Marc Girardelli

„Angstfreiheit ist eine Grundvoraussetzung für Risikosportarten", sagt Marc Girardelli. Er zählt noch immer zu den Allergrößten im internationalen Skirennsport: 100-mal auf dem Siegerpodest, 46 Weltcupsiege, elf Weltmeisterschaftstitel sowie zwei olympische Medaillen und vielleicht ein Rekord für die Ewigkeit: fünfmal Sieger des Gesamtweltcups. „Wenn man Kinder hat, die keine Angst haben, dann muss man auch solche Eltern haben" und man dürfe „keine Angst vor dem Risiko haben", meint Girardelli. Das gelte für beide Seiten. Viele Eltern kontaktieren ihn wegen ihrer Kinder, die sie für talentierte Rennsportler halten. Er scheut sich nicht, die Eltern darauf hinzuweisen: „Wenn ein Kind für diesen Sport ein Talent hat, dann müssen Sie jeden Tag Angst haben, dass das Kind nicht lebendig nach Hause kommt. Wenn Ihr Kind durch die tiefsten Flüsse schwimmt, die gefährlichsten Sachen macht, die kein anderes Kind sonst macht, dann hat es die richtige Mentalität, Rennsportler zu werden." Ein Kind ist für Girardelli ein Rohdiamant, das für den Feinschliff viel Training braucht, aber wenn ein „Kind schon Angst hat, von einem Stuhl runterzuspringen, vergiss es, vielleicht ist es dann für Minigolf oder einen anderen Sport talentiert". Um seine beiden Kinder braucht er sich diesbezüglich keine Gedanken zu machen, sie streben gar keine Sportlerkarriere an. Und das war auch nicht Girardellis erstes Ziel. Er war vier, als ihn sein Vater das erste Mal auf die Skier stellte. Er war ständig in den Schnee gefallen und hatte nur geheult. Sein Vater, erzählt er, wollte offenbar seinem besten Freund beweisen, dass sein Sohn auch so gut fahren könne wie dessen Nachwuchs. Die Ski wurden bis zum nächsten Winter in den Keller gesperrt und da hatte er plötzlich den Spaß daran entdeckt. Er hatte mit fünf Jahren keinen Buckel im Wald und keine Naturschanze ausgelassen. Wenn sein Vater vergessen hatte, ihm zu sagen, dass er mit „schönen Schwüngen" ins Tal fahren soll, war er automatisch Schuss gefahren.

Sein erstes Rennen, mit sieben Jahren die Landesmeisterschaft in Vorarlberg, war ein Fiasko. Eine Minute nach dem Start hatte er

gleich zwölf Sekunden verloren, „da hätte ich gleich zu Fuß runter-
laufen können, dann wäre ich wahrscheinlich schneller gewesen".
Sein Vater wollte ihn deshalb am nächsten Tag nicht starten lassen,
aber Marc Girardelli wollte unbedingt und er erinnert sich an einen
richtigen Wutausbruch am Start. Er fuhr und verlor dann nur mehr
zwei Sekunden auf die Besten, die allerdings auch um einige Jahre
älter waren als er.

In Jane Goodalls Kindheit gab es keinen Fernseher und Marc
Girardelli sowie Susie Wolff sind in ihrer Schulzeit noch ohne Facebook, das erst am 4. Februar 2004 online ging, und andere soziale
Medien aufgewachsen. Die Familie und die Schule waren damals die
klassischen Sozialisationsinstanzen. Über das Ausmaß dieser Medi-
alisierung der Kultur sind sich die Kommunikationswissenschaftler
nicht einig, die Zeitspanne ist für qualitative Aussagen wohl noch zu
kurz.

Nicht zu kurz ist es für erste Ergebnisse über die falsch verstan-
dene *Über*-Förderung von Kindern. Es sind die sogenannten Heli-
kopter-Eltern, die einerseits um ihren Nachwuchs kreisen, sie be-
hüten und vor allen schlimmen Erfahrungen bewahren und andererseits durch entsprechende Kurse und Förderungen zu Genies auf
den Gebieten der Musik bis hin zur Sprache machen wollen. In einer
Studie der Universität Amsterdam haben Wissenschaftler um Eddi
Brummelman im Fachblatt „PNAS" die Ursache von Narzissmus untersucht und sie bei den Eltern von egozentrischen Kindern gefunden. Insgesamt wurden 565 niederländische Kinder zwischen sieben
und elf Jahren sowie deren Eltern über zwei Jahre lang alle sechs Monate befragt. Von den Eltern wollte man wissen, ob ihr Nachwuchs
„besser als andere Kinder" sei oder „im Leben etwas Außergewöhnliches verdienen". Väter und Mütter, „die ihre Kinder überhöhen und
ihnen dadurch vermitteln, sie seien besser als andere, fördern demnach die Entwicklung narzisstischer Persönlichkeitsstörungen"[5]. Kinder, die nie lernen, ihre eigenen Bedürfnisse zurückzustellen, neigen
später eher zu Narzissmus, besitzen weniger Einfühlungsvermögen
und reagieren überempfindlich auf Kritik. Das Forschungsteam der
Studie warnte aber davor, dass man Narzissmus nicht mit einem hohen Selbstwertgefühl verwechseln soll. Eltern, die ihre Kinder mit

viel emotionaler Wärme behandeln, stärkten das Selbstwertgefühl. „Menschen mit hohem Selbstwertgefühl sehen sich auf Augenhöhe mit anderen, während Narzissten denken, sie würden darüberstehen"[3], so der Co-Autor Brad Bushman von der Ohio State University in Columbus.[6]

„Eltern sollten keinen zu großen Druck auf ihre Kinder ausüben." Marcel Hirscher

Eltern machen manchmal sich selbst und ihren Kindern Druck, um ihrem Nachwuchs eine bessere Startposition zu ermöglichen. Der 2015 amtierende vierfache Weltcupgesamtsieger im alpinen Skizirkus Marcel Hirscher empfiehlt Eltern, dies auf keinen Fall zu tun: „Massiver Druck nimmt die Freude und den Spaß und die anderen würden einen dann erst recht überholen." Wie bei Susie Wolff wurde auch in seinem Elternhaus sehr früh und offen über seine Wünsche und Ziele geredet und kein Druck ausgeübt. Sein Vater fragte ihn: „Was willst du? Möchtest du besser werden beim Skifahren oder ist es für dich okay, wenn du ein guter Skifahrer bist und reicht dir das Talent allein?" Er war bei dieser entscheidenden Frage 13 oder 14 Jahre alt. Er wusste schon damals, wenn er in die Profiliga aufsteigen will, muss er Abstriche machen und nicht mehr nur „Schuss" den Berg runterfahren wie seine Freunde, sondern an seiner Technik arbeiten, um sie im richtigen Moment „nutzen und ausspielen" zu können. Das sei weder „witzig noch lustig" für ihn gewesen, aber „sonst wäre er nie ans Ziel gekommen". Im Inneren verehrte er manche Sportler schon als kleines Kind und wollte so werden wie sie. Er hatte aber lange nicht den Mut, das auch auszusprechen. Der entscheidende Moment kam in der Hauptschule mit der Abschlusszeitung: „Jeder hat seine Berufswünsche angeführt und bei mir gab es Riesendiskussionen, weil ich geschrieben habe, ‚Ich möchte gerne Weltcupfahrer werden'. Die anderen haben mich deswegen ausgelacht, gar nicht bösartig, sie meinten einfach, ich sei ‚komplett verrückt'." Vielleicht war es „lächerlich zu diesem Zeitpunkt, trotzdem hab ich das Ziel erreicht". Es war für Marcel Hirscher der Punkt, an dem er Selbstverantwortung für sich und seine Entscheidungen spürte. Für manch andere würde dieser Punkt nie kommen. „Wenn ich junge Athleten sehe, die mit 14 das Gewand der Nationalmannschaft tragen, eine eigene Homepage, ihren eigenen Kopfsponsor haben, der nicht einmal Geld dafür zahlt, und trotzdem tun sie es sich drauf, weil es sich so gehört, und im besten Fall haben sie auch noch ihre eigenen Autogrammkarten, das ist für mich abgehoben, far-out – das ist viel zu viel. Da sage ich, so einer wird den Berg nicht schaffen. Einer, der mit 14 glaubt, er ist schon oben angekommen, aber es noch lange nicht ist."

Wolff, Goodall, Girardelli und Hirscher haben ihre Kindheit positiv in Erinnerung. Sie wurden ständig ermuntert und ihnen wurden auch Fehler zugestanden. Zwei französische Wissenschaftler halten dieses Erziehungsprinzip für erfolgreich. Der Doktorand Frédérique Autin von der Universität Poitiers hat zusammen mit seinem Doktorvater, dem Psychologieprofessor Jean-Claude Croizet, drei Experimente mit mehreren hundert Sechstklässern konzipiert. Im ersten sollten 111 Kinder verschiedene Anagramme lösen. Unter einem Anagramm ist ein Wort zu verstehen, das aus einem anderen Wort durch Umstellung einzelner Buchstaben gebildet wurde. Der Haken: Sie waren allesamt unlösbar. Nach einer Weile unterbrach Autin die eine Hälfte der Kinder und sprach ihnen Mut zu. Schwierigkeiten und Fehler seien beim Lernen ganz normal, sagte er ihnen, ständiges Üben sei wie beim Fahrradfahren wichtig. Die andere Hälfte bekam keine Ermunterung, sondern wurde nur gefragt, wie sie die Anagramme lösen wollte. Nun unterzog Autin alle Kinder einer Aufgabe, bei der ihr Arbeitsgedächtnis getestet wurde. Hintergrund: Das Arbeitsgedächtnis spielt bei vielen geistigen Leistungen eine wesentliche Rolle, etwa beim Lesen von Texten oder beim Lösen von Problemen. Und siehe da: Die Gruppe, der Autin gut zugesprochen hatte, schnitt wesentlich besser ab als jene Gruppe, die mit der unlösbaren Aufgabe allein gelassen wurde.[7] Das sieht „Tiger Mom" Amy Chua völlig anders. Sie wurde mit ihrem Bestseller „The Battle of the Tiger Mother" (2011) über die Grenzen Amerikas bekannt. Die ideale Erziehung sieht sie als eine Art Bootcamp: „Vergesst die als Hobbys getarnten Stümpereien eurer Kinder, vergesst Freizeit überhaupt; […] gut erzogene, das heißt, erfolgreiche Kinder bekommt ihr, wenn ihr deren Leben zum Rund-um-die-Uhr-Lerner macht, sie ab und zu als ‚Abfall' bezeichnet oder ihnen bei Minderleistung droht, Stofftiere zu verbrennen, oder ein ‚echtes chinesisches Kind' zu adoptieren."[8] Erfolg gebe es nur mit Disziplin, Disziplin, Disziplin. Chua meint damit aber die negative Assoziation für Zwang, Druck, Verzicht und Durchsetzung. Es geht um Belohnung und Bestrafung. Disziplin als Machtinstrument von oben nach unten, keineswegs auf Augenhöhe mit dem Kind.

„Wenn ich sage, es ist Grün, auch wenn es Rot ist, ist es Grün."
Elisabeth Gürtlers Vater

Diese Erfahrung hat die Unternehmerin und Chefin des Sacher-Imperiums, des Fünfsternehotels Astoria in Seefeld sowie des Bristols neben der Wiener Staatsoper und Generaldirektorin der Spanischen Hofreitschule Elisabeth Gürtler gemacht. Das Hotel Sacher in Wien führt sie übrigens gemeinsam mit ihrer Tochter und deren Ehemann. Sie sitzt mir gegenüber, makellos gekleidet und geschminkt auf dem vorderen Rand eines weichen Sessels. Sie verliert keine Sekunde die perfekte Haltung, obwohl sie stark verkühlt ist, aber dennoch das Gespräch auf keinen Fall verschieben wollte. Mit jeder Faser verkörpert sie Disziplin. Wir sitzen im Entree des weltberühmten Hotels Sacher; Indira Gandhi, John F. Kennedy oder Queen Elizabeth II. waren hier schon als Gäste beherbergt. Im Mittelpunkt des Raumes hängt unübersehbar ein Porträt von Anna Maria Sacher. Sie hatte das Hotel ihres Mannes Anfang des 20. Jahrhunderts erst zu einer internationalen Institution gemacht. Sie ist mit ebenso strenger Sitzhaltung und ihrem Hund auf dem Bild zu sehen. Zwei Frauen, eine Haltung. Die sichtbare Disziplin hat eine Geschichte, die in Elisabeth Gürtlers Kindheit zurückreicht. Ihr Vater Fritz Mauthner, ein international tätiger Getreidegroßhändler, war ein diktatorischer Patriarch, der keinen Widerspruch duldete. Er wollte immer Söhne, hatte aber zwei Töchter, die er dann wie Söhne behandelte. Er war ein sehr erfolgreicher Geschäftsmann und hatte alles an seinem Leben gemessen. Er wollte, dass sein Lebenswerk weitergeführt wird. Elisabeth Gürtler bleiben drei Prämissen ihres Vaters ewig in Erinnerung:

- Nur unnütze Leute schlafen in der Früh.
- Quod licet Iovi, non licet bovi.*
- Wenn ich sage, es ist Grün, auch wenn es Rot ist, ist es Grün.

Gürtler versuchte mit dem Verhalten eines „Herrschers" auf ihre Art umzugehen: „Man lernt diplomatisch zu sein, denn so einem Menschen kann man nicht sagen ‚Ich habe recht, so ist es und da gebe ich nicht nach', sondern man muss genau überlegen, *wann* man *was* sagt, warte ich noch auf den richtigen Augenblick, denn erzürnen darf man so jemanden auf keinen Fall!"

Der Psychologe Robert Sternberg nennt das „Praktische Intelligenz", die einem hilft, Situationen richtig einzuschätzen. Dazu gehört unter anderem, „zu wissen, was man zu wem sagt, wann man es sagt und wie man es vorbringt, um die größtmögliche Wirkung zu erzielen."[9]

Dass Gürtler Zitate auf Latein so leicht von der Zunge gehen, ist ebenfalls ihres Vaters Werk. Sie hatte bei einer Lateinschularbeit Teile von Ovid nicht gut genug übersetzt und bekam einen Dreier. Der Vater tobte: „Nur für Leistung gibt es eine Gegenleistung." Sollte sie bei der nächsten Arbeit keinen Einser schreiben, würde er dafür sorgen, dass ihr geliebtes Pferd wegkommt. Elisabeth Gürtler lernte daraufhin so intensiv, dass sie einen Einser bekam und „Pipsi" behalten konnte. Ein Pferd und seine Reiterin bilden eine Einheit, da kann niemand dem anderen seinen Willen aufzwingen. Gürtler war Dressurreiterin und errang bei den Staatsmeisterschaften einen zweiten und einen dritten Platz. Ihr Traum war es, einmal am Land zu leben, Pferde zu züchten und Hunde um sich zu haben. Ihr Vater wollte jedoch immer, dass sie ins Unternehmen einstieg. Aus diesem Grund absolvierte sie in Wien an der damaligen Hochschule für Welthandel ein wirtschaftswissenschaftliches Studium mit dem akademischen Grad „Diplom-Kaufmann". Für die Arbeit mit Getreide hielt ihr Vater sie aber nicht für geeignet.

---

* „Was dem Jupiter erlaubt ist, ist dem Ochsen nicht erlaubt" oder auch „Lehrjahre sind keine Herrenjahre". (Der Vater war natürlich Iovi und Gürtler bovi.).

Am 15. Januar 2015, wenige Wochen nach dem Tod von Udo Jürgens, sitze ich im Zug nach Zürich. Mein Ziel ist die Carmen-
strasse, das Büro des jahrzehntelangen Managers von Udo Jürgens.
Der Termin war seit Monaten geplant, lange vor dem plötzlichen
Tod des Sängers. Zu den Feiern rund um dessen 80. Geburtstag
hatte ich auf ARTE eine Dokumentation über Udo Jürgens gesehen, wo auch Freddy Burger, die starke Nummer zwei, als Macher
des Erfolgs zu Wort kam. Burger kommt pünktlich, er wirkt wenig
überraschend müde und abgekämpft; am übernächsten Tag sollte
die große Trauerfeier in Zürich stattfinden, danach waren noch
welche in Berlin und Wien angesetzt. „Ich bin eigentlich nicht vorbereitet und schon gar nicht, um in diesen Tagen über Erfolg zu
sprechen", beginnt er das Gespräch. Ich weiß, ich darf ihn nicht
aus den Augen verlieren, ja nicht auf meine Unterlagen schauen,
muss mein Interview umstellen. Er weist mir einen fixen Platz zu,
in meinem direkten Blickfeld rechts hinter ihm steht eine lebens-
große Figur von Udo Jürgens, die mit dem Finger in meine Richtung zeigt. Er setzt sich mir mit verschränkten Armen gegenüber,
die er aber nach wenigen Minuten lösen sollte. Ich erzähle ihm, dass
mein erster Brotberuf Krankenschwester war, worauf er erwidert,
dass man diese Erfahrungen gut in seiner Branche brauchen könne,
denn es gebe in diesem Bereich viele „Kranke". Er muss an einen
ihm unvergesslichen Satz seines Vaters denken: „Wir haben dich
was Anständiges lernen lassen." Das Anständige war in den 1960er-
Jahren eine Lehre als Hochbauzeichner. Ursprünglich wollte er wie
sein Vater Grafikdekorateur werden, er hatte ihm als Junge oft bei
der Arbeit geholfen, doch es war keine Lehrstelle frei gewesen. Sein
Onkel hatte ein Architekturbüro, also machte er dort eine Schnup-
perlehre und anschließend die Ausbildung. „Ich hatte eine Lehrstelle, wo ich drei Jahre lang gelernt habe, wie man NICHT mit
Menschen umgehen soll. Schuld daran war ein autoritärer Lehr-
meister. Ich habe gelernt, wenn ich jemals ein Unternehmen führen dürfe, so würde ich es NIE machen. Am Schluss habe ich den

Beruf aufgegeben, weil ich die Arbeit gehasst habe." Freddy Burger war einer der zehn besten Absolventen der Stadt Zürich, wusste aber auch, dass er diesen Beruf nie ausüben würde, dafür aber einen anderen. Als Vizepräsident des Jugendtanzklubs Zürich mit 2000 Mitgliedern war er verantwortlich für die Buchung der Orchester. Mit der Organisation der Tanzveranstaltungen verdiente er doppelt so viel wie als Lehrling. Aber wie sollte er seiner Familie den Wechsel in das Unterhaltungsgeschäft beibringen? Der Ruf war schlecht, es hieß, man würde zu den „Langhaarigen und Unseriösen" gehen. Die Begriffe „Manager" und „Showgeschäft" gab es damals noch nicht. Burger verkündete seinen Berufswunsch bei einem Abendessen: „Zuerst schwiegen alle. Meine Mama hat runtergeguckt, meine Schwester und mein Bruder waren still, und mein Vater hat gesagt: ‚So, mein lieber Sohn, jetzt muss ich dir was sagen. Wir haben dich was Anständiges lernen lassen. Wenn du dich für den bisherigen Weg entscheidest, würden wir dich unterstützen. Wenn du aber in das Unterhaltungsgeschäft gehen willst, dann ist das deine Entscheidung. Ab heute zahlst du Kostgeld, wenn du hier weiter wohnen willst. Und wenn du nicht mehr bezahlen kannst, fliegst du raus'." Burger stimmte dem Kostgeld zu und versicherte seinem Vater, dass er immer zahlen werde, er sah das als eine zusätzliche Herausforderung. Sein Vater wiederholte dennoch: „Wir werden dich nicht unterstützen."

Rückblickend meint Burger, dass jede andere Ausbildung, sei es ein Studium oder eine kaufmännische Lehre, hilfreicher gewesen wäre als die eines Hochbauzeichners. Einen Vorteil entdeckte er doch. Er hat gelernt, „räumlich" zu denken und genau zu arbeiten, denn „wenn man auf einem Plan Fehler macht, also mit einem falschen Maß arbeitet, dann wäre das auf der Baustelle, wo sie das umsetzen müssen, ein Desaster". Bei seinen späteren Konzepten für die Gastronomie habe er so wenigstens Pläne lesen können.

„Wenn ich einmal im Leben was erreichen sollte, dann gebe ich jedem Menschen, der mich fragt und was in der Küche machen will, eine Chance." Alfons Schuhbeck

Wieder sitze ich im Zug. In München treffe ich Starkoch und Gewürzpapst Alfons Schuhbeck in seinem Restaurant „Orlando". Er verwendet fast ausschließlich Metaphern aus seinem Berufsfeld, wenn wir über die Facetten des Erfolgs reden: Sieb, Dampf, Druck, Temperatur, Energie.

Wie bei Burger hatte auch Schuhbecks Vater den Hang, seinem Sohn einen technischen Beruf als sicher und zukunftsreich einzutrichtern. Er drängte Schuhbeck dazu, die Lehre eines Fernmeldetechnikers zu absolvieren. Schuhbeck wollte partout nicht und hatte „absichtlich bei der Aufnahmeprüfung alles falsch gemacht". Er wollte durchfallen. „Ich wusste, ich habe kein Talent, ich kann es nicht, ich will es nicht." Wenig überraschend bestand er die Aufnahmeprüfung nicht. Sein Glücksgefühl hielt jedoch nur kurz an. Ein anderer Bewerber hatte sich den Fuß gebrochen, weshalb er in diese Ausbildung nachgerutscht ist. Dreieinhalb Jahre dauerte die Lehre, die er durchgezogen hatte, denn schon damals galt für Schuhbeck: „Bei mir gibt es nie einen Abbruch, bei mir gibt es nur Durchziehen. Ich hab die Prüfung bestanden, und das nicht einmal schlecht. Ich wusste aber, das kann nicht mein Leben sein! Wenn das mein Leben ist, dann werde ich unglücklich durchs Leben gehen. Das bin ich nicht, ich habe andere Talente. Und wenn man weiß, was man nicht will, dann wird das Feld breiter. Da kann man Gas geben und das andere fällt raus. Nicht denken: Hätt i, war i, tat i. Es geht darum, was ich kann und was ich liebe."

Er wollte in Paris Koch werden – auch wenn er kein Wort Französisch konnte. Mit diesem Ziel vor Augen ging er zur zentralen Arbeitsbehörde in Frankfurt und wollte wissen, wie er das bewerkstelligen könne. Dort sagte man ihm, es wäre sinnlos, nach Frankreich zu fahren, weil die Franzosen die Deutschen nach dem Zweiten Weltkrieg nicht besonders mögen würden. Der 18-Jährige sagte zu dem Beamten: „Ich fahre trotzdem nach Paris und wenn ich Erfolg habe, dann schreibe ich Ihnen eine Karte."

Ein Mann, ein Wort. Er fuhr mit dem Auto in die französische Hauptstadt, parkte sich in die Mitte der Champs-Élysées und fragte in jedem Lokal, ob jemand Deutsch könne. Und tatsächlich lernte er einen Mann aus dem Elsass kennen. Dieser stellte ihm zwei Stunden später seinen Chef vor. So bekam er seinen ersten Job in der Küche und hat sich geschworen: „Wenn ich einmal im Leben was erreichen sollte, dann gebe ich jedem Menschen, der mich fragt und was in der Küche machen will, eine Chance. Ich konnte kein Wort Französisch, Nullkommanull. Ich hab den Küchenchef gesehen, dann hab ich gelacht und gewusst, mit dem kann ich. Der hat zwar gewusst, dass ich nichts kann, aber er fand mich sympathisch." Übrigens: Die Ansichtskarte hat er dem Beamten vom Arbeitsamt geschrieben.

„Der Schauspieler Otto Tausig sollte mir auf Wunsch meines Vaters den Schauspielberuf ausreden." Roland Düringer

Der Vater von Roland Düringer ist verzweifelt. So lange hatte man in die Ausbildung des Sohnes investiert, in die Höhere Technische Lehranstalt für Maschinenbau. Er hatte auch schon einen Job als Technischer Zeichner in der OMV, einem internationalen Öl- und Gaskonzern, in Aussicht, und dann will er ausgerechnet Schauspieler werden. Düringer kennt aber gerade wegen seines Vaters die Bretter, die die Welt bedeuten, von klein auf, war sein Vater doch Garderobier im Wiener Burgtheater. Der Vater lässt aber nichts unversucht und überredet den Schauspieler, Regisseur und Drehbuchautor Otto Heinz Tausig (1922–2011), seinem Sohn diesen Wunsch auszureden. Eineinhalb Stunden dauert das Gespräch, in dem Tausig ihm die schlechten Seiten seines Berufs aufzählt, es könne schließlich „nicht jeder Schauspieler werden und gleich in einem Theater spielen und nicht jeder ist talentiert". Roland Düringer erwidert darauf: „Ja, aber Sie machen es ja auch!" Es war ein „netter Versuch", ihn zu manipulieren, aber genau in diesem Moment dachte er sich, was soll schon passieren, „ich probiere es und wenn es nicht funktioniert, dann klopfe ich bei der OMV an". Tausig hätte wissen müssen, wie stark die Sehnsucht nach der Bühne sein konnte, er selbst hatte sich mit 13 Jahren heimlich an einer Schauspielschule beworben, wurde aber mit dem Rat, es mit 16 noch einmal zu versuchen, abgewiesen. Da er wegen des Krieges nach England flüchten musste, sollte er erst mit 24 Jahren am Max Reinhardt Seminar landen und damit sein erfolgreiches Theaterleben einläuten.

Zur richtigen Zeit am richtigen Ort zu sein, gilt auch für das Feld der Kindheit und Jugend. Wo ist man geboren, in welcher Zeit, mit welchen Werten und mit welcher Kultur?

Marc Girardelli war, obwohl er die meisten Rennen gewonnen hatte, aus der Sicht des ÖSV nicht auf dem richtigen Feld unterwegs. Denn wenn es nach dem Österreichischen Skiverband geht, besucht erfolgreicher Nachwuchs eine entsprechende Schwerpunktschule. In seinem Fall wäre es die Skihauptschule Schruns in Vorarlberg gewesen. Girardelli wollte aber sein Gymnasium in Dornbirn nicht verlassen. Für den ÖSV gab es dafür unangenehme Diskussionen in der Presse, denn solche Institute erhalten staatliche Unterstützung und dann „kommt plötzlich einer, der trainiert allein und ‚putzt‘ alle". Zudem wollte der ÖSV „immer die aus dem Montafon, einem 39 km langen Tal in Vorarlberg, protegieren und nicht die aus Lustenau, das war damals ein exotisches Land". Der zweite Fehler seines Feldes. Doch an einen Erfolg innerhalb des ÖSV glaubte Girardelli ohnehin nicht. „Man hätte mich wahrscheinlich in den kalten Winkel gestellt, da bin ich mir ziemlich sicher." Für ihn war es zu diesem Zeitpunkt die richtige Entscheidung, vom ÖSV wegzugehen und zum luxemburgischen Verband zu wechseln.

Meine anfängliche Annahme, dass besonders erfolgreiche Menschen mehrheitlich einen steinigen Weg in ihrer Kindheit hatten, hat sich nicht bestätigt. Es hält sich die Waage. Die einen wurden ermutigt und gefördert, und die anderen haben, um es mit den Worten Goethes zu sagen, aus den Steinen, die ihnen in den Weg gelegt wurden, etwas Eigenes, Schönes gebaut. Mir ist klar geworden, dass Biografien immer drei Ebenen aufweisen:

1. Was ist passiert?
2. Wie habe ich es erlebt und empfunden?
3. In welcher Gesellschaft und mit welchen Werten hat es stattgefunden?

Als Konstruktivistin, also Zweiflerin am Glauben, dass Wissen und Wirklichkeit immer übereinstimmen, weiß ich um die Subjektivität von Ereignissen und Interpretationen. Ich habe meine Interviewpartner ausgesucht, weil sie einerseits aus den unterschiedlichsten Bereichen und Branchen stammen und mir andererseits auch sympathisch sind. Bereits damit ist das Puzzle am Erfolgsbild, das ich für Sie in diesem Buch zusammenstelle, subjektiv.

Ich bin überzeugt davon, dass manche, vielleicht sogar viele Väter und Mütter, nur das Beste für ihr Kind wollten. Manche haben jedoch nur aus ihrem Blickwinkel agiert und damit die Sicht ihrer Tochter oder ihres Sohnes aus den Augen verloren. Was den Erziehungsstil anbelangt, sollten wir uns um einiges weiterentwickelt haben als zu Nestroys Zeiten, wo er spitz meinte: „In der ersten Lebensjahren eines Kindes bringen ihm die Eltern Gehen und Sprechen bei, in den späteren verlangen sie dann, dass es still sitzt und den Mund hält."[10]

Der genetische Rucksack und die Umwelt

Was bestimmt unser Sein, Tun und Können? Unsere Gene oder die Umwelt? *Bin* ich oder *werde* ich? Formt uns das Erbgut oder die Erziehung? Ich folge auf einem Fest in Wien einer privaten Diskussion über genau dieses Thema, es ist ein intensiver Schlagabtausch eines Finanzexperten, der den alleinigen Einfluss der Gene predigt, mit einem Sportmediziner, der dem Einfluss der Umwelt viel größere Bedeutung beimisst. Ich stehe dazwischen mit meinem genetischen Rucksack, dessen Inhalt ich nicht genau kenne. Ich bin weder bei meinen biologischen Eltern aufgewachsen, noch verfüge ich über Kenntnisse meiner Ahnenreihe.

Beide schicken mir in den kommenden Tagen Studien über Studien, die jeweils ihren Standpunkt glaubwürdig festigen. Und ich soll nun ohne entsprechendes Studium entscheiden, welcher Seite ich Glauben schenke. Betrachten Sie das nun folgende Kapitel bitte als persönliche Annäherung und ohne Anspruch auf Wahrheit.

Am 26. Juni 2000 wurde das von 1000 Wissenschaftlerinnen und Wissenschaftlern entzifferte Genom der Menschheit von den beiden Molekularbiologen, US-Unternehmer Craig Venter und Francis Collins von den US-amerikanischen National Institutes of Health, gemeinsam mit dem damals amtierenden US-Präsidenten Bill Clinton stolz präsentiert. Genome sind Informationspakete, die von den Eltern an ihre Nachkommenschaft weitergegeben werden. Es ist eine Art „Buch des Lebens", das aus einem Alphabet mit vier Buchstaben besteht: Adenin, Thymin, Cytosin und Guanin. Zwischen den Buchdeckeln ging es um drei Milliarden Buchstaben. Dieser Bauplan galt als unveränderlich. Der damalige US-Präsident Bill Clinton sprach bei der Präsentation des ersten Humangenoms davon, dass die Enkel „Krebs" nur mehr als Sternbild kennen würden und alle Menschen fast gleich seien. Die Genkarte sei ungleich wichtiger als die Landkarte Amerikas, die sein Amtsvorgänger Thomas Jefferson im gleichen Raum vor 200 Jahren präsentiert hat, sagte Clinton. Zwei Menschen, die nicht verwandt sind, haben 99,9 Prozent gemeinsame DNA. Doch schon wenige Jahre später, 2006, konnten 25 Genetiker an der University of California in Berkeley die einfache Frage, was ein Gen sei, nicht klären. Die Gastgeberin der Runde, Karen Eilbeck, Professorin für Humangenetik in Berkeley, erinnerte sich: „Wir hatten stundenlange Sitzungen. Jeder schrie jeden an."[11] Bis dahin galt: Veränderungen im Genom sind krankhafte Ausnahmen. Man entdeckte allerdings, dass längst nicht alle Gene aktiv sind und dass das ganze Leben über einzelne Gene ein- und ausgeschaltet werden können. Dies geschieht unter dem Einfluss anderer Gene, aber auch unter dem Einfluss der Umwelt. Diesen Prozess nennt man „Epigenetik". Sie bildet das Bindeglied zwischen den Genen und der Umwelt.

Forscher, die das Gegenteil behaupten, ziehen meist die eineiige Zwillingsforschung heran. Eineiige Zwillinge weisen eine exakt identische Erbsubstanz auf. Eine Forschergruppe in Spanien, die zum ersten Mal das Epigenom untersucht hatte, stellte jedoch 2007 fest, dass sich eineiige Zwillingspaare immer mehr unterscheiden, je älter sie werden. Das Epigenom befindet sich „am" oder „beim" Genom, also an oder bei unserer Erbsubstanz. Der Biologe, Anthropologe, Psychologe und promovierte Neurobiologe Peter Spork vergleicht das mit einem Computer. Demnach wären unsere Gene die Hardware und die Epigenetik die Software. Es geht um die Elemente, die unser Erbgut programmieren und ihm sagen, welches Gen benutzt werden soll und welches nicht.[12]

Nur in 50 Prozent der Fälle erkranken beide eineiigen Zwillinge an der gleichen schweren Krankheit. Eine Erklärung könnte sein, dass beide unterschiedliche Umwelterfahrungen machen. Der eine raucht, der andere nicht, der eine ist Vegetarier, der andere isst Fleisch. Eineiige Zwillinge sind zwar genetisch identisch, aber epigenetisch verschieden.

Die meisten Resultate der epigenetischen Forschung stammen allerdings von Tieren. Der Autor, studierte Chemiker und Biologe Bernd Kegel demonstriert die Theorie am Beispiel der Bienen: ein Genom, zwei Wege. Genetisch identisch, aber epigenetisch verschieden. Wie ist es möglich, dass aus ein und demselben Ei der Honigbiene zwei völlig unterschiedliche Phänotypen (äußeres Erscheinungsbild eines Organismus) entstehen können? Aus dem Ei kann einerseits die Königin werden, von der pro Volk nur eine existiert und die jahrelang lebt, und andererseits eine Arbeiterin, die nur wenige Wochen zu leben hat. Die Eier entwickeln sich nicht in die eine oder andere Richtung, es ist ausschließlich die Nahrung, die darüber entscheidet. Alle Larven erhalten knapp drei Tage lang Gelée royale aus den Kopfdrüsen der Ammenbienen. Die künftigen Arbeiterinnen bekommen dann ersatzweise Pollen und Nektar.[13] Beim Europäischen Wolfsbarsch wird das Geschlecht – ob männlich oder weiblich – über die Temperatur beeinflusst. Der auslösende Umweltreiz bestimmt die Weggabelung, in welche Richtung sich der Organismus entwickelt. „Wenn eine Raupe zum Schmetterling wird, gewinnt oder verliert sie keine Gene. Die Raupe und der Schmetterling haben die gleichen Gene, sie verwenden sie nur anders und das ist Epigenetik."[14]

In einem anderen Experiment haben Wissenschaftler rund um den Verhaltensgenetiker Michael Meaney das Leckverhalten von Rattenmüttern untersucht. Rattenkinder, die viel geleckt wurden, gehen später stressfreier durchs Leben. Der Nachwuchs von weniger fürsorglichen Müttern hingegen ist oft überaus ängstlich. Sowohl das Stress- als auch das Leckverhalten werden eine Generation weitervererbt. Das Erstaunliche ist jedoch, dass das Verhalten nicht in den Genen steckt. Schiebt man einer fürsorglichen Rattenmutter ein ängstliches Rattenbaby unter, so nimmt dieses die Eigenschaften der Pflegemutter an. Dadurch konnte man zeigen, dass der Leckprozess im Gehirn des Rattenkindes Gene aktiviert, die den Abbau von Stresshormonen fördern. Es geht also nicht darum, dass entspannte Mütter entspannte Tierbabys bekamen, sondern dass das Verhalten eine genetische Reaktion auslöst.[15]

Wie schaut es mit der Persönlichkeit aus? Ist sie durch das Erbgut festgesetzt und im Erwachsenenalter nicht mehr zu verändern? Die Persönlichkeitspsychologie vertritt seit Jahrzehnten die These, dass der Charakter mit etwa 30 Jahren festgelegt ist und auch so bleibt. Es werden fünf Charakterzüge unterschieden, die sogenannten „Big Five": Umgänglichkeit, Zuverlässigkeit, emotionale Stabilität, Extraversion und Offenheit für Erfahrungen. Die New Yorker Professorin und Psychologin Ursula Staudinger erklärt, dass bei allen Menschen, egal welcher Kultur sie angehören, im Laufe des Lebens Zuverlässigkeit, Umgänglichkeit und emotionale Stabilität zunehmen. Das sei aber kein biologischer Effekt: „Nur etwa die Hälfte der Persönlichkeitsunterschiede ist auf genetische Unterschiede zurückzuführen. Die andere Hälfte kommt durch Unterschiede in den Entwicklungsumwelten im Verlauf des Lebens zustande."[16] Die Gründungsdirektorin des Aging Centers an der Columbia University in New York konnte in einer experimentellen Studie zeigen, dass sich die Offenheit bei Erwachsenen ab 40 Jahren wieder steigern lässt. Es gibt ein Veränderungspotenzial, das nicht genügend ausgeschöpft wird. Es geht darum, sich auch in der zweiten Lebenshälfte mit neuen Anreizen auseinanderzusetzen. Die Grundeinstellung gegenüber Veränderungen ist wichtig. Sehe ich sie als Chance oder Pflicht?

In der Persönlichkeitsentwicklung gibt es zwei positive Wege: „Den einen Weg nenne ich den Wohlbefindensweg, der andere ist der Weisheitsweg. Meist sind wir auf dem Wohlbefindensweg: Wir konzentrieren uns darauf, dass es uns und den Personen, die uns wichtig sind, gut geht und sich alle wohlfühlen. Das führt häufig dazu, dass man das Erreichte erhalten möchte und eher nicht das Risiko eingeht, durch Veränderung das Glück aufs Spiel zu setzen."[17] Ursula Staudinger vermutet, dass man zwischen den Wegen hin und her wechselt. Meistens seien es aber Hindernisse, Katastrophen oder andere kritische Lebensereignisse, die einen anstoßen würden, sich eine Zeit lang auf den Weisheitsweg zu begeben. Veränderungen kosten Energie und wenn es einem gut geht, gibt es keinen Anlass, das zu ändern und sich unnötig anzustrengen. Verharrungstendenzen hätten ihr Gutes und der Wohlbefindensweg sei nicht der schlechtere Lebensweg, meint Staudinger.

„Jeder muss ein Profil haben, viele fahren mit Slicks durchs Leben."
Alfons Schuhbeck

Starkoch Alfons Schuhbeck wird sehr deutlich, wenn es um Persönlichkeit und die Frage geht, warum manche nicht erfolgreich sind: „Weil sie Schicht für Schicht auf den Tisch kitten und irgendwann ist so viel drauf, dass der Tisch nicht mehr atmen kann, der Tisch geht ein und so geht es den Menschen. Sie können nicht mehr atmen, sie belügen sich selber jeden Tag und dann sind die anderen schuld, weil sie nur noch die letzte Schicht kennen, sich nie selbst rausgezogen und ihr Leben nie in die Hand genommen haben. Jeder muss ein Profil haben. Jeder braucht eine eigene Persönlichkeit. Viele fahren ja mit Slicks durchs Leben, sie haben kein Profil, sie schimpfen über alles, sind aber nicht bereit, etwas zu ändern. Ich lasse mir den Wind ins Gesicht blasen, gehe mal an die Front, ziehe die Waggons. Jeder Mensch hat ein Talent, aber die wenigsten nützen es."

Das gewohnte Feld zu verlassen, ist eine große Herausforderung. Wie oft höre ich von anderen, wie soll ich große Träume verwirklichen oder gar einen anderen Berufsweg einschlagen, wenn ich bei „Kleinigkeiten" versage. Mit Kleinigkeiten ist vieles aus der Alltagsroutine gemeint, wie gesünder essen, abnehmen, mehr Bewegung, weniger mit dem Auto fahren und mehr die öffentlichen Verkehrslinien benutzen.

In Esslingen bei Stuttgart wurde mit einer vierköpfigen Testfamilie drei Wochen lang ein neues Mobilitätskonzept erprobt, basierend auf einer elektronischen Chipkarte für Bus und Bahn, mit mobilem Routenplaner und speziellem Verkehrskonzept. Zusätzlich wollte man wissen, ob vermehrt Fahrräder genutzt werden. Das Ergebnis: Der Umstieg auf das Fahrrad war für alle viel schwieriger als gedacht, weil das Auto auch als Logistikzentrum für alles dient, was man den ganzen Tag benötigt. Um Gewohnheiten zu ändern, braucht man mehr als ein paar Wochen.[18]

Jeder will die Umwelt und das Klima schützen, aber viel zu wenige tun es. Die Absicht alleine reicht nicht aus, weil die Vernunft nicht die Chefin des Gehirns ist, sondern viele Dinge unseres täglichen Handelns automatisch ablaufen. Die Gewohnheiten sind laut Sebastian Bamberg, Sozialpsychologe an der Fachhochschule Bielefeld, in Verästelungen des Gehirns abgelegt und kognitiv nicht erreichbar. Es ist wichtig und gut, dass wir Routine kennen und haben, denn sonst wären wir wirklich überfordert. „Das Gehirn belohnt Routinehandlungen, weil sie sehr viel weniger Stoffwechselenergie und sonstigen neuronalen Aufwand benötigen"[19], sagt der Bremer Neurobiologe Gerhard Roth. Das Gehirn unterscheidet jedoch bei den automatisierten Handlungen nicht zwischen schlechten und guten Angewohnheiten. Der Körper lässt bestimmte Hormone frei, wenn er tut, was er kennt. Das Zauberwort heißt Umprogrammieren. Je stärker die Handlungsanweisung ist, desto eher kann eine Gewohnheitsänderung eintreten.

Aber wie gelingt dieses Umprogrammieren und wie kann man klügere Entscheidungen treffen? Sogenannte „Nudges", also „Stupser", sollen helfen, die „richtige" Entscheidung zu treffen, berichten die US-Amerikaner Richard H. Thaler und Cass R. Sunstein. Denken Sie etwa an den jährlichen Zahnarztbesuch. Wir alle wissen um den Sinn der regelmäßigen Kontrolle unseres Gebisses und trotzdem lassen wir Termine verstreichen. Als man in einem Versuch die Patienten unaufgefordert per SMS an den bevorstehenden Zahnarztbesuch erinnerte, sind 200 Prozent mehr Patienten zur Kontrolle gekommen. Bei einfachen Problemen führen Stupser leichter zu Veränderungen als bei komplexen, wie beispielsweise auf das Auto zu verzichten.[20] Wenn es schon so schwer ist, alltägliche Gewohnheiten zu ändern, wie schwierig sind dann erst große

Vorhaben erfolgreich in die Realität umzusetzen? Erfolg ist, wenn man die Spuren des Alltags verlassen kann und einen anderen Weg geht. Dabei muss man offenbar auch das „erfahrene" Programm im Gehirn überlisten und versuchen, aus diesen festgefahrenen Mustern auszubrechen. Das ist ohne Zweifel ein immenser Energie- und Kraftakt.

Dass eine Veränderung der Umgebung die Persönlichkeit grundlegend umstülpen kann, diese Erfahrung hat der Tübinger Hirnforscher Niels Birbaumer selbst gemacht. Er stammte aus einer mittellosen Wiener Arbeiterfamilie und war ein besonders schlimmer Junge: „Wir stahlen, randalierten, knackten Autos und gaben uns als die letzten harten Kerle Wiens."[21] Mit 15 Jahren stach er bei einem Kampf um ein Wurstbrot einem Mitschüler mit einer Schere ins Bein und man brachte ihn deshalb auf die Polizeiwache. Auf dem Weg dorthin fand er am Boden einen Hundert-Schilling-Geldschein, auf den er sofort seinen Fuß setzte. Den Ausruf der Polizistin, die das beobachtete, weiß er bis heute: „Mein Gott, was für ein Psychopath!" Seit dem Scherenstich hat er keine physische Gewalt mehr angewendet. Der entscheidende Faktor ist für ihn klar: „Völliger Umgebungswechsel, sowohl den Ort als auch das soziale Umfeld betreffend. Neue und bessere Schule, neue Kameraden und auch endlich Mädchen, andere Verhaltens-Effekt-Regeln und Vorbilder. Lernen und Abruf aus dem Gedächtnis sind kontextabhängig."[22] Auch er sieht wie Staudinger den Charakter nicht als unveränderlich an: „Das Gehirn prüft permanent, ob unsere Aktionen den gewünschten Effekt haben, ob sie uns einen Gewinn bringen (Anerkennung, Erfolg, Reichtum, Prestige, Liebe), und wenn dem so ist, werden sie wiederholt."[23] Birbaumer hat sich nicht wegen seiner durchwachsenen Kindheit diesem Forschungszweig verschrieben, sondern weil ihn seinerzeit als Student der Psychologe Hubert Rohracher darauf aufmerksam gemacht hat, wie abhängig unser Verhalten von unserem Gehirn sei. Er ist aber davon überzeugt, dass die Entwicklung der Persönlichkeit in ständiger Interaktion mit der Umwelt vonstattengeht und deshalb der Zufall eine große Rolle spielt.

Zusammenfassend kann man sagen: Die Genetik ist kein Buch mit zwei Deckeln, deren Inhalt zugeschlagen und fixiert werden kann. Es ist das offene Buch des Lebens. Neue Seiten kommen dazu, alte werden umgeschrieben. Nichts bringt die Unwissenheit der Genetiker so sehr auf den Punkt, wie die Gen-Lotterie im Jahr 2000. Sie sollten mit einem Einsatz bis zu 20 Dollar wetten, wie viele Gene im menschlichen Genom eines Tages gefunden werden. Der britische Genetiker Ewan Birney schrieb sie in sein Büchlein und jene die es am besten wissen müssten, schätzten zwischen 27.000 und 160.000.

Nach derzeitigen Schätzungen sind es nur etwas mehr als 20.000. „Im Rückblick waren unsere damaligen Annahmen über die Funktionsweise des Genoms dermaßen naiv, dass es schon fast peinlich war",[24] so Craig Venter, der inzwischen sein eigenes Erbgut entziffern ließ. Er hatte als Sanitäter im Vietnamkrieg gedient, wodurch sich sein Leben „radikal" geändert habe, was er als Beleg dafür ansieht, dass „wir nicht nur von unserem genetischen Programm gesteuert, sondern stark von unserer Umwelt geprägt werden".[25]

„Der Mensch ist auf seine Gene nicht reduzierbar. Er ist das Produkt der Wechselwirkung zwischen Genetik und Umwelt. Die Gene sind Feder und Papier, die Geschichte schreiben wir selbst, und die Tinte ist die Epigenetik",[26] meint der österreichische Genetiker Markus Hengstschläger. Das bedeutet: Jeder Mensch ist ein genetisches Universum und nicht alles ist Schicksal. Die Menschen lieben klare Bekenntnisse und Erklärungen, wie schwarz oder weiß, Gene ODER Umwelt. Die richtige Frage muss aber lauten: Wie arbeiten Genom UND Umwelt zusammen?

Schule – eine ewige Baustelle

Ernst Ulrich von Weizsäcker bezeichnet sich als Seitwärtsdenker, einen „Diverger". Er ist 1939 geboren und kurz vor Ende des Zweiten Weltkrieges musste die Familie in die Schweiz fliehen. Dort lebten sie vier Jahre bei seinem Großvater am Zürichsee. Der deutsche Naturwissenschaftler hat sich in der Schule in allen Fächern bis auf Biologie und Kunst schwergetan. In Latein hatte er fast immer schlechte Noten und er hat jedes Jahr aufs Neue nur mit Mühe den Sprung in die nächste Klasse geschafft. Seiner Ansicht nach gibt es keine guten oder schlechten Schüler, sondern „Converger" und „Diverger". Er lehnt sich damit an die Theorie „Contrary Imaginations" des britischen Pädagogen Liam Hudson an. Die Converger sind die Lieblinge der Lehrer, sie denken systematisch und setzen einfach um. Die Diverger „denken ständig seitwärts" und ihnen fällt andauernd etwas Neues ein. Das sind die „Katastrophen in der Schule", die „Tragödie ist, dass im Lehrerberuf alles auf Converger ausgerichtet ist".

Die PISA-Studie habe alles noch verschlimmert. Sie macht den Deutschen und Österreichern den Vorwurf, nicht gut genug in Mathematik und Physik zu sein, weshalb es seither eine „MINT-Anbetung" gebe. „MINT steht für Mathematik, Informatik, Naturwissenschaft und Technik, überall muss MINT gepaukt werden." Als Physiker sollte er darüber nicht schimpfen, sondern diesen Vorgang loben, aber er versteht, dass diese Fächer für viele „fremdartig und quälerisch" sind. Er sammelte als Kind gerne Raupen und sah ihnen bei der Verwandlung zu einem Schmetterling zu. Dann ließ er sie frei, im Gegensatz zu anderen, die sie oft nur zum „Aufspießen" gesammelt hätten. Sein Berufswunsch war immer, Biologe zu werden. Ein Freund seines Vaters riet ihm aber, zuerst Physik zu studieren, weil der damalige Lehrplan für Biologie veraltet gewesen war. Wissenschaft und Politik sind ein Teil der Familie. Sein Vater Carl Friedrich von Weizsäcker war Physiker und Philosoph, sein Bruder Carl Christian von Weizsäcker ist Wirtschaftswissenschaftler und sein Onkel war der ehemalige verstorbene deutsche Bundespräsident Richard von Weizsäcker.

„Fehlerfrei – wie dumm ist das denn?" Florian Gschwandtner

Vier Studenten aus Oberösterreich gründeten 2009 die Firma Runtastic. Sie hatten eine App entwickelt, die Läufern dazu dient, ihre Aktivitäten aufzuzeichnen, zu verwalten und mit anderen via Social Media zu teilen. Mittlerweile vertreibt das Unternehmen auch Uhren und Pulsgurte in Europa, Australien und Südafrika. 140.000 Downloads täglich, bisher 120 Millionen Downloads gesamt, 60 Millionen registrierte Kunden, 120 Mitarbeiter aus 20 Nationen, Sitz in Pasching, Büros in Wien und San Francisco und inzwischen 18 Apps.[27] 2013 kaufte sich der deutsche Springer-Konzern mit 22 Millionen Euro bei Runtastic ein. Im August 2015 zahlte Adidas für die Komplettübernahme 220 Millionen Euro. Eine Idee macht die vier Gründer eines Start-up-Unternehmens zu Multimillionären.

CEO, Chief Executive Officer, Florian Gschwandtner ist einer der Runtastic-Four. Er wuchs auf einem großen Bauernhof auf, ging nach der Hauptschule in die Landwirtschaftsfachschule, sollte als „Nachwuchsfarmer" den elterlichen Hof übernehmen. Ohne Mathematik-Matura und nicht mit den besten Noten bewarb er sich für die Fachhochschule Hagenberg, um Informatik, Kommunikation und Medien zu studieren. Der Studienprogrammleiter wies ihn auf seine fehlenden Voraussetzungen hin, und Gschwandtner bat ihn um eine Chance: „Wenn ich scheitere, dann nicht an meinem Willen und Einsatz, sondern dass der liebe Gott mir zu wenig Brainpower gegeben hat. Ich tue alles Menschenmögliche, damit ich es schaffe." Er wurde aufgenommen und lernte wie noch nie. Er stand um drei oder vier Uhr in der Früh auf, um Mathematik zu lernen.

Die Themen Schule und Bildung liegen Gschwandtner am Herzen. Der Besuch eines Amerikaners blieb ihm besonders im Gedächtnis, meinte dieser doch zu ihm: „Ihr seid schon komisch, ihr habt im Wort ‚fehlerfrei' den Fehler drinnen – wie dumm ist das denn?" Und tatsächlich, wir markieren den Kindern in der Schule mit Rot, was sie schlecht machen, und nicht alle anderen Dinge, die sie gut machen. Dabei ist bekannt, dass genau das verstärkt wird, worauf man die

Aufmerksamkeit lenkt. Werden nur die Fehler markiert und gezählt, wird auch der Fokus des Kindes auf seine Schwächen verstärkt. Die Frage der Eltern „Wie viele Fehler hast du?" verstärkt diesen Effekt nur, und der Fokus ist verkehrt. Fehler und alles, was richtig gemacht wurde, sollten gleichermaßen beurteilt werden. Folgendes Beispiel aus dem Deutschunterricht der Volks- bzw. Grundschule soll dies verdeutlichen:

> *In den Verien sind wir teglich in den Walt gegangen.*
> *Das hat mir se#r gut gevallen.*
>
> In zwei so kleinen Sätzen 5 Fehler!
> Statt
> Von 66 Buchstaben 61 richtig!
> Nur 4 verwechselt und 1 ausgelassen.[28]

Die „Fehlerkultur" hierzulande wird offenbar falsch verstanden. Man sollte aber Fehler machen dürfen, um aus ihnen zu lernen. In den USA gibt man der heuristischen Methode „Versuch und Irrtum" („trial and error") den Vorzug. Man sollte keine Angst haben vor dem Misserfolg. Denn Fehler zu machen, ist nur allzu menschlich. Das wollte schon Gestaltpsychologe Max Wertheimer (1880–1943) seinem engen Freund Albert Einstein (1879–1955) nahebringen. Seit ihrer gemeinsamen Zeit in Berlin waren sie eng befreundet, bevor beide vor den Nationalsozialisten ins amerikanische Exil geflohen sind, Einstein nach Princeton und Wertheimer nach New York. Sie schrieben sich viele Briefe, in denen Wertheimer Einstein gerne Denksportaufgaben gab.

Ein altes klappriges Auto soll einen Weg von 2 Meilen fahren, einen Hügel hinauf und hinunter. Die erste Meile – den Anstieg – schafft es, weil es so alt ist und nicht rascher fahren kann, mit der Durchschnittsgeschwindigkeit von 15 Meilen pro Stunde. Frage: Wie rasch muss es die zweite Meile zurücklegen – beim Herunterfahren kann es natürlich rascher vorwärtskommen –, um eine Gesamtgeschwindigkeit (für den Gesamtweg) von 30 Meilen pro Stunde zu erzielen?

Die meisten von Ihnen werden jetzt denken, die Antwort lautet 45 oder 60 Meilen pro Stunde. Leider nicht. Denn selbst wenn die alte Klapperkiste wie eine Rakete den Berg hinunterschießen würde, käme sie nicht auf eine Durchschnittsgeschwindigkeit von 30 Meilen pro Stunde. Zur Beruhigung: Einstein gelang es auch nicht, das Rätsel zu lösen. Er gestand, seinem Freund auf den Leim gegangen zu sein: „Erst durch Rechnung merkte ich, dass für den Herunterweg keine Zeit mehr verfügbar bleibt."[29]

Gestaltpsychologen lösen laut Risikoforscher Gerd Gigerenzer Probleme, indem sie Fragen so lange umformulieren, bis die Antwort klar wird. In diesem Fall würde sie folgendermaßen lauten: Wie lange braucht das alte Auto, um oben auf dem Hügel anzukommen? Die Straße nach oben ist 1 Meile lang. Der Wagen fährt mit 15 Meilen pro Stunde, also benötigt er 4 Minuten (1 Stunde geteilt durch 15), um die Spitze zu erreichen. Wie lange braucht der Wagen den Hügel rauf und runter mit einer Durchschnittsgeschwindigkeit von 30 Meilen pro Stunde? Die Straße rauf und runter ist 2 Meilen lang. 30 Meilen pro Stunde entsprechen 2 Meilen in 4 Minuten. Folglich müsste das Auto die ganze Strecke in 4 Minuten zurücklegen. Doch diese 4 Minuten dauert bereits die Fahrt auf den Hügel hinauf.[30]

„Wie still wäre es im Wald, wenn nur die begabtesten Vögel sängen." Homepage Evangelische Schule Berlin Zentrum – Alexander Puschkin

Bei Runtastic wird das Wort „Problem" durch das Wort „Herausforderung" ersetzt. „Whatever the challenge, be part of the solution", sagt Florian Gschwandtner.

Herausforderung als Fach in der Schule? In Berlin existiert es. Der Defizitblick mit dem Fokus auf den Schwächen und nicht den Stärken missfiel auch der Reformpädagogin Margret Rasfeld. Sie gründete die Evangelische Schule Berlin Zentrum.

Höher, schneller, weiter. Das ist schon lange nicht nur das Ziel bei Olympischen Spielen, es gilt ebenso in der Wirtschaft und die Kinder sollen in der Schule auf den gnadenlosen Wettbewerb vorbereitet werden. Es gehe nicht um das Fördern des selbstständigen Denkens und um das individuelle Wachstum, sondern um die Normierung für die Wirtschaft, kritisiert Rasfeld. Wer aber ist schuld daran? Die Eltern, die Lehrer, die Politik? „Wir alle, die Gesellschaft, die Leistung über alles stellt"[31], sagt Rasfeld. 30 Prozent der Schüler und Schülerinnen würden mit Angst in die Schule gehen, und Angst sei ein Kreativitätskiller und mache krank. Das Bildungssystem sei innovationsfeindlich. Die vier Grundbedingungen für Innovation sind laut Margret Rasfeld noch immer nicht umgesetzt: Autonomie, Urteilskraft, Entscheidungsstärke und größtmögliche Interdisziplinarität. Sie hält die Schul- und Bildungssituation zwischen Deutschland und Österreich für gut vergleichbar. Es sei sehr viel Parteipolitik im Spiel, ohne auf die Bedürfnisse von Kindern und Jugendlichen Rücksicht zu nehmen. Als Gast in einer ORF-Radiosendung mit dem Titel „Leistungsträger Kind" wird Rasfeld gefragt, wie man ohne Druck und ohne Noten das Beste aus den Kindern im Unterrichtsalltag herausholen kann. „Wir setzen auf freies und selbst organisiertes Lernen, und die Lehrer und Lehrerinnen werden als Coaches gesehen und nicht als Richter über das Weiterkommen im Leben. Zukunft und Innovation liegen im WIR und nicht im Ego und Konkurrenzdenken"[32], antwortete Rasfeld. In den Klassen sitzen jeweils drei Jahrgänge. Jeder Tag beginnt mit einer Doppelstunde in Mathematik, Deutsch oder Englisch. Die Kinder und Jugendlichen können sich selbst aussuchen, in welches Fach sie gehen. Wenn sie schlecht drauf sind, gehen sie lieber dorthin, wo sie gut sind. Es gibt Lernmaterial ähnlich wie bei Montessori und sie arbeiten selbstständig. Es ist immer ein Fachlehrer oder -lehrerin im Raum, man kann aber auch Mitschüler fragen. Sie melden sich selbstständig zum Test an und machen ihn im Lernbüro. Es gibt eine Setkarte mit einer persönlichen, genauen, wertschätzenden Rückmeldung. Sport, Religion, Naturwissenschaften bei Fachlehrern, Wahlpflichtfächer sowie eine zweite Fremdsprache oder Theater werden angeboten. Jede Klasse hat zwei Lehrer, die Coachingstunden für die Schüler bezahlt bekommen. An einem Tag in der Woche wird fünf Stunden fächerübergreifend an Projekten gearbeitet. Pro Jahr gibt es drei große Projekte mit einer eigens formulierten Forschungsfrage. Die Schüler müssen dafür die Schule verlassen, Experten befragen oder einen Stand am Alexanderplatz aufschlagen.

Die Zauberwörter, die aus den Kindern keine „Fakten-Zombies" machen, lauten „Herausforderung und Verantwortung", die es auch als Schulfächer gibt. Verantwortung wird gelehrt, indem sie mit elf bzw. zwölf Jahren einen Nachmittag pro Woche eine Aufgabe im Gemeinwesen übernehmen, sei es im Kindergarten, mit alten Menschen oder Flüchtlingen. Sie erleben Selbstwirksamkeit. Mit 13 dann die Herausforderung: Drei Wochen am Stück können sie allein oder in der Gruppe in Begleitung eines angehenden Lehramtskandidaten oder Sozialpädagogikstudenten eine selbst ausgesuchte Herausforderung meistern. Dafür stehen 150 Euro pro Person zur Verfügung. Die einen gehen zu Fuß von Berlin nach Hamburg, die anderen arbeiten auf einem Bauernhof, erzählten zwei 13-jährige Schülerinnen bei ihrem Gastvortrag bei den „Tagen der Utopie" im Bildungshaus in St. Arbogast in Götzis in Vorarlberg. Von 6–22 Uhr haben sie Tiere gefüttert und Ställe ausgemistet, dafür waren Kost und Logis frei. Dieses „Herausforderungsprojekt" wird bis zum Abschluss dreimal gemacht.

Das Grundübel liegt für Rasberg im selektiven System, wenn die Kinder nach der vierten Klasse Volksschule oder wie in Berlin nach der sechsten Klasse Grundschule auf der einen Seite ins Gymnasium oder auf der anderen Seite in die Neue Mittelschule oder Hauptschule geschickt werden. „Der Geist der Selektion hat sich seit dem Mittelalter in die Menschen hineingefressen."[33] Die Lösung wäre ihrer Meinung nach nur eine gemeinsame Schule der 6–14-Jährigen.

Der Geist der heutigen Gesellschaft und Wirtschaft kreist um den Leistungsträger von morgen. Das Leistungsprinzip hat unter den Erwachsenen eine absolute Mehrheit in der Bevölkerung. 78 Prozent der befragten Deutschen sprechen sich dafür aus. Außerdem: Menschen, die mehr als 2500 Euro netto verdienen, solidarisieren sich immer weniger mit Armen oder sozial benachteiligten Menschen. Zu diesem Schluss kommen Wissenschaftler der Universität Bielefeld in einer Langzeitstudie (2002–2012). Es zeichnet sich ein Rückzug der höheren Einkommensgruppen vom sozialen Zusammenhalt der Solidargemeinschaft ab. Studienleiter Wilhelm Heitmeyer und das Soziologenteam des Instituts für Interdisziplinäre Konflikt- und Gewaltforschung sprachen von einer „rohen Bürgerlichkeit" und einem „Klassenkampf von oben". Das habe mit den Folgen der Wirtschaftskrise zu tun. Den Besserverdienenden gehe es vor allem um die Sicherung eigener sozialer Privilegien. Arme solidarisieren sich dafür stärker mit Hilfebedürftigen, wie Arbeitslose, als die starke Mittelschicht. 33 Prozent sagen, es gebe nützliche und weniger nützliche Menschen; sich um Werte kümmern, bewerten 28 Prozent als Luxus, und 40 Prozent meinen, man kümmere sich zu viel um Versager. Der Kreis zur Schule schließt sich wieder, nur bei seinesgleichen bleiben. Dass alle Menschen gleichwertig sind, ist offenbar keine Selbstverständlichkeit mehr.[34]

Der Altmeister der Fernsehunterhaltung, Moderator und Produzent Frank Elstner flog in Griechisch und Latein durchs Abitur. Der fünffache Vater ist jedoch noch froh darüber, einen „sensationellen Deutschlehrer" gehabt zu haben. Mit Vorschriften vom frühesten Kindesalter an werden einzig und allein Kreativität gebremst, er würde heute „höchstwahrscheinlich die Kinder gar nicht in die Schule schicken". Der in Linz geborene Elstner bezeichnet sich als „frommes" Kind, wollte schließlich Theologie studieren und war im Internat. Er war schon mit zehn Jahren ein Kinderstar und sprach im Südwestfunk bereits in vielen Hörspielen, unter anderem die Hauptrolle in „Bambi". Er hat die Zeit im Internat nie bereut, weil er auch ein wenig „zur Raison" gerufen wurde, seine Kinder würde er aber nie in ein Internat schicken.

„Ich möchte mein Kind in keine Schule schicken, wo es nur höchst engagierte Lehrer gibt. Das Kind wäre dort ja total überfordert."
Rudolf Taschner

Der Mathematiker und Bestsellerautor Rudolf Taschner war selbst mehrere Jahre lang als Lehrer tätig und das sei kein einfaches Dasein gewesen, berichtet er. „Ein Lehrer soll den Kindern Karrierechancen aufzeigen. Leider verstehen das viele gar nicht, weil sie noch nicht den Weitblick besitzen. Beim Unterricht ist das Interesse der Kinder zu gewinnen. Wenn ich eine Minute in der Stunde loslasse, habe ich in der Klasse eine Katastrophe. Der Lehrer muss die Zügel 50 Minuten lang festhalten. Das ist nicht einfach. Und dann kommen noch die unzähligen Bildungsexperten hinzu, die den Lehrern ständig erzählen, wie sie zu unterrichten haben, obwohl sie selbst noch keine Minute im Klassenzimmer gestanden sind."[35] Zu diesen „unzähligen" Bildungsexperten rechnet er auch den Genetiker Markus Hengstschläger, der mit seinem Bestsellerbuch „Die Durchschnittsfalle" das Schielen auf „die Mitte" scharf kritisiert hat. Es würde nur ums Mittelmaß gehen, die Begabten würden nach unten gedrückt, die Lernschwachen nach oben. Während ich der Sichtweise Hengstschlägers als Mutter eines schulpflichtigen Sohnes vieles abgewinnen kann, hat Taschner dafür kein Verständnis: „Er [Hengstschläger] hat nicht bedacht, dass es den Durchschnitt geben muss, damit man überhaupt sagen kann, ‚Ich bin nicht Durchschnitt'. Schule ist für den Durchschnitt konzipiert. Sie muss ein breites Feld abdecken, sich an alle richten. Die ideale Schule besteht darin, dass in ihr eine Lehrer-Persönlichkeit wirkt, die es zustande bringt, das Chaos an jungen Gemütern, das auf sie zukommt, zufriedenzustellen, samt Eltern und Gesellschaft. Das ist gar nicht leicht. Ich möchte mein Kind in keine Schule schicken, wo es nur höchst engagierte Lehrer gibt. Das Kind wäre dort ja total überfordert."

Jungunternehmer Florian Gschwandtner erzählt in seinen Vorträgen, dass er als Kind siebenmal die Woche zwei Stunden Fußball spielen hätte können und trotzdem nicht in die Bundesliga gekommen wäre. Er hat in der Schule insgesamt sechs Sprachen ein bisschen gelernt. Doch es wäre besser gewesen, eine richtig zu lernen. Er wünscht sich, dass die Kindersendungen in der Originalsprache Englisch gesendet werden und wie in Skandinavien auf die Synchronisierung verzichtet wird. Mit Zweisprachigkeit habe man es einfacher im Leben.

Die Chefredakteurin der Zeitschrift „Gala", Anne Meyer-Minnemann, sitzt in ihrem Büro in Hamburg im Verlagsgebäude von Gruner + Jahr, als sie mir von ihrer Schulzeit erzählt. Sie war viele Jahre Klassensprecherin und saß oft beim Schulleiter. Ungerechtigkeit gegen Mitschüler ging ihr gegen den Strich. Sie weiß noch von einem Vorfall, als eine Mathematiklehrerin einem verträumten Jungen, der im Unterricht nicht aufgepasst hatte, den ganzen Tisch umgestoßen hat. „Alles ist aus den Fächern gefallen und die Farben und

Hefte flogen auf den Boden. Der Junge war völlig schockiert, weil er in einer anderen Welt war. Ich bin dann aufgesprungen und habe mich für ihn eingesetzt. Ich habe zu unserer Lehrerin gesagt: ‚Das ist das Allerletzte, das können Sie nicht machen, so können Sie sich als Lehrerin nicht benehmen. Sie sind hier die Machtperson und Sie nutzen ihre Macht aus. Ich gehe und melde das!' Sie war natürlich völlig verdattert." Für die zweifache Mutter ist es wichtig, dass die Schule ein Wertekonstrukt haben muss, in das die Kinder „hineinwachsen". Sie nennt Aufrichtigkeit, Respekt, Zuverlässigkeit. Sie hatte nie Angst vor Autoritäten, aber immer Respekt.

Ich selbst wollte alles Mögliche werden. Geträumt hatte ich von den Berufen Schauspielerin, Regisseurin, Musicaltänzerin. Den Mut, das laut auszusprechen, hatte ich nicht. Als ich ungefähr zehn Jahre alt war, hat mir der Pfarrer meiner Heimatgemeinde Sankt Johann in der Haide, Karl Rainer, nach einem Kirchgang das Magazin „St. Michael" in die Hand gedrückt und auf einen Artikel über die Geschichte einer Klosterschwester hingewiesen. „Das wäre doch ein schöner Beruf für dich", meinte er. Ich hatte aber etwas anderes vor mit meinem Leben. Bereits mit 13 Jahren nahm ich allen Mut zusammen und ging zu meinen Pflegeeltern. Ich sagte zu ihnen, dass ich gerne ins Gymnasium gehen und dann Journalistin werden würde. „So ein Blödsinn", lautete die höfliche Übersetzung der Antwort meiner Pflegeeltern. Eines Tages kam meine Pflegemutter zu mir und war begeistert davon, dass es vielleicht eine Lehrstelle als Friseurin im Nachbarort geben würde. Von da an wusste ich: Alarm! Nicht, dass es eine schlechte Arbeit wäre, ganz im Gegenteil, ich liebe es, bei meiner Friseurin Elke zu sitzen, und ich wertschätze jeden Beruf (Krankenschwester auf der Herzchirurgie ist für mich übrigens ein viel schwierigerer Job als mein jetziger), aber ich wollte etwas anderes machen, ich wollte in den Journalismus. Seit meinem elften Lebensjahr schrieb ich Tagebuch und versuchte, schriftlich aus der Misere zu kommen. Also machte ich eine Liste. Das Wichtigste war, weit weg von zu Hause zu sein. Ich wollte mit Menschen zu tun haben, es durfte nichts kosten, damit die Eltern nichts dagegen haben können, und anspruchsvoll sollte die Ausbildung auch sein. Zu dieser Zeit las ich gerade die dicken Wälzer „Susanne Barden" von Helen

D. Boylston. Es ging um ein Mädchen, das Krankenschwester werden wollte und auf ihrem Weg dorthin in einem Internat viele Abenteuer erlebte. Das war die Lösung, dachte ich, zuerst die Ausbildung zur Krankenschwester absolvieren und dann die Matura nachmachen. In der Verwandtschaft meiner Pflegefamilie gab es eine Cousine, die diesen Beruf ausübte. Ich recherchierte ein Klosterinternat in Graz, keine Kosten, dafür etwa 250 Schilling (18 Euro) Taschengeld pro Monat. Gute Aufstiegschancen und der bestbezahlte nicht akademische Frauenberuf. Nach einem monatelangen Kampf gab es die ersehnte Zustimmung meiner Familie. Das Freiheitsgefühl war viel größer als die Enge und die strengen Vorschriften der Klosterschwestern.

Angelika Kirchschlager hatte auch die Bücher von „Susanne Barden" gelesen und ihr erster Traum war es, Krankenschwester zu werden. Der Opernstar und ich mussten bei unserem Treffen am Wiener Naschmarkt herzlich darüber lachen. Kirchschlager hat aber allezeit schon gerne und überall gesungen, so lange sie sich erinnern kann. Um sie herum war immer Musik. Ihre Großmutter war Kindergärtnerin, wäre aber gerne Opernsängerin geworden. Sie habe ihr oft erzählt, wie sie am Wolfgangsee in einem Ruderboot im Sonnenuntergang „Rosen in Tirol" gesungen hat und die Menschen ihr am Ufer zugehört haben. Angelika Kirchschlager ging in ein musisches Gymnasium ohne ein bestimmtes Ziel vor Augen, aber eines Tages kurz vor der Matura hatten sie in der Schule eine Kinderoper produziert. Und sie weiß noch genau, sie stieg aus dem Bus, „und plötzlich war es wie ein Flash im Hirn; vielleicht muss ich Opernsängerin werden? Ich muss es probieren, vielleicht ist es die Bestimmung meines Lebens". Bereits am nächsten Tag meldete sie sich für die Aufnahmeprüfung an, ohne je eine professionelle Gesangsstunde gehabt zu haben. Sie kam auf eine Warteliste und „rutschte" hinein.

Vor-*Bilder*

„Handle ein einziges Mal nach deinem Gefühl, nicht immer nach deinem Verstand!" Zitat aus dem Film „Knight Moves"

Ich bin schon als Kind gerne aus der Realität in Filme und Geschichten des Fernsehens oder Kinos geflüchtet und das mache ich bis heute. Aber kann man ein Ersatzleben auf der Leinwand führen? Kann die Fiktion Einfluss auf reale Entscheidungen haben? Bei mir sollte es ein deutsch-amerikanischer Thriller mit dem Titel „Knight Moves" (1992) mit Christopher Lambert und Diane Lane sein. Es geht um den Schachgroßmeister Peter Sanderson, der in einen mysteriösen Mordfall verwickelt wird, und einen Serienkiller. Ich saß mit meiner Freundin Christine im Kino, als die Psychologin zu Sanderson sagte: „Handle ein einziges Mal nach deinem Gefühl und nicht immer nach deinem Verstand!" Dieser Satz ließ auch mich nicht kalt. Ich sagte zu Christine, „Ich komme gleich wieder, ich muss mal kurz telefonieren", ging zur Telefonzelle, ein Mobiltelefon gab es damals noch nicht, rief meinen ersten Freund an und beendete nach fünf Jahren die schon länger unglückliche Beziehung. Am nächsten Tag kündigte ich meinen Job als Krankenschwester. Mein Gefühl sagte mir in beiden Fällen schon lange, dass ich an der Situation etwas ändern sollte, aber mein Verstand hatte ständig unzählige Argumente parat, warum ich meinen gut bezahlten Beruf nach der langen Ausbildung nicht aufgeben sollte. Jetzt war aber der Zeitpunkt gekommen. Jetzt wollte ich Veränderung. Es war eine Sekundenentscheidung für ein anderes Leben, für die Kündigung, das Studium und eine Reise über den Sommer in die USA. Es war ein Ausbruch von innen nach außen, sonst wäre ich implodiert. Eine derart schwerwiegende, zukunftsweisende Entscheidung zu fällen wegen ein paar Wörtern, die in einem Serienkillerfilm gesprochen wurden, ist mehr als kurios, ich weiß. Ich weihte deshalb nur meinen engsten Freundeskreis ein. Bis jetzt.

„Du musst immer daran glauben, dass ein Mann sein Schicksal verändern kann. Alles ist möglich, du musst nur die Sterne neu ordnen." Zitat aus dem Film „Ritter aus Leidenschaft"

Marcel Hirscher und ich sitzen in der Bibliothek im Schloss Wilhelminenberg mit Blick auf Wien und es ist der einzige Moment, in dem er mit der Antwort zögert. Ich hatte ihn nach seinem prägensten Film befragt. Vielleicht dachte er, er müsse einen hochintellektuellen Film nennen. Erst als ich ihm von meinem Serienkillerfilmerlebnis erzähle, lehnt er sich nach vor und sagt langsam und kräftig „Tage des Donners". Ich sehe dessen Hauptdarsteller und den derzeit erfolgreichsten Skifahrer vor mir wie EINE Person. Hirscher wirkt auf mich äußerlich kurz wie Tom Cruise. Der Film „Tage des Donners" aus dem Jahre 1990 hatte keine guten Kritiken erhalten, aber Hirscher kann sich damit Motivation für den folgenden Tag im Training holen. In dem Film geht es um einen ungestümen Rennfahrer, der von seiner Crew mit einer eigens für ihn maßgeschneiderten konstruierten Rennmaschine unterstützt wird. Nach einem Unfall mit seinem Erzrivalen landet er im Krankenhaus. Nach Allmachtsfantasien gerät er in große Schwierigkeiten und ein anderer nimmt seinen Platz auf der Rennbahn ein. Mithilfe seines Teams schafft er es zurück und gewinnt viele Rennen. Hirscher schätzt auch den Film „Ritter aus Leidenschaft" mit Heath Ledger, jetzt ist mein optischer Vergleich wieder zu Ende, er hat ihn gefühlte tausend Mal gesehen und kriegt jedes Mal „feuchte Augen". Der Film handelt vom jungen „William Thatcher", der im Jahr 1360 als Sohn eines armen Dachdeckers in London davon träumt, ein Ritter zu werden. Sein Vater sagt: „Alles ist möglich, du musst nur die Sterne neu ordnen." Die Welt als Wille und Vorstellung. Man muss nur an sich glauben. Der Mensch ist der Schmied seines eigenen Glückes; nicht die Sterne bestimmen, wo es einen hintreibt. Der Einzelne schafft sich selbst die Konstellationen, die für ihn am günstigsten sind.

William Thatchers „Mentor", Sir Hector, gibt ihm den Rat, immer daran zu glauben, dass ein Mann sein Schicksal verändern könne. Kampf, Training, Sieg, Niederlage, wieder Sieg. Die gleichen Zutaten in beiden Filmen.

Filme über Aufsteiger und Outlaws faszinieren auch preisgekrönte Literaten wie Peter Handke. Einer seiner Lieblingsfilme ist der Spätwestern „The Man Who Shot Liberty Valance" aus dem Jahr 1962 von Regisseur John Ford mit John Wayne, James Stewart und Lee Marvin. Ein idealistischer Anwalt im unzivilisierten Westen kämpft für Recht und Gesetz. „Kino ist befreiend, Kino ist Abenteuer bei Filmen von John Ford", sagt Handke und dieser Film habe ihm „Appetit auf die Welt gemacht".[36] Peter Handke war in manchen Monaten in 90 Kinofilmen. Der erste Spielfilm der Beatles „A Hard Day's Night" (1964) hat den Dichter und Schriftsteller sogar zu seinem ersten Theaterstück „Publikumsbeschimpfung" inspiriert, das 1966 im Theater im Turm in Frankfurt am Main uraufgeführt wurde und auch sein erster großer Erfolg war. Regisseur Claus Peymann hatte versucht, ihn bei einer Tretbootfahrt über das Stück auszufragen, bekam aber nur aufgeschriebene Regeln für die Schauspieler: „Rolling Stones und den Beatles lauschen oder die laufenden Räder eines auf den Sattel gestellten Fahrrades bis zum Ruhepunkt der Speichen anhören und die Speichen bis zu ihrem Punkt der Ruhe ansehen."[37]

Zwei Bücher aus ihrer Kindheit haben das ganze Leben von Jane Goodall beeinflusst. Die Verhaltensforscherin hält keinen Vortrag, bei dem sie nicht auf die Geschichten Dr. Dolittles, der mit Tieren sprechen konnte, hinweist. Das Buch hatte sie 1942 zu Weihnachten geschenkt bekommen. Vor allem das Kapitel über den Schimpansen Chee-Chee wird sie nie vergessen. Ein Cousin von Dr. Dolittle berichtet von einer schweren Erkrankung der Affen in Afrika und Dr. Dolittle müsse dorthin reisen und sie retten, was ihm am Ende auch gelingt. Eine andere Affengeschichte ist ihr ebenso stark im Gedächtnis haften geblieben. Dr. Dolittle bringt Tiere vom Zirkus zurück nach Afrika und gewinnt dadurch das Vertrauen der Affen. Sie formen für ihn eine Brücke, indem sie sich an den Händen halten, wodurch er vor seinen Feinden fliehen konnte.

Das zweite Buch ist „Tarzan, Lord of the jungle" von Edgar Rice Bourroughs: „Bei Tarzan war es das ganze Buch, sein Leben in der Wildnis und in Einklang mit Tieren. Er hat NICHT, wie uns die Filme weismachen wollen, einen Schimpansen als Haustier gehalten. Auch waren seine Eltern keine Schimpansen oder Gorillas, er war irgendetwas zwischen Mensch und Affe." Von da an wusste die kleine Jane, sie will einmal nach Afrika. Die Bücher waren für sie die Botschaft von Respekt für das Leben und den Rechten aller, die diese Welt gemeinsam bewohnen.

„Ich war begeistert, weil ich unter anderem wusste, dass ich dann ins Fußballstadion und in die Staatsoper gehen kann."
Bundespräsident Heinz Fischer über seinen Vater, als dieser Staatssekretär wurde

Auf einer völlig anderen Bühne steht Österreichs Bundespräsident Heinz Fischer. Als Kind wollte er Eisenbahner werden, denn sein Großvater hatte bei der Bahn gearbeitet und dem Buben „immer so lustige Geschichten" erzählt. Aber er war schon damals in intensivem Kontakt mit der Politik. Sein Onkel Otto Sagmeister war in der Bundesregierung Leopold Figl I Minister für Volksernährung. Fischer erinnert sich noch genau an den „riesigen amerikanischen Chevrolet Marke Fleetmaster" des Onkels, „mit einer Hupe, die einen besonderen Dreiklang hatte" (er summt mir den Akkord vor), und den Chauffeur, der „immer einen weißen Mantel, eine Kappe und Handschuhe trug". Fischer war damals neun Jahre alt. Den österreichischen Bundeskanzler Figl sah er ein Jahr später, als er bei seinem Onkel im oberösterreichischen Sengsengebirge Jagdgast war. Figl hatte einen Polizisten und Geselchtes dabei. Auch die Sonntagsausflüge mit seiner Familie und dem Energieminister Alfred Migsch sind ihm gut in Erinnerung geblieben. Als Heinz Fischer 16 Jahre alt war, kam sein Vater Rudolf nach Hause und bat seine Mutter, seine Schwester Edith und ihn, sich zu ihm an den Tisch zu setzen. Vizekanzler Schärf habe ihm angeboten, als Staatssekretär in die Regierung einzutreten. „Ich war begeistert, weil ich unter anderem wusste, dass ich dann ins Fußballstadion und in die Staatsoper gehen kann." Diese „Begleiterscheinungen" haben Fischer gefallen, aber keinesfalls den Wunsch ausgelöst, selbst auf die politische Bühne zu treten. Nach der Matura wollte er eigentlich Astronomie studieren, ein älterer Schulkollege hatte ihn dafür begeistert. Er kaufte sich Bücher des Astronomen und Gründers des Wiener Planetariums Oswald Thomas und des Sachbuchautors, Technikers und Mathematik-Liebhabers Alexander Niklitschek. Die Familie redete ihm jedoch das „Sterndeuterstudium" aus und er entschied sich, nach der Matura den Abiturientenkurs der Handelsakademie mit Buchhaltung, Warenkunde, Stenografie und Maschinenschreiben zu absolvieren. Danach studierte er Rechtswissenschaften.

Ein Hochbauzeichner aus Zürich wird einer der erfolgreichsten Musikmanager.
Ein Fernmeldetechniker aus München wird ein Starkoch.
Ein Absolvent der Höheren Technischen Lehranstalt wird Kabarettist.
Ein junger Landwirt wird mit einer App Millionär.
Eine Sekretärin wird zur berühmtesten Verhaltensforscherin.

Sie alle wussten bereits mit etwa 14 Jahren, was sie faszinierte und auf welchem Weg sie das Feld der Kindheit und Jugend verlassen wollten. Fast alle mussten aber vorerst einen anderen Weg nehmen, nämlich jenen, den Elternteile für sie erwählt hatten. Vorbildlich gingen sie diesen Umweg bis zu der Kreuzung, die auch in ihren eigenen Lebensweg führte, und bogen an dieser Stelle einfach wieder ab. Bildungswissenschaftler Werner Lenz, emeritierter Professor der Universität Graz, weiß um die Bedeutung, wie wichtig es ist, an seinem Traum festzuhalten: „Bildungswege werden von der Gesellschaft erzeugt, aber sie werden individuell begangen. Ich gestalte und werde gestaltet. Über Verhältnis und Ausmaß kann man sich das ganze Leben lang Gedanken machen."[38]

DIE ZUTATEN DES ERFOLGS

Auf meinem gewünschten Weg, weit vorne immer mein Ziel vor Augen, werde ich noch oft zu Kreuzungen, Nebenstraßen, mehrspurigen Autobahnen und schmalen Feldwegen gelangen. Auf dieser Wanderung brauche ich einen imaginären Rucksack, gefüllt mit den Zutaten des Erfolgs: Talent, Wille, Motivation, Fleiß, Durchhaltevermögen, Disziplin, Glück, Zufall, Kreativität, Intuition, Emotionale Intelligenz und psychische Widerstandskraft. Was und wie viel brauche ich davon, um das Maiskorn zum Springen zu bringen?

Talent und Fleiß

Es gibt den Talentierten, der nicht übt.
Es gibt den Untalentierten, der dauernd übt.
Es gibt den Talentierten, der auch noch übt.
Es gibt den Nicht-Talentierten, der nicht übt.

Rudolf Taschner

Der Mathematiker Rudolf Taschner nennt sie die vier „Schicksalsarten" des Talents und zählt sich selbst zur vierten Kategorie, um dann doch seine Gabe für das Erzählen von Geschichten herauszustreichen. Anregung hat er sich bei Walt Disney geholt, der eines Tages, als ihm das gezeichnete Szenenbuch eines Filmes nicht gefallen hatte, angeblich folgende Geschichte parat hatte: „Es hat einmal einen Prediger gegeben, der unglaublich beliebt war. Die Leute haben ihm gerne zugehört und sind dazu auch in entlegene Gegenden zu Kirchen gefahren, nur um seine Predigten hören zu können. Und sie fragten ihn, warum er denn die Leute mit seinen Erzählungen so beeindrucken könne. Seine Antwort war: ‚Well, that's quite easy: First I tell them, what I want to tell them, then I tell them, what I told them.'" Man müsse die Leute also bei Geschichten vorbereiten, damit sie wissen, worauf es ankomme, „ein Tafelbild richtig zu entwerfen, das ist so eine kleine Kunst, an der ich mich versuche, und da bin ich manchmal erfolgreich", meint Taschner.

„Was willst du?" – „24 Stunden arbeiten." Barbara Stöckl

Moderatorin und TV-Produzentin Barbara Stöckl hatte ein außerordentliches Talent für analytisches Denken und die Kunst der Zahlen. Sie nahm an der Mathematik-Olympiade teil und gab Nachhilfeunterricht. Eine Lehrerin hatte ihr Talent erkannt und gefördert, sie manchmal sogar in der Klasse unterrichten lassen. Mathematik war für sie eine Sprache, mit der man diese Welt beschreiben kann, der Beginn des Mathematikstudiums die logische Folge. Aber nicht nur die Sprache der Mathematik faszinierte Barbara Stöckl, sie hatte schon im Sportgymnasium gerne Geschichten in der Schülerzeitung geschrieben und die Diskussionssendungen des damaligen „Club 2" gesehen. Sie hatte kein bestimmtes Berufsziel, wollte, dass das Leben Regie führt – und das hat es dann auch. Denn der Zufall wollte es, dass der Chefredakteur der Schülerzeitung Daniel Sverak den Chef der ORF-Jugendsendung „Okay", Peter Hofbauer, kannte und Stöckl eine Assistentenstelle bekam. Als Nebenjob, denn das Studium musste auch finanziert werden. Damals wurde sie gefragt, was sie denn könne? „Nichts", antwortete sie. Und was sie denn dann wolle? „24 Stunden arbeiten." Sie lernte den Beruf der Fernsehjournalistin von Grund auf: Kamera, Schnitt, Geschichten produzieren, Interviews und schließlich Moderation.

„Das Einklinken in das andere System ist der Schlüssel zum Erfolg. Beobachte, wie die anderen leben und was sie wollen." Alfons Schuhbeck

Alfons Schuhbecks Fleiß war schon in Paris überdurchschnittlich. Von acht bis achtzehn Uhr arbeitete er als Koch und von neunzehn bis ein Uhr in der Früh als Kellner, um genügend Geld zu verdienen. Er wohnte in einem winzigen Zimmer im fünften Stock, zu dem er jeden Tag mit dem Lift hochfuhr. Bei seinem Arbeitspensum war es kein Wunder, dass er erst nach zwei Monaten feststellte, dass er in einem Rotlicht-Etablissement wohnte. Auch in London nahm er vor lauter Arbeit die Umgebung nicht wahr. Zu Beginn seiner Zeit in England arbeitete er in einer Snackbar und wurde gefragt, ob er am Abend helfen könne, Canapés zu machen. Er fuhr mit seiner Ausstattung zum angegebenen Veranstaltungsort, bereitete französische Appetithäppchen zu und als er sich umdrehte, stand plötzlich Sean Connery vor ihm. Erst jetzt wurde ihm bewusst, dass er in einem privaten Filmstudio gelandet war, wo die Stars ihre Produktionen vor dem offiziellen Kinostart in aller Abgeschiedenheit nochmals begutachteten. Er war nach nur fünf Tagen in London in einem „System drinnen, wo andere viel länger dafür brauchen". Für ihn ist das „Einklinken" in das jeweilige System ein Schlüssel zum Erfolg: „Beobachte, wie die anderen leben und was sie wollen." So hat er für die Beatles, Charlie Chaplin, Roger Moore und auch schon fünfmal für die englische Königin gekocht.

Die 10.000-Stunden-Regel

Leistung ist Talent plus Ausbildung plus Fleiß. Je genauer eine Biografie von begabten Menschen unter die Lupe genommen wurde, desto unwichtiger wurde das Talent und desto wichtiger die Ausbildung und der Fleiß. Der Autor Malcolm Gladwell untermauert diese These mit der 10.000-Stunden-Regel. Als Beweis führt er eine Untersuchung an, die die Psychologen K. Anders Ericsson, Ralf Krampe und Clemens Tesch-Römer an der Berliner Hochschule der Künste durchgeführt haben.[39] Sie wollten herausfinden, welchen Anteil die Übungsstunden am Erfolg von Musikern hatten oder ob besondere Fähigkeiten angeboren sind. Mit Unterstützung der Professoren teilten die Wissenschaftler die Violinisten der Hochschule deshalb in drei Leistungsgruppen ein. Die erste Gruppe bestand aus den Begabten, die Weltklassesolisten werden könnten. Sie galten unter vielen Lehrenden als typische Naturtalente, die das Glück gehabt hatten, mit besonderen Genen für Musikalität geboren zu sein. In der zweiten Gruppe waren die „guten" Geiger. Aus ihnen würden vermutlich zwar keine Solisten, aber Orchestermusiker für die besten Orchester der Welt werden. In der dritten Gruppe fand man jene, die wahrscheinlich nie als professionelle Konzertpianisten auftreten, sondern eher als Musiklehrende an Schulen unterrichten würden. Allen Studierenden wurde die gleiche Frage gestellt: Wenn Sie Ihre gesamte Laufbahn zusammennehmen, beginnend mit dem Tag, an dem Sie das erste Mal eine Geige in die Hand genommen hatten, wie viele Stunden haben Sie dann insgesamt bis jetzt geübt? Die Angehörigen aller drei Gruppen hatten mehr oder weniger im gleichen Alter von etwa fünf Jahren zu spielen begonnen. Angefangen hatten sie alle mit zwei oder drei Stunden pro Woche. Im Alter von acht Jahren waren dann die ersten Unterschiede zu erkennen. Die Studierenden, die zur Gruppe der Besten gehörten, hatten ab diesem Zeitpunkt intensiver geübt als die anderen: im Alter von neun Jahren etwa sechs Stunden, im Alter von zwölf bis etwa acht Stunden, im Alter von 15 rund 16 Stunden pro Woche, bis sie mit 20 Jahren mehr als 30 Stunden pro Woche übten, mit dem erklärten Ziel, ihr Spiel zu verbessern. Im Alter von 20 Jahren hatten diese Elitemusiker und Elitemusikerinnen insgesamt rund 10.000 Stunden geübt. Die „guten" Geiger kamen auf etwa 8000 Stunden Spielpraxis und die künftigen Musiklehrer auf knapp über 4000. Und es gab keine Ausnahme: Niemand hatte die Spitzengruppe ohne zeitlich intensivstes Üben erreicht, und niemand hatte im Kontext der Stundenquantität hart gearbeitet, ohne herausragende Leistungen zu erzielen. Gezieltes Üben war der einzige Faktor, der die Besten von den anderen beiden Gruppen unterschied.

Des Weiteren hatten die Psychologen auch Amateure und Profipianisten verglichen und kamen auf das gleiche Ergebnis. Amateure übten in ihrer Kindheit nie öfter als dreimal pro Woche und hatten mit 20 Jahren etwa 2000 Übungsstunden, die Profis hingegen 10.000.[40]

Elitemusiker üben also VIEL mehr. Als Faustregel gilt nach Ericsson: 10.000 Stunden und rund zehn Jahre benötigen Menschen, um Außergewöhnliches zu leisten. Dieser Zusammenhang hat sich bisher in vielen Bereichen gezeigt: im Sport genauso wie in der Kunst und der Kultur.

Dabei ist jedoch nicht nur die reine Anzahl der Stunden (Quantität) ausschlaggebend, sondern auch die Intensität (Qualität), mit der sich jemand einer Tätigkeit widmet. Die Forscher um Ericsson fanden heraus, dass die Intensität der Übungsstunden schwankte: Während einige Studenten lediglich ein Sechstel ihrer Zeit in konzentriertes Einzeltraining investierten, war es bei anderen fast die Hälfte. Die Besten übten auch das, was sie noch nicht beherrschten. Sie weiteten die Grenzen ihres Könnens aus. Hobbymusiker, die nur Routinestücke wiederholen, würden nicht besser musizieren, sondern nur mechanischer.[41]

Der Neurologe Daniel J. Levitin ist der Ansicht, dass es egal ist, „ob es sich um Komponisten, Basketballspieler, Romanautoren, Schlittschuhläufer, Konzertpianisten, Schachspieler oder Verbrecher handelt, sämtliche Untersuchungen kommen immer wieder auf diese Zahl. Das erklärt natürlich noch nicht, warum manche Menschen mehr von der Übung profitieren als andere: Es scheint, als benötigte das Gehirn so lange, um all das zu assimilieren, was nötig ist, um eine Tätigkeit wirklich zu beherrschen".[42]

Die berühmteste Popgruppe, die Beatles, starteten im Februar 1964 ihre erste USA-Tournee und hatten eine Serie von Nummer-eins-Hits. Für diesen Erfolg war jahrelange, harte Arbeit nötig. Lennon und McCartney traten zum ersten Mal 1957 zusammen auf. Drei Jahre später bekam die unbekannte britische Schülerband die Chance, in Hamburg aufzutreten, in einem Nachtklub mit Nonstop-Striptease-Show. Der Autor der Beatles-Biografie „Shout!", Philip Norman, berichtete, dass ein Nachtklubbesitzer sich in London nach Bands umgeschaut und dort einen Unternehmer aus Soho kennengelernt hatte, der ihm letztlich auch die Beatles vermittelt hatte. Sie waren schlecht bezahlt, aber es war eine Zeit, in der die englische Popgruppe auf der Bühne stehen konnte. John Lennon erzählte: „Wir sind immer besser geworden und haben mehr Selbstvertrauen bekommen. Das war kaum zu vermeiden bei der ganzen Erfahrung, die wir mitgenommen haben, weil wir die ganze Nacht durchgespielt haben. Es war gut, dass wir im Ausland waren. Wir mussten mehr tun und uns richtig ins Zeug legen, um rüberzukommen. In Liverpool hatten wir immer nur einstündige Auftritte gehabt, und wir haben immer nur unsere besten Stücke gespielt, jedes Mal die gleichen. In Hamburg haben wir acht Stunden am Stück auf der Bühne gestanden, also mussten wir uns was Neues einfallen lassen."[43] Sie spielten sieben Tage die Woche, wenn sie in Hamburg waren. Bei ihrem Durchbruch 1964 hatten sie bereits 1200 Auftritte hinter sich.

Aber gibt es wirklich keine Ausnahmen? Was ist mit dem Wunderkind Mozart? Der Psychologe Michael Howe erklärt das folgendermaßen: „Am Maßstab eines reifen Komponisten gemessen sind Mozarts frühe Kompositionen alles andere als Meisterwerke. Die ersten Stücke wurden von seinem Vater niedergeschrieben, der sie vermutlich korrigierte und verbesserte. Viele der Kindheitskompositionen, beispielsweise seine Konzerte für Klavier und Orchester, sind überwiegend Neuarrangements der Werke anderer Komponisten. Als das erste Meisterwerk, das allein auf Mozart zurückgeht, gilt heute das Klavierkonzert Nr. 9 (KV 271), das Mozart jedoch erst im Alter von 21 Jahren schrieb. Zu diesem Zeitpunkt hatte er bereits mehr als zehn Jahre lang Konzerte komponiert.“[44]

Im vorigen Jahrhundert sah man das noch völlig anders. Leopold von Auer (1845–1930), erfolgreicher Konzertvirtuose, Dirigent und Verfasser der achtbändigen Violinschule „Graded Course of Violin Playing“, sagte zu seinen Schülern: „Übt drei Stunden am Tag, wenn ihr gut seid, und vier, wenn ihr etwas begriffsstutzig seid. Wenn ihr mehr braucht, dann hört auf. Sucht euch einen anderen Beruf!“[45]

Übung macht den Meister. Mit diesem Motto kann der Kulturkritiker der New York Times Edward Rothstein wenig anfangen: „Der gegenwärtige Angriff auf das Genie ist selbst eine Mythologie, nämlich der Versuch, das Unbegreifliche begreiflich zu machen, indem es reduziert wird.“ Rothstein weiter: „Hört euch die Musik von Beethoven oder Bach an und überlegt, ob ihr mit viel Fleiß so etwas komponieren könntet.“[46]

Veda Kaplinsky vergleicht das Problem scherzhaft mit Sex in der Ehe: „Wenn der Sex gut ist, dann macht er zehn Prozent des Ehelebens aus. Wenn er schlecht ist, werden es neunzig Prozent.“ Und fügt hinzu: „Wenn Talent vorhanden ist, zählt es zu zehn Prozent. Wenn kein Talent vorhanden ist, werden es neunzig Prozent, weil der Mangel an Begabung nicht wettzumachen ist. Doch Talent allein ist tatsächlich nur ein sehr geringer Teil dessen, was nötig ist, um in der Musik erfolgreich zu sein.“[47]

„Ich kenne einige Sänger und Sängerinnen, die nicht besonders begabt sind, dafür aber wahnsinnig fleißig." Angelika Kirchschlager

Mezzosopranistin Angelika Kirchschlager findet es interessant, dass sie doch einige Sänger und Sängerinnen kennt, die nicht „besonders begabt, dafür aber wahnsinnig fleißig sind". Dennoch glaubt sie nicht an die Vollkommenheit der 10.000-Stunden-Regel, vor allem nicht was Schauspieler und Sänger betrifft, da etwa Charisma auf der Bühne auch nicht mit einem Übungsrekord erworben werden kann.

Marc Girardelli mag das Wort Fleiß nicht. Er habe immer versucht, mit möglichst wenig Arbeit schnell und effizient zu einem Ergebnis zu kommen. Er hatte mit 14 die Schule abgebrochen und dann während seiner Skikarriere am HFL, dem Humboldt Fernlehrinstitut in Wien, die Matura nachgeholt. Er machte „Selbstexperimente", wie er denn möglichst viel Stoff mit wenig Lerneinsatz behalten könne. Sein Ergebnis: Wenn er am Abend von 20 bis 23 Uhr gelernt und danach noch einen Film im Fernsehen angesehen hatte, behielt er gefühlte 30 Prozent des Stoffes, ging er gleich danach ins Bett, waren 80 Prozent in seinem Kopf eingebrannt. Das ist auch experimentell erforscht. Bereits 1924 haben Jenkins und Dallenbach nachgewiesen, dass Lernaufgaben, die vor einer Schlafperiode gepaukt werden, besser behalten werden als Aufgaben vor einer Wachperiode der gleichen Dauer.[48]

Roman Lazik ist der Erste Solotänzer im Wiener Staatsballett. Über Nacht kann er seinen Part auswendig: „Vor dem Einschlafen tanze ich das Stück im Kopf. Wenn das bis zum Ende mit allen Variationen gelingt, dann habe ich es. Oder ich schlafe vorher ein."[49]

Das Gehirn hat genügend Zeit, die Inhalte zu verarbeiten. Gut, das es also keine Einbildung ist, wenn man mit dem Ordner oder dem Skript unter dem Kopfpolster schläft und sich damit die Prüfungsinhalte besser merkt. Ich hätte es nur gerne früher gewusst, denn dann hätte ich in Schul- und Studienzeiten auf jeden Fall weicher geschlafen.

Girardelli hält nichts von Dauertraining beim Rennsport. Als aktuelles Beispiel nennt er den kroatischen Skifahrer Ivica Kostelić, der mit „Abstand der Fleißigste beim Trainieren" sei, aber die vergangenen zwei Jahre keinen großen Erfolg mehr eingefahren hat. Erfolg sieht er als Kombination aus intensivem Training und Nachdenken, denn es sei noch immer der Kopf, der entscheide. Und wenn er vor der Entscheidung stünde, zehn Trainingsläufe in 50 Sekunden zu fahren oder drei in 49, dann würde er die drei in 49 nehmen, weil es ihn mehr an die Grenze bringe und damit mehr in Erinnerung bleibe, „in den Muskeln und im Geist". Girardelli berichtet mir von einem Gespräch mit Hermann Maier, der sagte, es gebe zwei Arten von Rennläufern: „Talente, die wirklich aus dem Gefühl fahren, wo alles passt, das Material, die Einstellung und die Technik, und wenn der in Form ist, ist es fast unmöglich, den zu schlagen. Aber wenn einmal ein Tief kommt, dann würde sich so einer unheimlich schwer tun, dieses Gefühl wiederzufinden, weil er nicht weiß, woher es genau kam. Wenn jemand ein harter Arbeiter ist, und Maier war genau so einer, der findet viel schneller zurück zu dem Punkt, an dem er erfolgreich war. Weil er die Details viel besser im Kopf hat."

„Wenn es darauf ankommt, ist es das gewisse Etwas, ich nenne es das ‚Killergen', das den Unterschied ausmacht. Das schlägt auch Trainingsweltmeister." Marcel Hirscher

Auch Marcel Hirscher sieht viele „Trainingsweltmeister", die aber letztlich nicht automatisch gewinnen würden. Mit Talent für Bewegung, Fleiß und Disziplin lasse sich viel erreichen, aber wenn es darauf ankommt, macht „das gewisse Etwas" den Unterschied. Hirscher nennt es das „Killergen". Ab dem Punkt, ab dem Hirscher beim Training etwas beherrscht, setzt er sofort neue Reize und trainiert und trainiert.

Auch für Sänger zählen Fleiß und Disziplin. Man darf nicht rauchen, nicht trinken und früh schlafen zu gehen gehört zum Tagesprogramm. Mezzosopranistin Angelika Kirchschlager hat zwar während ihres Musikstudiums „irrsinnig viel geübt", aber dazu brauchte sie keine Disziplin, denn es habe ihr einfach Spaß gemacht, weil sie es „tun wollte". Daneben ist sie vier Jahre lang fast jeden Tag mit ihren Studienkollegen zum Heurigen gegangen. Man singe in ihrem Beruf schließlich ständig vom Leben und da müsse man dieses ja auch kennenlernen.

IBM-Generaldirektorin Tatjana Oppitz kann sich vorstellen, dass jemand mit einer einzigen kreativen Idee Erfolg hat, aber der wäre nur kurzfristig, langfristig hätte man nur mit Fleiß und Disziplin Erfolg: „Disziplin ist Pünktlichkeit, Disziplin ist Verlässlichkeit, Disziplin ist, dass meine Mitarbeiter wissen, sie müssen nie zittern, dass ich irgendwo zu spät komme. Ich habe selber für Manager gearbeitet, wo ich weiß, fünf Minuten zu spät, heißt bei zehn Meetings im Laufe des Tages eine verlorene Stunde. Disziplin heißt auch Umsetzungsvermögen. Auf dem Papier können wir viel, aber es geht darum, wie man das dann auch wirklich erreicht, das ist für mich Erfolg." Tatjana Oppitz verlangt in den kurzen und effizienten Meetings für den jeweiligen Vortragenden volle „Achtsamkeit in Zeiten des digitalen Wandels". Kein Laptop und kein Mobiltelefon, um dem Redner die volle Aufmerksamkeit zu schenken.

„Die breite Masse hat nicht mitbekommen, was das am Anfang für ein harter Kampf war." Andreas Gabalier

Die Nachbarn von Andreas Gabalier richten ihm nach dem Selbstmord seines Vaters einen Probenraum ein, animieren ihn, sich dort mit Musik abzulenken. Man braucht Glück, aber „ohne Fleiß ist in der Branche alles verloren". Man kann einen Radio-Hit landen und sich darüber freuen und es dabei belassen. Dann bleibt es jedoch eine Eintagsfliege. Andreas Gabalier wollte aber mehr und trat im ersten Jahr geschätzte 280 Mal bei Zelt- und Stadtfesten auf. 70 Flüge und 100.000 Reisekilometer hatte er hinter sich gebracht und war oft zu später Stunde auf der Bühne gestanden: „Die Gastauftritte um Mitternacht vor 1000 Betrunkenen in irgendeinem Zelt, in den kleinsten Fernsehshows, das war schon hart, das sieht heute keiner mehr, weil jeder sagt, das ist ja eine Paradekarriere. Die breite Masse hat nicht mitbekommen, was das am Anfang für ein harter Kampf war."

„Schlamperei, Ungenauigkeit, das Reinfallen auf sich selbst
verhindern letztendlich Erfolg bei durchaus begabten Menschen."
Cornelius Obonya

Frank Elstner ist blitzartig fleißig geworden. Er war durchs Abitur gefallen und hat sich so „schwarz geärgert", diese Blöße gezeigt zu haben. „Deshalb habe ich mir geschworen, dass ich nie wieder in diese Situation komme, dass andere Leute mich durch irgendwas durchfallen lassen können, weil ich faul bin. Und ich bin über Nacht fleißig geworden. Das hat bis heute angehalten. Ich glaube, ich bin immer noch ziemlich fleißig." Elstner bereitet sich akribisch auf alle Sendungen vor, was ihn auch von seinem Nachfolger von „Wetten, dass ..?", Thomas Gottschalk, unterscheidet. Dieser hat sich immer spontan auf die Dialoge mit seinen Gästen eingelassen, Elstner wusste schon vorher über die Menschen, die er interviewte, genau Bescheid. In dem Moment, in dem das Rotlicht angeht, hätte jeder Präsentator eine Verantwortung dem Publikum gegenüber, den Spagat zwischen der Sichtweise des Moderators und der Sichtweise des Publikums zu schaffen. „Wenn ich in eine Kamera schaue, habe ich mir nie eine Person vorgestellt, sondern eine nicht wirkliche Person, meinen Zuschauer. Ich habe mir darunter weder ein blondes noch ein schwarzhaariges Mädchen vorgestellt noch eine Mutterfigur noch eine Vaterfigur, nur die Verpflichtung, da ist jetzt irgendein Wesen, das du von dir überzeugen musst", sagt Elstner.

„Es gibt Leistung ohne Erfolg, aber keinen Erfolg ohne Leistung", erinnert die Chefredakteurin der „Gala" Anne Meyer-Minnemann an das Zitat von François de La Rochefoucauld.

„Auf der Bühne gibt es das sogenannte ‚Einser-Talent'", sagt Cornelius Obonya, wenn keinerlei Regie-Zugriff vorhanden sei und man das Stück dann selber „retten" müsse. Das habe mit Fleiß nichts zu tun. Man dürfe auf keinen Fall *EINEM* Erfolg bis ans Lebensende aufsitzen", nur weil es toll funktioniert hat, „Schlamperei, Ungenauigkeit, das Reinfallen auf sich selbst verhindern letztendlich Erfolg bei durchaus begabten Menschen".

In der Königsklasse Formel 1 reicht Talent nicht aus, um Helmut Marko beeindrucken zu können. Der Motorsportdirektor von Red Bull Racing fuhr mit Jochen Rindt in Jugendjahren um die Wette und feierte später mit Sebastian Vettel vier Weltmeistertitel. Vettel war von Red Bull schon mit elf Jahren in das Förderprogramm aufgenommen worden. 2003 wechselte er in den Formelsport und holte ein Jahr später mit 17 den Meistertitel in der deutschen Formel BMW. Er gewann 18 von 20 Rennen. Ein Grund zum Feiern, möchte man meinen. Nicht für Vettel, erinnert sich Marko: „Jeder andere fliegt von einer Disco in die nächste, wenn er gewinnt. Vettel war verärgert, dass er nicht auch die anderen beiden Rennen gewonnen hat. Genau das macht den Unterschied aus zwischen ‚Sehr Gut‘ und ‚Außerordentlich‘.“ Das war auch der Grund, warum ihn Marko zur Formel 1 geholt hat: „Die Rennfahrer brauchen einen Grundspeed, einen außerordentlichen Willen und Egoismus“, fasst Marko die Eigenschaften zusammen, und wenn einer „heraussticht“, spricht er mit ihm. Zwei Stunden hat er beispielsweise mit dem damals 16-jährigen, niederländisch-belgischen Rennfahrer Max Verstappen gesprochen und war von seiner Allgemeinbildung beeindruckt. Formel-1-Fahrer müssen mehr können als schnell fahren, sagt Marko: „Sie müssen auch über den Tellerrand blicken können, weil sie nur so besser werden als die anderen. Er muss Verstand haben, damit er alle technischen Möglichkeiten optimal nutzt. Und dazu ist er in einem Gefüge drinnen, wo ihn wahnsinnig viele Leute hochloben und wenn er da nicht die Füße auf dem Boden lässt, hebt er ab und vergisst, dass er dort nur hinkommt, wenn er besser ist als alle anderen.“ Verstappen fährt seit 2015 für Toro Rosso in der Formel 1.

Außerordentlich fleißig war der Erfinder, Physiker und Elektroingenieur Nikola Tesla. Er arbeitete fast rund um die Uhr. Während seines Studiums stand er um drei Uhr in der Früh auf und ging nicht vor 23 Uhr schlafen. Es gab weder einen Sonntag oder Feiertag noch einen Urlaub für ihn. Er trainierte seine mathematischen Fähigkeiten täglich, teilte alles etwa durch drei, Kubikinhalte von Tassen und Löffeln, um so durch einen fast meditativen Zustand zu seinen Erfindungen zu gelangen.[50] Tesla begann sein Studium 1876/77 an der Technischen Universität in Graz, dann studierte er in Prag und Budapest. Der Erfinder des Wechselstroms praktizierte ständiges Kopfkino: „Wenn ich eine Idee habe, dann setze ich sie sofort in meiner Vorstellung um. Ich ändere die Konstruktion, mache Verbesserungen und stelle das Gerät in meiner Vorstellung an.“[51] Das Visualisieren der

Ziele, sich diese in den buntesten Farben auszumalen, als seien sie schon Wirklichkeit, das sei eines der wichtigsten Mittel für Erfolg, beschreibt auch Napoleon Hill in seinem Buch „Think and Grow Rich". Regelmäßig von der zukünftigen Realität zu träumen, führt am ehesten zum gewünschten Ergebnis. Woran man denkt, das manifestiert sich im Gehirn. Im Alltag kann man das leicht festmachen: Sie sind schwanger und sehen nur Schwangere um sich. Sie wollen ein bestimmtes Auto und plötzlich fahren noch mehr Mini-Cabrios in ihrer Wahrnehmung durch die Gegend. Je mehr in eine Richtung gedacht wird, desto mehr verfestigt sich das auch im Gehirn. In der Hirnforschung wird das „vorprogrammiertes Denken" genannt. Oft sehen wir nur Hindernisse statt Chancen. Mit einem Zitat des Weltpolitikers Winston Churchill übersetzt bedeutet das: „Ein Pessimist sieht die Schwierigkeiten bei jeder Gelegenheit. Ein Optimist hingegen sieht die Gelegenheit in jeder Schwierigkeit."[52]

Dieses positive Kopfkino führt mich zu einer der Botschaften der berühmten Ringparabel in Gotthold Ephraim Lessings „Nathan der Weise" aus dem Jahr 1779: Der Vater, der über einen Ring mit wunderbarer persönlichkeitsbildender Kraft verfügt, kann sich nicht entscheiden, welchem seiner drei Söhne er diesen Ring vererben soll. Er lässt Duplikate herstellen, sodass jeder einen Ring erhält und niemand weiß, welcher der echte ist. Der Richter erteilt nun den streitenden Söhnen einen weisen Rat: Jeder Sohn solle so tun, als sei sein Ring der echte und der Kraft des Ringes entsprechend handeln. Auf diese Weise wird die Frage, welcher Ring wirklich der echte ist, bedeutungslos. Das „So-tun-als-ob" erinnert an den sozialpsychologischen Mechanismus der Selffulfilling Prophecy, der sich selbst erfüllenden Vorhersage. Menschen handeln oft so, wie es von ihnen erwartet wird, und wir verhalten uns Menschen gegenüber je nachdem, was wir ihnen zutrauen. Diesen Prophezeiungen „gemeinsam ist die offensichtlich wirklichkeitsschaffende Macht eines bestimmten Glaubens an das So-Sein der Dinge; eines Glaubens, der genauso gut ein Aberglaube wie eine scheinbar streng wissenschaftliche, aus objektiver Beobachtung abgeleitete Theorie sein kann".[53] Die bekannteste Geschichte des amerikanisch-österreichischen Kommunikationsexperten Paul Watzlawick verdeutlicht dies auf anschaulichste Art und Weise:

„Ein Mann will ein Bild aufhängen. Den Nagel hat er, nicht aber den Hammer. Der Nachbar hat einen. Also beschließt unser Mann, hinüberzugehen und ihn auszuborgen. Doch da kommt ihm ein Zweifel: Was, wenn der Nachbar mir den Hammer nicht leihen will? Gestern schon grüßte er mich nur so flüchtig. Vielleicht war er in Eile. Vielleicht hat er die Eile nur vorgeschützt, und er hat was gegen mich. Und was? Ich habe ihm nichts getan; der bildet sich da etwas ein. Wenn jemand von mir ein Werkzeug borgen wollte, ich gäbe es ihm sofort. Und warum er nicht? Wie kann man einem Mitmenschen einen so einfachen Gefallen abschlagen? Leute wie dieser Kerl vergiften einem das Leben. Und dann bildet er sich noch ein, ich sei auf ihn angewiesen. Bloß weil er einen Hammer hat. Jetzt reicht's mir wirklich. – Und so stürmt er hinüber, läutet, der Nachbar öffnet, doch noch bevor er ‚Guten Tag' sagen kann, schreit ihn unser Mann an: ‚Behalten Sie sich Ihren Hammer, sie Rüpel.'"[54]

Immanuel Kant wusste schon: „Wenn nämlich Menschen schon nicht von klein auf wollen können, was sie sollen, so muss man sie doch von Anfang an so behandeln, als könnten sie schon, was sie wollen sollen …"[55] Diese selbsterfüllende Prophezeiung wurde auch im berühmten Oak-School-Experiment nachgewiesen. Lehrerinnen und Lehrern wurde mitgeteilt, dass von 20 Prozent der getesteten Schüler und Schülerinnen aufgrund ihres Intelligenzquotienten angeblich überdurchschnittliche Leistungen zu erwarten seien. Die Lehrerschaft erhielt auch die Namen der vermeintlich besonders intelligenten Schüler, diese waren jedoch zufällig selektiert worden. Am Ende des Schuljahres waren deren Leistungen tatsächlich überdurchschnittlich gestiegen, da sich die Lehrerinnen und Lehrer ihnen besonders freundlich und aufmerksam zugewandt hatten. Nicht die Vergangenheit beeinflusst die Zukunft, sondern die Zukunft bestimmt die Gegenwart. Dass die besten Schüler die meiste Aufmerksamkeit und den besten Unterricht bekommen würden, dieses Phänomen nennt der Soziologe Robert K. Merton den „Matthäus-Effekt" nach einem Vers aus dem Matthäus-Evangelium des Neuen Testaments: „Denn wer hat, dem wird gegeben werden, und er wird in Fülle haben; wer aber nicht hat, dem wird auch, was er hat, genommen werden."[56] Damit meinte er, dass jenen, die erfolgreich sind, mit großer Wahrscheinlichkeit noch mehr Chancen für weitere Erfolge ermöglicht werden. Die Soziologen sprechen vom „akkumulierenden Vorteil"[57]. Wenn ein Sportler am Beginn seiner Karriere etwas besser ist als gleichaltrige Kinder, eröffnet ihm dieser Vorsprung Chancen, die diesen Unterschied vergrößern.

Im Sport soll schließlich auch der Geburtsmonat eine Rolle für Karrierechancen spielen. Das klingt aufs Erste esoterisch, Untersuchungen aus Australien und den USA wollen das Gegenteil beweisen. Wissenschaftler hatten entdeckt, dass unverhältnismäßig viele Spieler in der Australian Football League (AFL) in den ersten Monaten des Jahres geboren sind, während nur wenige in den letzten Monaten, speziell im Dezember, Geburtstag haben. Zudem beginnt das australische Schuljahr im Januar. „Im Januar Geborene haben deutliche Wachstumsvorteile vor den im Spätjahr geborenen Klassenkameraden. Ob man am 31. Dezember oder am 1. Januar geboren ist, kann also im späteren Leben eine ganz erhebliche Rolle spielen"[58], sagt Adrian Barnett vom Queensland University of Technology's Institute of Health and Biomedical Innovation. Barnett befürchtet, dass durch dieses jahreszeitliche Muster viele Talente gar nicht erkannt werden, da sie sich gegen Kinder behaupten müssen, die körperlich bereits viel weiterentwickelter sind.

Bereits Mitte der 1980er-Jahre machte der kanadische Psychologe Roger Barnsley auf das Phänomen des relativen Alters aufmerksam. Er analysierte gemeinsam mit seiner Frau Paula und seinem Kollegen A. H. Thompson so viele Geburtsdaten von Eishockeyprofis wie möglich. Im Januar waren mehr Spieler zur Welt gekommen als in jedem anderen Monat, auf Platz zwei lag Februar, auf Platz drei März. Die Daten der Auswahlmannschaften der Elf- und Dreizehnjährigen ergaben das gleiche Bild. 40 Prozent waren zwischen Januar und März zur Welt gekommen, 30 Prozent zwischen April und Juni, 20 Prozent zwischen Juli und September und 10 Prozent zwischen Oktober und Dezember. Seine Erklärung war damals die gleiche wie die aktuellere Untersuchung aus Australien: „Der Stichtag zur Zulassung für eine Altersgruppe im Eishockey ist der 1. Januar […] und im vorpubertären Alter machen zwölf Monate einen erheblichen körperlichen Reifeunterschied aus."[59] Der europäische Fußball ist ähnlich organisiert wie das kanadische Eishockey. In breitenwirksamen Sportarten haben allerdings auch körperlich weniger entwickelte Kinder Chancen, auf ihre Spielpraxis zu kommen als etwa beim Eishockey, wo es weit weniger Hallen gibt. Marcel Hirscher ist übrigens im März geboren, aber Ausnahmen bestätigen die Regel: Das Geburtsdatum von Olympiasieger Hermann Maier ist der 9. Dezember.

Die willkürliche Stichtagsregelung habe auch Auswirkungen auf die Schulbildung. Die beiden Wirtschafswissenschaftlerinnen Kelly Bedard und Elizabeth Dhuey haben den Zusammenhang zwischen den Ergebnissen im internationalen Mathematik- und Naturwissenschaftstest und dem Geburtsmonat untersucht. Ihr Ergebnis: „Von zwei gleich intelligenten Kindern, von denen eines zu Beginn und das andere am Ende seines Jahrgangs geboren wurde, erreicht das ältere zwischen 80 und 100 und das jüngere zwischen 60 und 80 Prozent[punkte]." Das kann etwa bedeuten, dass sich das ältere Kind für eine Begabtenförderung qualifiziert und das jüngere nicht. Wissen und Reife würden von den Lehrern in den ersten Klassen oft verwechselt, erklärt die Forscherin Dhuey. Sie empfiehlt deshalb, die Kinder nicht mit dem zehnten Lebensjahr in verschiedene Schultypen zu differenzieren, sondern nach dem Vorbild Dänemarks erst später, wenn die Altersunterschiede weitgehend ausgeglichen sind.[60]

„Verschleudere dein Talent nicht, schärfe es, mache was daraus, es gibt keinen Grund, sich auf irgendetwas auszuruhen."
Gerhard Bronner zu Cornelius Obonya

Ist Talent vererbbar? Diese Frage wird Cornelius Obonya immer wieder gestellt und er verneint sie vehement. Er stammt aus der berühmtesten Schauspielerdynastie Österreichs: der Hörbiger Familie. Seine Großeltern waren Paula Wessely und Attila Hörbiger, ihre Tochter Elisabeth Orth ist seine Mutter. Sein Vater Hanns Obonya, ebenfalls Burgschauspieler, starb als Cornelius neun Jahre alt war. Drei Generationen der Familie haben ihre Spuren bereits auf dem Salzburger

Domplatz gezogen. Attila Hörbiger hat den „Jedermann" bei den Salzburger Festspielen achtmal gespielt, Großmutter Paula Wessely machte den „Glauben" zum Elementarereignis, Tante Christiane Hörbiger war die „Buhlschaft" und seine Mutter Elisabeth Orth verkörperte in dem ewigen Erfolgsstück „Die Guten Werke". Obonya wirkte im Spiel vom Sterben des reichen Mannes bereits die dritte Saison mit. Er wusste mit 15 Jahren endgültig, dass er Schauspieler werden wollte: „Ich erinnere mich genau, ich saß in der Kantine des Burgtheaters wie so oft, wenn ich meine Mutter abgeholt habe. Da saßen alle unter Tonnen von Zigarettenqualm und haben über Dinge diskutiert, die ich damals natürlich nicht verstanden habe. Aber es war intensiv und laut, das hat mir einfach gefallen. Das ist das Leben, dachte ich, und habe plötzlich gespürt, das will ich auch."

Mit 17 Jahren hat er das Max Reinhardt Seminar verlassen, weil er das Gefühl hatte, dort nichts lernen zu können: „Ich konnte nichts ausprobieren, ich dachte, warum darf ich die ersten zwei Jahre keine Texte anfassen. Das ist das Allerwichtigste in dem Beruf, zu lernen damit umzugehen. Lernen Sie mal Geige ohne Geige. Da kann man nicht nur darüber reden." Obonya ist seinen eigenen Weg gegangen. Er kam als Kabarett-Lehrling zu dem Talente-Spürhund, Kabarett-Doyen, Musiker, Komponisten und österreichischen Autor Gerhard Bronner, der in der radio-kabarettistischen Wochenschau-Sendung des ORF „Guglhupf" (1978–2009) Ersatz für den Schauspieler Erwin Steinhauer suchte.

Von Bronner habe er „Arbeit, Arbeit, Arbeit" gelernt und dieser impfte ihm ein: „Verschleudere dein Talent nicht, schärfe es, mache was daraus, es gibt keinen Grund, sich auf irgendetwas auszuruhen." Kabarett- oder Schauspielbühne? Hauptsache auf den Brettern, die die Welt bedeuten. Eine zentrale Rolle für die Karriere von Cornelius Obonya nahmen Rupert Henning und Florian Scheuba ein. Die beiden waren die Autoren der deutsch-österreichischen Feindschafts-komödie „Cordoba". Die österreichische Filmförderung hatte dem Drehbuch die Unterstützung verweigert und sie ärgerten sich so darüber, dass sie ein Theaterstück daraus machten. Sie suchten einen Schauspieler, der alle 24 Rollen auf der Bühne spielte und fanden Cornelius Obonya.

Unser Gehirn ist ein lebendiger Organismus. Es entwickelt sich jeden Tag und zwar so, wie wir es benutzen. Der entscheidende Baustoff dabei ist das Myelin, das sich um die Neuronen legt. Es ist eine weiße Substanz, die unsere Nervenfasern im Gehirn umschließt und dafür sorgt, dass Bewegungen und Gedanken schneller und genauer ablaufen können. Jede unserer Fähigkeiten, egal ob wir Beethoven spielen oder Fußball, entsteht in Verknüpfungen von Nervenzellen, die einen elektrischen Impuls weitergeben wie ein Telefonnetz ein Signal. Üben ist deshalb so Erfolg versprechend, weil jedes Mal eine neue Schicht Myelin gebildet wird. Es verstärkt und beschleunigt die Signale und man wird immer schneller und besser. Je dicker die Myelin-Schicht also ist, desto besser werden Gedanken und Abläufe. So anschaulich beschreibt es der amerikanische Journalist Daniel Coyle in seinem Bestseller „Die Talent-Lüge", in dem er die Erkenntnisse vieler Neurowissenschaftler zusammengetragen hat. Seiner Meinung nach spielt auch Veranlagung eine Rolle, aber entscheidend sind Motivation, Übung und Disziplin.[61]

Geduld und Durchhaltevermögen

„Durchhaltevermögen schlägt Talent." Marc Girardelli

Im Duden findet man als Synonym für Geduld auch den Begriff Durchhaltevermögen. Doch die beiden Begriffe unterscheiden sich. Durchhaltevermögen meint die Kraft und den Biss, nicht zu verwechseln mit Verbissenheit, mit Ausdauer ans Ziel zu kommen. Geduld ist hingegen eher mit dem ruhigen und beherrschten Gefühl von Gelassenheit verbunden. Ich habe einige Menschen kennengelernt, die zwar ungeduldig sind, aber mit unglaublicher Zähigkeit und Durchhaltevermögen ihr Ziel dennoch erreicht haben. Es geht um das Stehvermögen, dann weiterzumachen, wenn andere entnervt aufgeben.

Für Marc Girardelli steht nach seiner Erfahrung fest: Durchhaltevermögen schlägt Talent, das bedeutet, wenn man lange genug kämpft und durchhält, wird man schlussendlich Erfolg haben. Weil man sukzessive immer mehr schlechte Einflüsse und Fehler beseitigen kann. Der Talentierte kann das, praktisch gesehen, sofort machen, aber trotzdem „braucht er Durchhaltevermögen, wenn er über lange Zeit Erfolg haben will".

Die amerikanische Psychologin Angela Lee Duckworth hatte ursprünglich einen hochdotierten Job in der Beratungsbranche und unterrichtete danach Schüler und Schülerinnen in der siebten Klasse an öffentlichen New Yorker Schulen in Mathematik. Sie bemerkte, dass der Intelligenzquotient nicht der einzige Unterschied zwischen den besten und schlechtesten Schülern war und wunderte sich, wieso einige ihrer schlauesten Kinder nicht besonders gut abschnitten. Sie kam zu dem Schluss, dass alle ihre Schüler den Stoff lernen könnten, wenn sie nur lang und hart genug dafür arbeiteten. Sie studierte nach ihrer Lehrtätigkeit Psychologie. In einer Studie ging sie der Forschungsfrage nach: „Wer ist wie erfolgreich?" Dazu befragte sie mit ihrem Forschungsteam Menschen mit eher überdurchschnittlichen intellektuellen Fähigkeiten: Studierende einer der besten Universitäten in den USA in Pennsylvania, 1200 Kadetten der West Point Militärakademie und Kinder, die am landesweiten Rechtschreib- und Buchstabierwettbewerb „National Spelling Bee" teilnahmen. Sie versuchten vorherzusagen, welche Kinder am ehesten ins Finale kommen und welche Kadetten die Truppenausbildung abschließen würden. Die Fähigkeit zum Durchhalten erfasste die Forscherin mit einer eigens entwickelten Skala, die Aussagen wie „Ich bringe zu Ende, was ich anfange" oder „Von Rückschlägen lasse ich mich nicht entmutigen" enthielt. Das Ergebnis:

- Studierende wie Kinder, die an ihren Zielen festhielten und auch bei Schwierigkeiten nicht aufgegeben hatten, hatten deutlich bessere Noten oder erzielten bei Wettbewerben bessere Plätze.
- Durchhaltefähigkeit ist nicht unbedingt mit größerer Intelligenz verknüpft.
- Ältere Erwachsene zeigten sich im Durchschnitt beharrlicher als jüngere.

Personen mit Biss, Selbstkontrolle und Entschlossenheit blieben eher bei der Sache, diese Kadetten hielten die Ausbildung eher durch, Studierende mit dieser Einstellung erhielten bessere Noten und besonders hartnäckige Kinder kamen beim Buchstabierwettbewerb weiter. Das Durchhaltevermögen schlägt den Intelligenzquotienten, ist Duckworth überzeugt. Menschen mit großem Durchhaltevermögen haben Leidenschaft und Ausdauer für sehr langfristige Ziele. Sie arbeiten an einem Zukunftsplan nicht für wenige Tage, sondern über Wochen oder Jahre hinweg. Durchhaltevermögen bedeutet, das Leben wie einen Marathon zu führen, nicht wie einen Sprint. Es waren also nicht unbedingt die Intelligenteren, die das größere Durchhaltevermögen aufwiesen, und für Duckworth ist klar, dass Talent allein kein Durchhaltevermögen ergibt. Viele talentierte Leute scheitern demnach daran, ihre Ideen in die Tat umzusetzen. Duckworths Studien deuten aber auch daraufhin, dass das Durchhaltevermögen von Personen grundsätzlich veränderbar ist und erlernt werden kann.[62] Für lange Zeit galt in erster Linie die kognitive Fähigkeit des Menschen, also seine Intelligenz, als Motor und Maßeinheit für Erfolg und Leistung. Wer in standardisierten Verfahren zur Messung der Intelligenz gut abschneidet, besitzt im Durchschnitt bessere Schulnoten, einen höheren Bildungsgrad und zeigt bessere berufliche Leistungen. Doch diese Vorhersage stößt an Grenzen.

„Wenn ich meinen inneren Schweinehund überwinden will, dann sage ich mir selber ‚Aufstehen, Krone richten, weitermachen‘."
Tatjana Oppitz

Tatjana Oppitz ist in Kalkutta in Indien geboren. Die Diplomatentochter besuchte die Vienna International School, das Lycée Français in Wien und studierte anschließend Handelswissenschaften an der Wirtschaftsuniversität Wien. Seit 1989 ist sie bei IBM, wo sie als eine der ersten Frauen im Vertrieb tätig war. Ihre Managementkarriere begann sie als Direktorin des Softwarebereichs bei IBM Österreich. 2003 startete sie ihre internationale Laufbahn im Headquarter in Paris. Seit 2011 führt sie IBM als Generaldirektorin für Österreich. „Nachhaltig erfolgreich zu sein, heißt Ausdauer zu haben, nicht aufzugeben. Wenn ich meinen inneren Schweinehund überwinden will, dann sage ich mir selber ‚Aufstehen, Krone richten, weitermachen‘.“

Unweigerlich kommt der berühmte Marshmallow-Test von Walter Mischel ins Spiel des Lebens. Duckworth bezeichnet den Psychologen als ihren „Hero“.[63] Dieser Held stammt aus Wien und er liebte die Stadt von Siegmund Freud. Als er acht Jahre alt war, saß er in der Schule in der ersten Reihe, zwei Tage später in der letzten, drei Tage später stand er draußen, er durfte nicht mehr in die Schule. Die Nationalsozialisten waren in Österreich einmarschiert. Ein Bild der damaligen Zeit wird Walter Mischel nie vergessen. Sein Vater hatte Kinderlähmung und brauchte einen Stock sowie orthopädische Schuhe. In einer fürchterlichen öffentlichen „Demütigungsparade“ wurden die Juden von den Nationalsozialisten durch die Straßen getrieben, Mischels Vater wurden im Pyjama die Schuhe und der Stock weggenommen. Ein Anblick, der im Gedächtnis blieb. Daraufhin ist die Familie Mischel nach Amerika geflüchtet und Mischel weiß, dass er an diesen Erlebnissen zugrunde gehen hätte können, aber ihm ist das nicht passiert. Sein Vater hingegen verfiel in schwere Depressionen, seine Mutter wurde seine „Heldin“. Sie nahm alle Arbeiten an, um die Familie zu retten. Mischel dachte sich schon damals, „Menschen können sich verändern und sie können es tun, wenn sie es wollen“.[64] Seine Mutter eröffnete schließlich in Brooklyn/ New York einen Laden, wo man um fünf oder zehn Cent alles Mögliche für den Haushalt kaufen konnte. Mischel wurde mit neun Jahren (!) in den Kindergarten gegeben, damit er Englisch lernen konnte. „Ich ging damals auf den Knien“, erzählt der heute 85 Jahre alte Forscher, „um nicht so groß zu wirken.“[65]

Seine Familiengeschichte hat ihn nie losgelassen. Kein Wunder, dass er der Frage nachgeht, wie es junge Menschen aus schwierigen Verhältnissen schaffen können, mehr Kontrolle über ihre Zukunft zu erlangen. Zudem interessiert ihn vor allem, ab wann ein Kind fähig ist, sich selbst zu kontrollieren. Er beobachtete dabei auch gerne seine drei Töchter Rebecca, Judith und Linda, die zu der Zeit, Anfang der 1960er-Jahre, drei, vier und fünf Jahre alt waren.

Der Marshmallow-Test zählt zu den bekanntesten Experimenten der Psychologie und zeigt die Bedeutung von Willensstärke und Belohnungsaufschub auf. Vor etwa fünfzig Jahren stellte Mischel Vorschulkinder vor die Wahl: lieber eine Süßigkeit jetzt oder zwei Stück in 15 Minuten? Die Herausforderung: Ich kann das Marshmallow bereits riechen und sehen, aber widerstehe, um das fernere Ziel zu verfolgen. 562 Jungen und Mädchen aus dem Kindergarten der kalifornischen Elitehochschule Stanford hatten an diesem Test teilgenommen. Für Mischel war besonders interessant, welche Tricks die Kinder während der Wartezeit anwendeten. Heute würde man sagen, wie man den „inneren Schweinehund" besiegt. Schließlich kann das zweite Marshmallow, symbolisch für Erwachsene, auch für weniger Körpergewicht oder eine Beförderung im Beruf stehen, was Geduld voraussetzt. Während die Kinder warten mussten, vertrieben sie sich mit den unterschiedlichsten Tätigkeiten die Zeit. Sie bohrten in der Nase, spielten mit ihren Zehen oder sangen sich selbst Lieder vor. Es gab lediglich eine Minderheit, die sofort zu der Belohnung gegriffen hat, und eine andere, die 15 Minuten oder länger gewartet hat. Die meisten befanden sich zwischen den beiden Positionen. Das aufschlussreiche Ergebnis zehn Jahre nach dem Test besagt: Jene Kinder, die beim Marshmallow-Test warten konnten, konnten sich besser konzentrieren, waren selbstbewusster, konnten besser mit Frustrationen umgehen, erzielten höhere Werte bei Intelligenztests und bessere Schulnoten. Und zwanzig Jahre später hatten sie meist einen Universitätsabschluss, stabilere Beziehungen, waren schlanker und seltener drogenabhängig.[66]

Die beiden Journalisten Kerstin Bund und Kolja Rudzio haben 46 Jahre später in der Zeitung „Die Zeit" zwei Kinder dieses Tests interviewt: Craig Weisz, er war damals fünf Jahre alt, und seine jüngere Schwester Carolyn. Craig konnte nicht warten, Carolyn war die Geduldigere der beiden. Die „Geduldige" ist heute Psychologie-Professorin. „Ihr Lebenslauf liest sich wie das Ergebnis eines ewig ungegessenen Marshmallows: Einser-Schulabschluss, Bachelor in Stanford, Master in Princeton, Promotion in Rekordzeit. Heute lehrt sie an einer Universität bei Seattle. Ihre Karriere ist so geradlinig wie ein

Highway durch Amerikas Mittleren Westen."[67] Aber Carolyn Weisz ist alleinerziehend und geschieden. Craig hingegen ist zweifacher Vater und verheiratet, arbeitet jedoch in der Filmbranche ohne festes Einkommen. „Craig, der Versager im Marshmallow-Test, ist eigentlich ein glücklicher Mensch"[68], urteilen die Autoren des „Zeit"-Interviews. Die Geschwister wuchsen zusammen in einer Kleinstadt in Kalifornien auf. Der Vater war Professor für Psychologie, die Mutter Lehrerin. Gibt es ein Geduldsgen oder kann man das erlernen? Bund und Rudzio fragen beim Theologen und Volkswirt Matthias Sutter nach. Der Professor für Experimentelle Wirtschaftsforschung an der Universität Köln hat diese Frage in seinem Buch „Die Entdeckung der Geduld – Ausdauer schlägt Talent" ausführlich erörtert. Belege für ein Geduldsgen gebe es nicht. Aber das Verhalten der Kleinkinder unterscheidet sich schon sehr früh. Eine Untersuchung mit 15 bis 18 Monate alten Babys habe gezeigt, dass sie sehr unterschiedlich reagierten, wenn die Mutter einmal für ein paar Minuten den Raum verlassen hat. „Manche Kinder brüllen sofort los, andere bleiben ruhig und lenken sich mit einem Spielzeug ab"[69], erzählte Sutter. Als man mit denselben Kindern ein paar Jahre später den Marshmallow-Test machte, griffen die Schreikinder schneller zum Mäusespeck. Sie waren weniger diszipliniert als die ruhigen Kinder.

Bund und Rudzio weisen in ihrem Artikel allerdings zu Recht darauf hin, dass viele Menschen mit „hemmungsloser und undisziplinierter Leidenschaft" Weltgeschichte geschrieben hätten und zählen etwa den maßlosen Esser und Trinker Martin Luther auf. Es scheint auf Kompensation hinauszulaufen. Habe ich von dem einen weniger, brauche ich dafür vom anderen mehr, meint auch Sutter: „Jemand ohne Intelligenz, aber mit viel Geduld bringt es ungefähr so weit wie jemand ohne Geduld, aber mit viel Intelligenz."[70] Das bedeutet aber nicht, dass man beispielsweise ohne Mathematikkenntnisse schwere Gleichungen ausschließlich mit Geduld lösen kann. Geduld ersetzt nicht das Können oder eine bestimmte Fähigkeit, sondern ist einer von mehreren Erfolgsfaktoren.

„Ich habe Eckart Witzigmann 35-mal gefragt, ob ich bei ihm arbeiten darf.“ Alfons Schuhbeck

Starkoch Alfons Schuhbecks Durchhaltevermögen kann man auch daran festmachen, dass er Eckart Witzigmann 35-mal gefragt hat, ob er bei ihm im berühmten Restaurant „Aubergine" lernen darf. Er hätte auch umsonst gearbeitet, trotzdem erhielt er anfangs keine Chance. Witzigmann hatte damals 500 Bewerbungen, doch in seiner Küche war nur Platz für zehn Personen. Eines Tages verstauchte sich jemand den Fuß und Witzigmann fragte Schuhbeck, ob er Fußball spielen könne. Er sagte Ja und ging mit ihm in den Englischen Garten von München. Dort stand er im Tor der Gegenmannschaft und sie gewannen gegen Witzigmanns Team. Dieser war wegen des verlorenen Spiels „stocksauer" und habe dann vom Fußballplatz bis zur Personaleingangstür seines Restaurants kein Wort mehr mit ihm geredet. Dort drehte er sich um und sagte: „Morgen um neun Uhr bist du da!" Schuhbeck war um sieben Uhr gestellt. Er war stolz wie ein „Elitesoldat", dass er bei dem geborenen Österreicher lernen durfte.

Geduld und Ausdauer brachten auch Verhaltensforscherin Jane Goodall vom Traum zum Ziel. Ihre Mutter hatte kein Geld für teure Studiengebühren und so wurde Goodall nach dem Abitur Sekretärin. Um für ihren Traum, die Schifffahrt nach Afrika, zu sparen, jobbte sie zusätzlich als Kellnerin. 1957 war es endlich soweit. In Afrika lernte sie den Anthropologen und Paläontologen Louis Leakey kennen: „Ich habe ihn im Naturhistorischen Museum in Nairobi getroffen. Er hat mir das Museum gezeigt. Und er hat mir sehr viele Fragen gestellt. Er war, glaube ich, davon beeindruckt, wie viel ich wusste und hat mir einen Job als seine Sekretärin gegeben. Ich musste nicht versuchen, ihn zu überzeugen. Jeder konnte meinen Enthusiasmus sehen." Leakey war damals Direktor des National Museums of Kenya und beschäftigte sich mit der Stammesgeschichte der Menschen und ihren engen Verwandten. Leakey engagierte Goodall, obwohl sie bis dahin keine Universität von innen gesehen hatte. Später gestand er ihr, dass genau dieser Umstand der Grund war, sie ausgewählt zu haben, weil jemand ohne Vorurteile sich den Schimpansen nähern und nicht verbildet sein sollte. Leakey setzte in der Forschung überhaupt stark auf Frauen. So hat er auch die Amerikanerin Dian Fossey, die ursprünglich Ergotherapeutin war, auf Gorillas und die aus Kanada stammende Biruté Galdikas auf Orang-Utans angesetzt. Als Goodall entdeckte, dass Schimpansen Werkzeuge herstellen und sie verwenden können, wird sie von Leakey 1962 auf die Universität nach Cambridge geschickt. Sie schrieb ohne Studium ihre Doktorarbeit und promovierte 1965. Im Laufe der Jahre verlagerte sich Goodalls Aktivität von der Feldforschung zu umwelt- und entwicklungspolitischem Engagement. 1977 gründete sie aus diesem Anlass das heute in 23 Ländern vertretene Jane Goodall Institute for Wildlife Research, Education and Conservation. Kofi Annan ernannte sie 2002 zur Friedensbotschafterin der UNO.

Es gilt also, den Marshmallows des Lebens oft widerstehen zu können. Strategien zur Willenskraft und Selbstkontrolle können gelehrt werden. Es hängt nicht alles von unseren körperlichen Voraussetzungen ab, sondern auch von dem, was wir tun und was wir denken, egal wie schlecht wir genetisch ausgestattet sind. „Wir sind nicht die Gefangenen unserer DNA", sagt Walter Mischel.

Wie aber funktioniert das nun in der Praxis? Mischel war jahrzehntelang ein sehr starker Raucher und hat es laut eigener Einschätzung deshalb nicht geschafft, aufzuhören, weil er gar nicht wollte. Er glaubte, Rauchen gehöre zu einem „Mann von Welt". Das „Entscheidende war für mich, einzusehen, dass ich ein Problem hatte". Es war schließlich eine Szene in einem Krankenhaus, die Wirkung zeigte. Ein Mann lag auf einer Transportliege und hatte viele kleine grüne Markierungen am Körper. Mischel fragte die Pflegerin nach dem Grund und erfuhr, dass der Mann metastasierenden Lungenkrebs hatte und die Zeichen für die Bestrahlung gesetzt wurden.

Das Gehirn ist zwar kein Muskel, aber der Wissenschaftler sieht es als Sozialorgan, das man trainieren kann. Mischel gibt ein Beispiel: „Ein kleines Mädchen konnte nicht länger als ein paar Sekunden auf das Marshmallow warten und ich schlug ihr vor: ‚Stell dir vor, dass es sich bei der Süßigkeit nur um ein Bild handelt. Du weißt schon, diese

Sachen mit einem Rahmen darum. Stell dir das Marshmallow einfach in einem Rahmen vor." Das Mädchen machte das und konnte plötzlich 15 Minuten warten. „Man könne doch schließlich kein Bild essen', sagte sie später." Es geht um das „Neuetikettieren" von Dingen wie etwa „Rauchen ist kein Luxus, sondern Gift". Das Gehirn besitzt ein heißes und ein kühles System: Das heiße ist das, was wir von Beginn an haben, das limbische System. Das kühle sitzt ganz vorne im Gehirn, im Stirnlappen. Das heiße will die Marshmallows jetzt essen oder die Zigarette sofort rauchen, während das kühle über spätere Folgen Rechenschaft ablegen kann. Das Ziel ist es, mit dem kühlen System das heiße unter Kontrolle zu bringen. Bilder der Zukunft lebendig vor Augen führen, damit sie zur Gegenwart werden, das spielt eine entscheidende Rolle bei der Selbstkontrolle. Die Selbstkontrolle gibt dem Menschen die Wahlkontrolle. Wir kontrollieren die Marshmallows, nicht sie uns. Mischel betont, dass das nicht bedeutet, dass wir den Tag nicht „pflücken" oder gutes Essen nicht mit Freude genießen sollen.[71]

Eine ganze Reihe weiterer aktueller psychologischer Untersuchungen deutet in eine ähnliche Richtung wie beispielsweise eine Studie unter Tiroler Schülern. Diese kam zu folgendem Ergebnis: Unbeherrschte Jugendliche geben mehr Geld für Zigaretten und Alkohol aus als ihre geduldigen Mitschüler. Ein Forscherteam aus Harvard fand heraus, dass Menschen, die eine Belohnung nicht erwarten können, mit größerer Wahrscheinlichkeit übergewichtig oder fettleibig sind.[72]

In Dunedin in Neuseeland wurden sämtliche 1073 Neugeborenen des Jahres 1972 systematisch untersucht: als Säuglinge, als Kleinkinder, als Jugendliche und dann wieder als 20-, 30- sowie 40-Jährige. Das Fazit nach vier Jahrzehnten war auch hier: Gute Selbstregulation in der frühen Kindheit fördert die Chancen auf ein „besseres" Leben. Wer seine Bedürfnisse unter Kontrolle hat, bricht seltener die Schule ab, verdient später mehr, spart eher und hat weniger Schulden. Die Frauen werden seltener ungewollt schwanger und ziehen ihre Kinder weniger oft allein groß. Männer verfallen seltener der Spielsucht und landen mit geringerer Wahrscheinlichkeit im Gefängnis.[73]

Es geht um die Entscheidungen des Lebens – über das Warten oder Nicht-Warten, über das Arbeiten oder Nicht-Arbeiten. Für Mischel steht in erster Linie die Selbstbestimmung im Vordergrund: „Die Freiheit selbst zu entscheiden und nicht die Opfer unserer Biografie oder Genetik zu werden, […] den Teufelskreis der Startnachteile selbst durchbrechen können.“[74] Sein Anliegen ist die Botschaft der Freiheit des Denkens und er schlägt vor, den wichtigsten Satz von René Descartes „Cogito ergo sum – Ich denke, also bin ich“ zu erweitern in „Ich denke, also kann ich mein Denken verändern“. „Wir haben in der Hirn und Verhaltensforschung in den vergangenen Jahrzehnten gelernt, dass wir das Denken verändern können. Und weil wir das Denken verändern können, können wir verändern, wer wir sind, was wir tun und was wir fühlen“.[58] Die deutsche Band „Die Fantastischen Vier“ lässt in der letzten Strophe ihres Songs „Lass die Sonne rein“ Hip-Hop und Mischels Forderung auf musikalische, moderne Art verschmelzen.

Was ich aus meinem Leben mache, hab ich in der Hand
Und dass ich die nicht jedem gebe, ja, das sagt mir mein Verstand
Doch ich kann noch so viel verstehn, wahres Glück bleibt mir verborgen
Hab ich Sorgen wegen gestern oder Sorgen wegen morgen
Ich denke, also bin ich. Denk ich positiv, gewinn ich
Doch als Spiegel meiner Umwelt und als ihr Produkt beginn ich
Öhh Ähm, Moment, den Moment zu verpassen
Wenn ich ständig auf der Suche bin, mir nichts entgehen zu lassen
Nimm auf, was ich dir sage, doch behalte die Kontrolle
Spiel in deinem Leben auf jeden Fall die Hauptrolle
Werde dir deines Bewusstseins bewusst
Schalt die Lebensfreude ein, vergiss den Alltagsfrust
Denn das hier oben gehört dir, lass es von niemandem lenken
Leb und fühl im Augenblick, hör auf, zu viel zu denken
Sag dir, alles was passiert, passiert nur für mich allein
Und deshalb ist es wunderschön, also lass die Sonne rein[75]

Schuster, bleib (nicht) bei deinem Leisten

„Schuster, bleib bei deinem Leisten" ist eine unfreundlich gemeinte Redewendung. Sie geht auf eine Anekdote zurück, die Plinius der Ältere über den griechischen Maler Apelles niedergeschrieben hat. Der Künstler lebte im vierten Jahrhundert vor Christus und war Hofmaler von Alexander dem Großen. Der Maler versteckte sich gerne hinter seinen Bildern, um die Urteile seiner Betrachter hören zu können. Eines Tages bemängelte ein Schuster eines seiner Gemälde, weil die dargestellten Schuhe eine Öse zu wenig hätten. Der antike Meister besserte den Fehler aus. Am nächsten Tag kritisierte der Schuster auch noch die Schenkel der gemalten Person, worauf Apelles ärgerlich erwidert haben soll: „Ne supra crepidam sutor indicaret!", „Schuster, nicht über die Sandale hinaus!" Seit Langem ist daraus „Schuster, bleib bei deinem Leisten" geworden. Der Maler hat den Schuster darauf hingewiesen, dass er zwar die Schuhe kritisieren dürfe, aber nicht den Rest der Figur, denn davon verstünde er nichts.[76] Heutzutage wird dieser Spruch meist verwendet, wenn jemand etwas tun oder sagen will, ohne über die jeweiligen Fachkenntnisse zu verfügen. Und meiner Erfahrung nach wird es zeitweise auch abwertend gebraucht, nachdem neues Wissen erworben oder ein neuer Beruf eingeschlagen wurde. So wurde mir einige Male von Journalistenkollegen geraten, dass ich meinen ersten Brotberuf Krankenschwester aus meinem Lebenslauf streichen sollte, weil es den Ruf der Journalisten schaden würde.

Moderator Frank Elstner hat sogar zwei Interpretationen des „Schustersspruchs" parat: „Du hast so ein schönes Talent, du machst die schönsten Schuhe, wenn du die machst, dann vertrau ich dir. In der anderen Interpretation kann es heißen: „Du bist so eine langweilige Nuss, du kannst nur Schuhe machen."

BROTBERUFE BERÜHMTER MENSCHEN	
PERSON	BROTBERUF
Johann Wolfgang von Goethe	Rechtsanwalt
Jane Goodall	Sekretärin
Astrid Lindgren	Sekretärin
Loriot	Offizier Bundeswehr, Holzfäller, Grafiker und Cartoonist
Max Frisch	Architekt
Richard Wiseman (Psychologe)	Zauberkünstler
Franz Kafka	Jurist bei einer Versicherungsgesellschaft
Lothar Matthäus	Raumausstatter
Alice Schwarzer	Sekretärin
Klaus Behrendt	Bergmechaniker
Stefan Raab	Metzger
Nena	Goldschmiedin
Joschka Fischer	Lehre als Fotograf abgebrochen
Otto Rehagel	Maler und Anstreicher
Harald Schmidt	Kirchenmusiker und Organist
Karl Valentin	Schreiner
Jan Josef Liefers	Schreiner
Jürgen Klinsmann	Bäcker
Mike Krüger	Architekt und Betonbauer
Heino	Konditor
Cindy von Marzahn	Köchin und Hotelfachfrau
Pierce Brosnan	Werbegrafiker
George Clooney	Schuhverkäufer
Marlon Brando	Liftboy
Brad Pitt	Chauffeur
Michelle Pfeiffer	Supermarktkassiererin
Sean Connery	Milchmann

Frauke Ludowig	Bankkauffrau
Mariah Carey	Friseurin
Rod Stewart	Totengräber
Thomas Gottschalk	Deutsch- und Geschichte-Lehrer
Uschi Glas	Technische Zeichnerin
Sting	Englisch-Lehrer
Ina Müller	Pharmazeutisch-technische Assistentin
Udo Lindenberg	Kellner[77]

„Erfolg beginnt immer mit einer Idee!" Cornelius Obonya

„Es wäre wichtig, zu spüren, wenn man sich den falschen Beruf ausgesucht hat und dann darauf zu reagieren", sagt Cornelius Obonya. „Andererseits gibt es viele Menschen, die den Luxus einer Wahl nicht haben, die schlicht und ergreifend in Zeiten wie diesen froh sind, irgendeinen Job zu haben." Es gehe schließlich auch im Handwerksberuf um verschiedene Erfolgsebenen: „Wenn man sagt, ich möchte gerne Schlosser sein, kommt es darauf an, ob es einem reicht, in einem Baumarkt in diesem Beruf zu arbeiten, dann wäre das auch okay. Wenn man aber ein Schlosser sein möchte, der *mehr* machen möchte, vielleicht Talent für Restaurationen hat, dann sollte man das ausprobieren. Erfolg beginnt immer mit einer Idee!"

Mit einer Idee hat es auch bei Heinrich Staudinger begonnen, der auf einer Reise die Liebe zu Schuhen entdeckt hat. Der österreichische Unternehmer der Schuhfirma GEA war in den 1980er-Jahren 27 Jahre alt, studierte erfolglos Theologie, Publizistik, Politikwissenschaft sowie Medizin und hatte bereits zwei Kinder. Als er eines Tages per Autostopp nach Kopenhagen fuhr, war er dort von speziellen Schuhen, die eine aufrechte Körperhaltung begünstigten, so begeistert, dass er für knapp 22.000 Euro Ware bestellte. Zurück in Wien telefonierte er mit Freunden und Verwandten und kratzte diese damals 300.000 Schilling zusammen und wurde Schuhhändler.[78] Das waren fünf Jahresgehälter eines Schuhmachers.

„Der eigenen Sehnsucht zu folgen, heißt, mit dem Mainstream in Konflikt zu kommen." Heinrich Staudinger

Es war die Angstfreiheit, die Heinrich Staudinger antrieb. „Der eigenen Sehnsucht zu folgen, heißt, mit dem Mainstream in Konflikt zu kommen. Der Mainstream ist die Masse, die Mitte, ist wie eine Schutzhülle, in der man nicht allein ist." Das ist für den Unternehmer die Erklärung dafür, dass sich die meisten Menschen in der Mitte wohl- und beschützt fühlen. Den größten Hinderungsgrund sieht er im Gefühl der Angst, es gebe das „Angstgen" und „Probieren heißt auch einmal scheitern". Im geplanten Marketingheft für seine Firma GEA wollte er unbedingt einen Teil der ersten Strophe des Liedes „Let It Be" von den Beatles abdrucken.

> When I find myself in times of trouble
> Mother Mary comes to me
> Speaking words of wisdom
> Let it be

Er sagte damals zu seinem Grafiker, dass er auch schon die Übersetzung dafür habe: „Geh, scheiß di net an!" und gleichzeitig, dass er wüsste, dass man das nicht abdrucken könne. Aber der Grafiker erwiderte: „Geh, scheiß di net an!" Das sah er als Ermutigung, das, was in einem steckt, nicht zu fürchten. Der Firmengrundsatz Nummer eins war also geboren: „Geh, scheiß di net an!"

Heinrich Staudinger wusste, dass das allein nicht reicht, denn mutig zu sein, ist zu wenig, und erklärte so den Firmengrundsatz Nummer zwei: „Bitte sei net so deppat [blöd]."

Mut und Klugheit sind ein Paket mit starken Werkzeugen für die Umsetzung von Wünschen, Plänen und Sehnsüchten. Es sollte noch ein Grundsatz folgen, nachdem Staudinger mit Neffen und Nichten über seine Firma und den Mut, eine zu gründen, diskutiert hatte. Die Kinder hätten sofort verstanden, dass Angst lähmen würde, und seine Nichte fragte, habt ihr denn nicht noch einen dritten Firmengrundsatz? Und weil er sie nicht enttäuschen wollte, sagte er: „Natürlich haben wir noch einen dritten. Klug und mutig kann ein Einbrecher auch sein, also heißt der dritte Firmengrundsatz: LIEBE!" Die Zeit des Theologiestudiums blieb hängen, er zitierte in der ORF-Radiosendung den Satz von Jesus „Fürchte dich nicht", der für viele nicht lebbar wäre in den Sach- und Geldzwängen, in denen sie leben würden.

Er kritisiert in Interviews und Gesprächen gerne große Konzerne, die keine oder wenig Steuern zahlen und somit das Feld, auf dem sie ernten wollen, gefährden. Geld war für Staudinger immer nur Werkzeug, er machte 1999 einen harten Schnitt. Ein Gespräch mit einem Bankchef war dafür der Auslöser. Damals hatte ihm dessen Bank trotz exzellenter Zahlen den Kreditrahmen von zwölf Millionen Schilling auf sieben Millionen gekürzt. Als er den Banker bat, den Beschluss zurückzunehmen, meinte dieser nur, er sei ihm keine Rechenschaft schuldig. An diesem Punkt schwor er sich, bankenunabhängig werden zu wollen, was er auch schaffte. 2003 war er schuldenfrei. Alles, was er erarbeitet, wird in die Firma gesteckt.[79]

Es geht nicht um akademische Studien am Ende einer Erfolgskette, sondern, wie es auch Cornelius Obonya dargestellt hat, darum, seinen Traum zu verwirklichen. Im Fall von Heinrich Staudinger war es der Weg von der Universität zu einem Meisterhandwerk.

Emotionale Intelligenz

„Das Leben muss doch auch Sinn machen, nicht nur Profit."
Gertrud Höhler

Die Literaturwissenschaftlerin, Bestsellerautorin, Kommunikations- und Unternehmensberaterin Gertrud Höhler wächst mit drei Geschwistern in einer Pfarrersfamilie auf. Ihr Vater war ein Bauernsohn, und nur weil ein Nachbar seine Klugheit entdeckt hatte, wurde er auf das Gymnasium geschickt. Dazu musste dieser morgens und abends jeweils eine Stunde zum Zug gehen. Höhler glaubt, dass sie die Belastbarkeit ihres Vaters geerbt hat. 1967 bekam sie einen Sohn und wurde alleinerziehende Mutter. Aufgrund der gesetzlichen Situation wurde ihr damals jemand vom Jugendamt zugeteilt, der ständig alles überprüfte. Sie erinnert sich, dass schon am Hauseingang ein Schild mit der Aufschrift „Kinder und Haustiere verboten" angebracht war. Als sie an die Universität Paderborn berufen wurde, wollte man ihr keine Wohnung geben, weil sie alleinerziehend war. Höhler erzählt mir im Gespräch in Berlin, dass Helmut Kohl sie nach Rita Süssmuth (Ministerin für Jugend, Familie und Gesundheit 1985–1988) zur Ministerin machen wollte. Er machte ihr 1988 am Rande der Verleihung des Konrad Adenauer Preises der Deutschland Stiftung das Angebot und sagte: „Ich möchte Sie in meinem Kabinett haben, übers Ressort reden wir dann noch." Süssmuth selbst hätte jedoch die Bedingung gestellt, dass Höhler nicht ihre Nachfolgerin werden sollte. Kohl entschied sich schlussendlich gegen Gertrud Höhler. Angebote von der Deutschen Bank oder von Volkswagen lehnte sie ab, weil ihr durch die Arbeit in einem Konzern die Freiheit genommen worden wäre, zu tun und zu denken, was sie will. Das große Interesse an der Wirtschaft hatte sie entdeckt, als sie sich immer öfter folgende Fragen stellte: „Was geschieht mit den Menschen in den Unternehmen? Was geschieht mit Unternehmen, in denen die Menschen keine Lust mehr haben, zu arbeiten? Was können wir tun, damit die Leute nicht nur mehr Leistung bringen, sondern dass es ihnen dabei besser geht? Dass alle sich wohlfühlen, dass sie einen Sinn erkennen in dem, was sie tun? Das Leben muss doch auch Sinn machen, nicht nur Profit." Sie versuchte, zwischen der „emotionalen Magersucht" auf den Chefetagen und dem „emotionalen Hunger" der Mitarbeiter und Mitarbeiterinnen Brücken zu bauen. Früher hatte man geglaubt, nur wenn man rücksichtslos mit sich selbst ist, würde man Großes erreichen. Doch immer mehr jungen Menschen ginge es auch um den Sinn ihrer Arbeit. Das beschreibt sie in ihrem Buch „Herzschlag der Sieger: Die EQ-Revolution" (2004). Gefühle sollen nicht aus dem Arbeitsprozess ausgeblendet, sondern gezielt einbezogen werden. „Bewirtschafte deine Gefühle", fordert sie, denn die Wirtschaft „platzt vor Gefühlen". Sie ortet historische Gründe für die Angst, Empfindungen zuzugeben. Bereits Aristoteles hatte die Emotionen als eine Horde wilder Tiere gesehen, die man einsperren müsse. „Der Mann ängstigt sich vor Gefühlen, der will von ihnen nicht weggerissen werden. Die Frau arbeitet besser mit Gefühlen, mit den ihren und mit den Gefühlen anderer. Also hat die Frau die Chance, kompletter zu agieren als der Mann." Die OECD, die Organisation für wirtschaftliche Zusammenarbeit und Entwicklung, sollte das auch wissen und nicht ständig im Sinne des Wirtschaftslebens nur Verbesserungen in Mathematik und Naturwissenschaften fordern. Schon der französische Mathematiker, Physiker und Philosoph Jules Henri Poincaré (1854–1912) meinte: „Mit Logik kann man Beweise führen, aber keine neuen Erkenntnisse gewinnen. Dazu gehört Intuition."[80]

Bereits vor dreißig Jahren startete mit dem Buch „EQ. Emotionale Intelligenz" des klinischen Psychologen und Wissenschaftsjournalisten der „New York Times" Daniel Goleman die Diskussion über die Emotionale Intelligenz. Sie „ist eine Metafähigkeit, von der es abhängt, wie gut wir unsere sonstigen Fähigkeiten, darunter auch den reinen Intellekt, zu nutzen verstehen"[81]. Demnach würde die berufliche Laufbahn höchstens zu 20 Prozent durch den Faktor „Verstand" bestimmt.

Entscheidende Kompetenzen für Emotionale Intelligenz

Selbstbewusstheit: Es geht darum, sich selbst gut zu kennen, um einschätzen zu können, wie man in bestimmten Situationen reagiert, was man braucht und wo man noch an sich arbeiten muss.

Selbststeuerung: Das ist die Fähigkeit, die eigenen Gefühle und Stimmungen durch einen inneren Dialog zu beeinflussen und zu steuern. Mit dieser Fähigkeit sind wir unseren Gefühlen nicht mehr ausgeliefert, sondern können sie konstruktiv beeinflussen.

Motivation: Es geht um Leistungsbereitschaft und Begeisterungsfähigkeit, die man aus sich selbst heraus entwickeln kann. Diese Fähigkeit ist besonders in den Phasen hilfreich, in denen ein Projekt schwieriger wird oder wenn die Dinge anders laufen, als geplant. Wer sich selbst motivieren kann, findet immer wieder Kraft zum Weitermachen und verfügt auch über eine höhere Frustrationstoleranz.

Empathie: Das bedeutet Einfühlungsvermögen. Gemeint ist damit das Vermögen, sich in Gefühle und Sichtweisen anderer hineinversetzen zu können und angemessen darauf zu reagieren. Mitmenschen werden in ihrem Sein wahrgenommen und akzeptiert. Akzeptieren bedeutet aber nicht automatisch gutheißen. Andere Menschen zu akzeptieren, meint, ihnen mit Respekt entgegenzutreten und Verständnis für ihr Tun und Denken zu haben. Dabei wird zwischen kognitiver und emotionaler Empathie unterschieden. Bei der kognitiven Empathie geht es darum, zu verstehen, was im anderen vorgeht. Von der emotionalen Empathie spricht man, wenn man fühlt, was der andere fühlt, also wenn von Mitgefühl, Mitleid oder Mitfreude die Rede ist. In einer Verhandlungssituation ist hauptsächlich kognitive Empathie gefragt. Man möchte primär eine möglichst gute Vereinbarung für sich erreichen und nicht aus Mitleid Bedingungen zustimmen, die man nachträglich als unakzeptabel beurteilt.

Soziale Kompetenz: Sie beschreibt die Fähigkeit, Kontakte und Beziehungen zu anderen Menschen knüpfen zu können, und solche Beziehungen auch dauerhaft aufrechtzuerhalten. Gemeint sind also ein gutes Beziehungs- und Konfliktmanagement sowie Führungsqualitäten, sprich, das Vermögen zu besitzen, funktionierende Teams bilden und leiten zu können.

Kommunikationsfähigkeit: Diese Fähigkeit ist für Emotionale Intelligenz unerlässlich. Es geht dabei um zwei Dinge: einerseits die Fähigkeit, sich klar und verständlich auszudrücken und somit sein Anliegen deutlich und transparent zu übermitteln; andererseits ist damit die Fähigkeit gemeint, anderen Menschen aktiv und aufmerksam zuhören zu können und das, was sie sagen, zu verstehen und einzuordnen.[82]

Zur Messung der Emotionalen Intelligenz im Sinne von Goleman wird das ECI (Emotional Competence Inventory) eingesetzt. Es umfasst Aussagen wie „Ich verstehe, wie andere denken" oder „Ich kann mich selbst motivieren", die im Rahmen eines 360-Grad-Feedbacks von Mitarbeitern, Vorgesetzten und Kollegen bewertet werden.

Goleman ist jedoch nicht der Einzige, der sich mit diesem Thema beschäftigte. Bereits 1920 hatte der Psychologe und Intelligenzforscher Edward Thorndike den Begriff „Soziale Intelligenz" für die

Fähigkeit verwendet, andere Menschen richtig verstehen und anleiten zu können. Dieser Begriff scheint sich heute auch immer öfter durchzusetzen. In der aktuellen Forschung werden drei Modelle der Emotionalen Intelligenz unterschieden.

- Emotionale Intelligenz als erlernbare Fähigkeit (Ability EI), z. B. die Fähigkeit zur richtigen Wahrnehmung von Gefühlen
- Emotionale Intelligenz als grundlegende Eigenschaft (Trait EI)
- Emotionale Intelligenz als eine Mischung aus Motivation, Fähigkeiten und Persönlichkeitseigenschaften (Mixed EI)[83]

Auf diese Kompetenzen wird auch in Unternehmen immer mehr Wert gelegt. Die Wertschätzung durch den Arbeitgeber oder die Arbeitgeberin ist in Umfragen immer einer der wichtigsten Motivationsfaktoren, noch vor finanziellen Anreizen wie Bonuszahlungen und Gehalt.

Intuition – Kopf oder Bauch?

„Ich glaube von 100 Entscheidungen, die ich in meinem Leben getroffen habe, habe ich 99 aus dem Bauch getroffen, aber es war sehr schön, als 98 davon hinterher intellektuell bestätigt werden konnten." Frank Elstner

Wer kennt sie nicht, die „Pinguine aus Madagascar"? Sie gehören zu den Lieblingsserien vieler Kinder und mancher Erwachsener so wie mir. Im Mittelpunkt stehen vier Pinguine: Kowalski, Rico, Private, Skipper. Rico und Skipper sind Zwillinge. Skipper ist der Anführer der Truppe, er bewahrt stets einen kühlen Kopf, trifft alle taktischen Entscheidungen und gibt die Befehle. Aufgeben ist für ihn ein Fremdwort. Kowalski ist der Wissenschaftler und Stratege. Seine Erfindungen lösen viele Probleme, führen aber manchmal auch zu welchen. Rico ist der Explosionsexperte und ein Draufgänger, er denkt und spricht nicht viel, handelt lieber. Private ist der jüngste Adoptivbruder und Sensibelste und Liebste von allen, er mag keine

Gewalt. Sein größter Held ist Kowalski, der in einer Folge sagt: „Es wird Zeit, auf meinen Bauch zu hören, auch wenn mein Bauch streng genommen nicht sprechen kann! Aus! Jetzt mach ich es schon wieder!" Er meint damit, dass er schon wieder „nur denkt", anstatt auf seinen Bauch zu hören.

Medienmanager Gerhard Zeiler hält den Wert eines guten Teams hoch und erzählt mir im Gespräch von seinen letzten Jahren bei RTL: „Für jede wichtige Entscheidung braucht man Kopf und Bauch: Der rationale Teil ist es, Ziele zu setzen und einzuschätzen, wie diese Ziele erreicht werden können. Dazu kommt die Emotion: die Fähigkeit, ein stimmiges Gefühl für die neue Situation zu bekommen, und eine Entscheidung zu treffen, die ins Gesamtbild passt. Wenn es gut geht, dann läuft es wie bei RTL, wo wir nach ein paar Jahren nicht nur alle unternehmerischen Ziele erreicht haben, sondern bei der Arbeit auch viel gelacht haben. Ich würde nicht in einem Unternehmen arbeiten wollen, in dem nur das Resultat zählt. Aber nur die Softgoals sind mir auch zu wenig. Es muss beides stimmen. Das ist für mich dann echter Erfolg."

Der kreative Showmaster Frank Elstner misst der Intuition große Bedeutung zu: „Ich glaube von 100 Entscheidungen, die ich in meinem Leben getroffen habe, habe ich 99 aus dem Bauch getroffen, aber es war sehr schön, als 98 davon hinterher intellektuell bestätigt werden konnten."

Der Psychologe und Wirtschaftsnobelpreisträger Daniel Kahneman unterscheidet ein „System 1" und ein „System 2", die unser Handeln steuern. System 1 steht für die Intuition. Es erzeugt unermüdlich Absichten, Eindrücke und Gefühle. System 2 steht dagegen für Vernunft, Selbstkontrolle und Intelligenz. Es ist das „Ich", das die Entscheidungen fällt. Der Einfluss der Intuition auf unsere Entscheidungen ist riesig und läuft unbewusst ab, erklärt Kahneman. „Sie werden gewissermaßen regiert von einem Fremden, ohne dass Sie es merken. System 1 entscheidet, ob Ihnen ein Mensch gefällt, welche Gedanken oder Assoziationen Ihnen durch den Kopf schießen und welche Gefühle Sie empfinden. All das kommt automatisch, Sie haben keine Kontrolle darüber. Und doch müssen Sie Ihr Handeln darauf gründen. System 1 kann nie abgeschaltet werden, Sie können es nicht daran hindern, sein Ding zu machen. System 2 hingegen ist faul und springt nur an, wenn es sein muss. Bewusstes Denken ist aufwendig, und deshalb leisten wir uns das nur selten. Das langsame, bewusste Denken ist harte Arbeit, es verbraucht chemische Ressourcen im Gehirn, der Körper gerät in Aufruhr, der Herzschlag beschleunigt sich, die Schweißdrüsen treten in Aktion, die Pupillen weiten sich."[84]

„Alles, was ich im Leben aus dem Hirn gemacht habe, war nicht optimal. Alles, was ich aus dem Bauch heraus gemacht habe, war erfolgreich." Alfons Schuhbeck

Im Gehirn sitzt die reine Vernunft in der Stirnseite. Das Verrechnungszentrum des Gefühls befindet sich in der gut geschützten Mitte des Kopfes, im sogenannten Mandelkern. Im gesamten Körper sind Antennen für das Gefühl verteilt, die Parameter an das Gehirn melden, besonders viele davon im Bauch. „Es gibt es wirklich, das berühmte Bauchgefühl", sagt der Philosoph Wilhelm Schmid. Die Intuition versucht zu überprüfen, ob das Wissen und die Erfahrung, die in unserem Gehirn gespeichert sind, und die Emotionen „stimmig" sind.[85]

Gewürzpapst Alfons Schuhbeck braucht man von der Existenz des Bauchgefühls nicht zu überzeugen: „Alles, was ich im Leben aus dem Hirn gemacht habe, war nicht optimal. Alles, was ich aus dem Bauch heraus gemacht habe, war erfolgreich. Obwohl der Erfolg im ersten Augenblick nach Null ausgeschaut hat. Das heißt, da war eine Tür und da gehe ich durch, weil mein Kopf so entschieden hat, aber fünf Meter daneben ist eine Wand und da sagt jemand ‚Geh durch die Wand' und auf einmal geht die Wand auf und ich denk mir, das gibt es ja nicht, da kommt kein Profit raus, aber es ist meins. Der Kopf sieht nur Profit. Dieses Bauchgefühl, diese erste Sekunde nimmst du auf. Wenn mir mein Bauch sagt NEIN, dann mach ich es nicht. Und ich muss nicht alles machen." Intuition ist zugleich Verständnis und Empfindung. Der Psychologe und Psychoanalytiker Arno Gruen ist davon überzeugt, dass sich die Intuition bereits vor der Geburt im fünften Schwangerschaftsmonat entwickelt. Das kinästhetische Nervensystem würde etwa die Geräusche außerhalb des Mutterleibs spüren. Wenn ein Kind mit vier Jahren zur Mutter läuft, weil sie sich verletzt hat und das Kind sie trösten will, kann es das nur, wenn es selbst in den ersten drei Lebensjahren gelernt hat, wie ihm geholfen wurde. Die Spiegelnervenzellen sind genetisch angelegt, sie sind aber nicht fertig entwickelt. Das passiert einzig und allein durch die Erfahrung zwischenmenschlicher Beziehungen, wie Gruen betont: „Nicht die Eroberung hat uns Menschen weitergebracht, sondern die Kooperation."[86]

„Ich habe in meinem Leben viele Entscheidungen intuitiv getroffen und sie waren richtig." Freddy Burger

Es gibt kaum einen Wissenschaftszweig und kaum eine Domäne, die diesen Bereich nicht erforschen will. Neurologen wie das Forscherehepaar Hanna und António R. Damásio, Psychologen wie der Nobelpreisträger Daniel Kahneman oder Wirtschaftswissenschaftler wie Robin Hogarth sind der Intuition auf der Spur. Damásio verteufelte Mitte der 1990er-Jahre die Philosophie, die zu viel auf Vernunft gab. Er würde die Erkenntnis von René Descartes gerne von „Ich denke, also bin ich" auf „Ich fühle, also bin ich" ändern.

Auch für Steve Jobs, Mitbegründer von Apple, ist die Intuition ein Ergebnis der eigenen und der kulturellen Erfahrung:

> „Western rational thought is not an innate human characteristic, it is learned and it is the great achievement of Western civilization. In the villages of India, they never learned it. They learned something else, which is in some ways just as valuable but in other ways is not. That's the power of intuition and experiential wisdom."[87]

Musikmanager Freddy Burger hörte in entscheidenden Situationen zeitlebens auf sein Bauchgefühl: „Ich habe viele Entscheidungen in meinem Leben intuitiv getroffen und sie waren richtig. Ich habe das [er meint seinen Beruf des Musikmanagers] nicht gelernt, ich war nicht an der Universität." Udo Jürgens vertraute Burger dennoch von Anfang an. So hatte Jürgens einmal die Chance auf einen hoch dotierten internationalen Vertrag in Amerika. Burger erklärte ihm, dass er dann auch bereit sein müsste, die Hälfte des Jahres in diesem Land zu verbringen, ansonsten könnte er dort nicht erfolgreich sein. Nebenbei müsste er sich auch einen neuen Manager suchen, denn als „Schollenmensch", wie er das nannte, wollte er seine Heimat Schweiz nicht verlassen. Udo entschied sich bekanntlich weiter für seinen Manager und eine primär deutschsprachige Karriere. Auch ein anderes millionenschweres Angebot lehnte Burger ab, weil er auf seinen Bauch hörte. Udo Jürgens trat schon einige Zeit mit dem Pepe Lienhard Orchester auf. Auf der Bühne trugen die Musiker und er weiße Anzüge, da die Lichteffekte so besser eingesetzt werden konnten. Eine Waschmittelfirma war begeistert von „Ganz in Weiß" und wollte deshalb einen Werbevertrag für drei Jahre unter Dach und Fach bringen; das Angebot lag konkret vor: „Sechs Millionen Werbegeld lagen bei mir auf dem Tisch. Ich hab das angeguckt und hab gedacht, wenn ich Ja sage, bin ich mit meiner Beteiligung, die ich habe, gleich Millionär." Bei heiklen Entscheidungen wie dieser geht Freddy Burger auch heute noch immer spazieren und „philosophiert" mit sich selbst. Er geht am liebsten rund um die Kreuzkirche in Zürich, die auf einem Hügel neben seinem Büro steht. Genau in diesem Moment unseres Gesprächs läuten die Kirchenglocken und Burger bestärkt: „Die Kirchenglocken haben mir immer viel Kraft gegeben. Ich war da oben in guten wie in schlechten Zeiten. Wenn es mir nicht gut ging, war ich allein in der Kirche, um in mich zu gehen, und wenn es mir gut ging, habe ich da oben mal ab und zu eine Zigarre geraucht und über Zürich geschaut und war happy. Die Kirche hat in meinem Leben eine ganz, ganz wichtige Rolle gespielt." In der Millionenfrage sollte Burger nach seinem Kirchenrundgang auf „seinen Bauch, sein Herz und sein Hirn" hören: „Ich sagte zu Udo, das können wir nicht machen, nicht jetzt und zu diesem Zeitpunkt, das war ja Ende der 1970er-Jahre, wenn er sich mit Werbung und dazu noch mit Waschmittel eingelassen hätte, das war das tiefste Niveau von Werbung, dann wäre Udo kaputt gewesen. Das Neinsagen war wichtiger gewesen, als das Geld zu nehmen." Die Liebe Burgers zur Philosophie fand auch Eingang in den jahrzehntelangen Vertrag zwischen ihm und dem Künstler, Songwriter, Interpreten und Komponisten Udo Jürgens. Sensationelle Verträge zu machen sei ebenso ein Kunstwerk, erklärt Burger bestimmt. Im Vertrag zwischen beiden standen deshalb keine Paragrafen, sondern schwarz auf weiß: „Wir pflanzen einen Baum. Diesen Baum wollen wir wachsen lassen, und die Früchte, die dieser Baum abwirft, miteinander teilen nach einem definierten Schlüssel."

„In der Bildungsdebatte ist die Herzensbildung unterrepräsentiert."
Barbara Stöckl

Vor 27 Jahren arbeitete ich als diplomierte Krankenschwester auf der Herzchirurgie der steirischen Landeshauptstadt Graz, wo ich etwas Spannendes erleben durfte. Während größeren Operationen werden die Patienten und Patientinnen für mehrere Stunden an eine Herz-lungenmaschine angeschlossen. Das Herz wird künstlich zum Stillstand gebracht, um den nötigen chirurgischen Eingriff durchführen zu können. Viele mussten nach ihrem Eingriff einige Wochen auf der Station bleiben und ich hatte bei einigen das Gefühl, eine Wesensveränderung wahrzunehmen. Nicht konkret greifbar, aber instinktiv spürbar. Nach ihrer langen Rehabilitation oder ihrem Kuraufenthalt kamen sie damals noch zur Kontrolle auf die Station, bei der sie aber fast alle wieder die „Alten" waren.

Liegt also doch die Seele im Herzen? Hör auf dein Herz, nimm dir nicht alles so zu Herzen, verschließe es nicht. Antoine de Saint-Exupérys berühmter Satz im Kleinen Prinzen „Man sieht nur mit dem Herzen gut. Das Wesentliche ist für die Augen unsichtbar" kommt mir wieder in den Sinn. Das Herz ist das kraftvollste Organ im Körper und erzeugt im Vergleich zum Gehirn das Sechzig- bis Tausendfache an Strom und elektromagnetischer Energie. Es schlägt ungefähr 100.000 Mal pro Tag, das sind 40 Millionen Mal im Jahr. Neue Forschungen in der Neurokardiologie zeigen, dass das Herz mehr ist als bloß eine Pumpe. Es heißt, wir besitzen „zwei Gehirne, das Gehirn in unserem Kopf gehorcht Mitteilungen und das Gehirn in unserem Herzen sendet sie aus."[88] Elf Millionen Sinneseindrücke pro Sekunde prasseln auf unser Gehirn. Unser Verstand kann 40 bis 60 Bits pro Sekunde verarbeiten.

Das Gegenstück zum Herz-Gehirn ist das Computer-Gehirn. Seit 2007 beschäftigt sich das von der Europäischen Union initiierte „Human Brain Project" damit. Mit einem Budget von 1,19 Milliarden sollen 80 internationale Wissenschaftler interdisziplinär nicht weniger als das gesamte Wissen über das menschliche Gehirn zusammenfassen und mittels computerbasierten Modellen und Simulationen nachbilden. 2017 werden erste Ergebnisse erwartet. Der Physiker Stephen Hawking ist überzeugt davon, dass das menschliche Gehirn am Computer zum rein digitalen Wesen simuliert werden kann: „Das menschliche Gehirn ist wie ein Computer, in dem das Bewusstsein als Programm abläuft. Daher muss es möglich sein, ein Gehirn in einen Computer zu übertragen und ihm auf diese Weise eine Art Leben nach dem Tod zu bescheren."[89]

Kein Wunder, dass Kritiker darauf hinweisen, dass menschliches Bewusstsein sich nicht nachahmen und schon gar nicht maschinell erzeugen lässt. Wären wir dann nicht alle willenlose Wesen? Das will ich einfach nicht glauben. Dann wäre die Freiheit meiner Entscheidungen berechenbar. Und letztlich gebe es gar keine Freiheit mehr. Für mich ist der Mensch ein *unberechenbares* Wesen und das meine ich positiv. Was wäre sonst mit dem Zufall, der Kreativität? Als meine beste Freundin Gerlinde 1992 bei einem Bergunglück starb, hörte ich oft den Satz: „Das ist Schicksal, da kannst du nichts machen." Wenn das so ist und sowieso alles Schicksal ist, dann kann ich doch auch bei Rot über die Ampel gehen und wenn es offenbar noch nicht Zeit für mich ist, wird mich kein Auto überfahren und wenn doch, werde ich es überleben. Ich war damals 24 Jahre alt und nach einer drei Monate dauernden Sinnreise in die USA habe ich das Wort Schicksal aus meiner Liste von Begründungen für schlimme Ereignisse gestrichen.

„In der Bildungsdebatte ist die Herzensbildung unterrepräsentiert", urteilt Moderatorin und TV-Produzentin Barbara Stöckl. Das ganze akademische Wissen und noch so viele Ausbildungen nützen nichts, wenn dir diese Herzensbildung im Sinn von Sozialer und Emotionaler Intelligenz fehlt, „du kannst es nicht einsetzen und nicht umsetzen, wenn du das nicht hast". Bildung ist essenziell, aber für die Umsetzung und Entfaltung braucht es die „Lebensschule, die leider unter dem Begriff Bildung nie gemeint wird", sagt Stöckl.

Formel-1-Testfahrerin Susie Wolff denkt sich schon von klein auf: „Ich mache alles nach meinem besten Können und wenn es mir gerade nicht Spaß macht, sage ich mir: Ich muss es sowieso machen, dann kann ich genauso gut auch mein Bestes geben." Hart arbeiten musste sie auch in der Schule, sie gehörte nicht gerade zu den Besten in ihrer Klasse, aber ihr Fleiß wurde mit vielen guten Noten belohnt. Sie wollte weder ihre Lehrer noch ihre Eltern enttäuschen und dachte sich immer, „ich darf mich nicht blamieren". Mit dieser Einstellung saß sie auch in der Universität Edinburgh, um International Business zu studieren. Es war einfach nicht ihre Welt. Doch in ihrer Welt gibt es kein Aufgeben. Sie besuchte zwar weiterhin ihre Vorlesungen, aber fühlte sich anhaltend unwohl: „Mein Bauchgefühl sagte mir, das ist nichts für dich." Sie wurde krank, wollte nur weg und beendete dennoch ihr erstes Jahr. In der Sommerpause fuhr sie wieder Rennen. Am Beginn des zweiten Studienjahres saß sie wieder mit 250 Studierenden im Hörsaal und hörte nicht einmal, was der Vortragende referierte. In diesem Moment fragte sie sich selbst: „Was machst du hier eigentlich? Du schwimmst nur mit dem Strom und machst, was die anderen machen, nur um normal zu sein." Sie fühlte sich wie ein Fisch im Trockenen, verließ die Vorlesung und setzte sich auf dem Weg in ihre Wohnung auf eine Parkbank. Über eine Stunde überlegte sie, was sie eigentlich wirklich wollte. Ihre Entscheidung war eindeutig: Rennstrecke statt Hörsaal. Am nächsten Tag rief sie ihren Vater an, er holte sie ab und sieben Tage später bewohnte sie ein klitzekleines Zimmer und arbeitete an ihrer Traumkarriere. Ihr Bauchgefühl half Wolff auch in besonders schlimmen Momenten ihres Lebens, als sie sich etwa 2005 ihren Knöchel brach und sie darauf hin ihr Engagement bei der Formel 3 verlor. Sie hatte kein Geld und erinnerte sich an Nächte, in denen sie nur an eines dachte: „Wie um Himmels willen komm ich da jemals wieder raus? Aber mein Bauchgefühl sagte mir: ‚Du musst einfach weitermachen!'"

DJ Ötzi fühlt sich manchmal zu „verkopft" und weiß, dass es besser wäre, vom „Herzen und Bauch aus zu entscheiden". Er bezeichnet es sogar als Schwäche, viele Entscheidungen rein rational zu treffen, obwohl er ironisch meint „Kopf und Bauch waren ja schließlich irgendwie zusammen". Genau so sieht es die Schriftstellerin Madeleine

L'Engle: „Deine Intuition und dein Intellekt sollten zusammenarbeiten, […] miteinander schlafen. So funktioniert es am besten."[90]

Intuition ist der Kontakt zu sich selbst und seiner Seele. Das ist nicht immer einfach im Sturm des Lebens und der Entscheidungen, die es zu treffen gilt. Wichtig ist, der inneren Stimme zuzuhören und sein Gegenüber einzuschätzen. Es geht um ein Gefühl der Stimmigkeit, es soll zusammenpassen, was wir denken und fühlen. Die Gefühle werden oft abgeschirmt, vergleichbar mit einem Raum, bei dem man die Tür zumacht. Es geht jedoch um die Kunst, durch diese Tür zu gehen, heißt es in der Psychotherapie.

Intuition ist gefühltes Wissen. Es ist unbewusste Intelligenz und sagt uns, was wir machen sollen. So definiert der Psychologe Gerd Gigerenzer die innere Stimme. Er ist Direktor der Abteilung „Adaptives Verhalten und Kognition" und Direktor des Harding-Zentrums für Risikokompetenz, beide am Max-Planck-Institut für Bildungsforschung, und einer der meist zitierten Psychologen im deutschsprachigen Raum. In seinem Buch „Bauchentscheidungen. Die Intelligenz des Unbewussten und die Macht der Intuition" heißt es:

Ein Gefühl ist etwas, das sich durch 3 Dinge auszeichnet:

- „Es ist sehr schnell im Bewusstsein.
- Wir wissen nicht, warum dieses Bauchgefühl plötzlich da ist.
- Es lenkt viele Entscheidungen in unserem Leben."[91]

Gigerenzer hat in einem aufsehenerregenden und letztlich „lukrativen" Experiment 50.000 Euro in riskante Internetaktien investiert, um seine Theorie über die Intuition unter Beweis zu stellen. Seine Kollegen und er sind mit einer Liste von 300 Internetaktien auf die Straße von München gegangen und haben 180 Passanten gefragt, von welchen Unternehmen sie schon gehört hätten. Die meisten von ihnen betonten, dass sie sich in der Wirtschafts- und Börsenwelt nicht auskennen würden. Von den zehn bekanntesten Firmen kaufte der Risikoforscher Aktien. Der Wert seines Portfolios stieg innerhalb eines halben Jahres um 47 Prozent und lag damit weit über der Entwicklung des Marktes. Gigerenzer besteht darauf, dass es kein Glück gewesen sei. Sie hätten das Experiment einige Male mit der gleichen Methode wiederholt und die Ergebnisse waren genauso gut. Im Interview für „ZEITCampus" fragen die Autoren Justus Bender und Maren Soehring zu Recht, warum das Bauchgefühl von Passanten das Fachwissen von Finanzexperten schlagen kann? Zu viel Wissen sei schuld, urteilt Gigerenzer, die Investmentbanker „schaffen es nicht, aus der Fülle an Informationen die relevanten herauszufiltern. Hat ein Laie die Wahl zwischen zwei Aktien, liegt seine Erfolgsquote bei 50 Prozent: Er entscheidet zufällig und ohne nachzudenken. Finanzberater hingegen kamen in einer schwedischen Studie nur auf 40 Prozent. Das heißt: Sie entschieden im Schnitt schlechter als der Zufall. Unsere Passanten wussten wenig genug, um intuitiv zwischen den starken und schwachen Unternehmen zu unterscheiden. Sie sind unbewusst richtig gelegen."[92] Bei Entscheidungen geht es um ein Dreieck aus Kopf, Bauch und Herz.

Wir denken zu viel nach. Bei Sportexperimenten hat Gigerenzer das beweisen können. Je länger man über einen Spielzug beispielsweise beim Handball nachdenkt, umso schlechter die Entscheidung. Mit diesem Wissen könne man auch starke Gegner auf dem Tennisplatz schwächen. Wenn dieser „jeden Ball präzise und unhaltbar über das Netz schlägt, bringen Sie ihn am besten mit einem Kompliment aus dem Konzept. Fragen Sie einfach beim Seitenwechsel: Wie spielst du nur diese tolle Vorhand? Sie können ziemlich sicher damit rechnen, dass Ihr Gegner anfängt, über seine Technik nachzudenken – und in der zweiten Spielhälfte viel mehr Fehler macht"[93]. Man sollte jedoch nur in den Bereichen auf seine Intuition hören, in denen man viel Erfahrung hat und aus Fehlern lernen kann, denn prinzipiell brauche man beides: das rationale, statistische Denken und das intuitive Denken.Die Intuition solle quasi der Wegweiser sein. Gigerenzer ist davon überzeugt, dass man Bauchgefühl auch trainieren kann. Es gibt die „Maximizer", die bei einem Hosenkauf in jedes Geschäft gehen, viele Modelle anprobieren und alle Vor- und Nachteile abwägen. Wenn sie sich entscheiden, sind sie unzufrieden im Wissen, es gibt noch viele andere Möglichkeiten und sie können sich nicht sicher sein, die richtige Entscheidung getroffen zu haben. Das Gegenteil seien die „Satisficer", die ihre Suche begrenzen und mit der ersten Möglichkeit zufrieden sind. Ihr Prinzip: „Take the best", ein einziger guter Grund reicht. Und das soll man trainieren, nach dem EINEN guten Grund suchen und bei kleinen Entscheidungen wie beim Einkaufen beginnen. So lernt man Gespür und Vertrauen in Bauchentscheidungen.[94]

„Ich entscheide mich nur, wenn Kopf und Bauch gleichzeitig Ja sagen. Sonst treffe ich diese Entscheidung nicht." Gerhard Zeiler

Der Mensch trifft die klügsten Entscheidungen, wenn er Emotion und Intuition in seine Überlegungen einfließen lässt. Ein Gehirn, das nur rational entscheidet, richtet Fehler an. Das weiß auch der erfolgreiche Medienmanager Gerhard Zeiler. Nach 23 Jahren bei RTL verantwortet er heute als Präsident von Turner Broadcasting System International alle Unterhaltungs-, Nachrichten- und Kinderkanäle des Unternehmens außerhalb Nordamerikas, darunter CNN International. 2004 übergab Zeiler, nach sechs Jahren als Geschäftsführer des größten deutschen Privatsenders RTL, an seinen Nachfolger. Er wollte sich ganz auf seine Arbeit als Vorstandschef des TV- und Radiokonzerns RTL Group konzentrieren. Er hatte noch nie mit jemandem stundenlang so „intensiv geredet" wie mit seinem Nachfolger, es war eine „reine Kopfentscheidung und sie war falsch". Nach 108 Tagen im Amt, knapp mehr als drei Monate, setzte Zeiler diesen ab und übernahm wieder das Ruder: „Das hat Geld gekostet. Aber die rasche Entscheidung, wieder getrennte Wege zu gehen, hat dem Sender aber auch viel Geld erspart. Leicht war das nicht, und ich habe einige Kollegen um ihre Meinung gefragt. Es gab auch die Einschätzung abzuwarten, nach dem Motto ‚Der muss sich selber umbringen'. Aber nach zwei Monaten wusste ich, es war die falsche Entscheidung. Wenn man das einmal weiß, dann sollte man nicht mehr lange abwarten. Seither gibt es bei mir für eine Spitzenposition immer ein personality assessment. Und zweitens: Ich entscheide mich nur, wenn Kopf und Bauch gleichzeitig Ja sagen. Sonst treffe ich diese Entscheidung nicht." Er hat das Studium Psychologie, Soziologie und Pädagogik kurz vor dem Abschluss beendet und weiß wohl auch deshalb um die Wirkung emotionaler Fähigkeiten auf Führungsebene.

Kopf und Bauch spielten ebenfalls Regie, als er nach 13 Jahren bei RTL, seinem „schönsten Job", sich für das Angebot der Amerikaner entschied. Es war ihm „fad" geworden und er dachte, „entweder mache ich das noch eine Weile und gehe dann in Pension oder ich springe noch einmal". Er sagte aber nicht sofort zu, sondern ließ sich Zeit. Turner Broadcasting wollte, dass er innerhalb von drei Wochen eine Entscheidung traf, er nahm sich zweieinhalb Monate Zeit, „bis dann mein Kopf und mein Bauch Ja gesagt haben. Es war der richtige Zeitpunkt. Rational ging das rasch, aber emotional hat es ein bisschen gedauert, bis ich mich mit dem Gedanken angefreundet habe, etwas ganz Neues anzufangen".

Es gehört Mut dazu, auf die innere Stimme zu hören. Andere brauchen weniger Zeit. Als Anne Meyer-Minnemann im Herbst 2014 das Angebot bekam, die Chefredakteurin des Society Magazins „Gala" zu werden, hatte sie 24 Stunden Bedenkzeit erbeten. Das erste Bauchgefühl war, dass sie den Job nicht ablehnen könne, weil „es die logische Konsequenz meiner Arbeit ist". Meyer-Minnemann hatte dort 15 Jahre lang alle Stationen durchlaufen; Volontärin, stellvertretende Ressortleiterin, Ressortleiterin, Chefreporterin, Kolumnistin, Mitglied der Chefredaktion.

Führungskräfte entdecken immer mehr die Intelligenz des Instinkts. Bei vielen Optionen wird der innere Kompass immer wichtiger. Für IBM-Generaldirektorin Tatjana Oppitz ist die Auswahl von Mitarbeitern auch „Übungssache". Im Gegensatz zu Gerhard Zeiler traf sie manchmal auch eine falsche Entscheidung, wenn sie zu sehr auf ihre Intuition gehört hatte, „man muss sich hinsetzen und sagen, das sind genau die Kompetenzen, die jemand für eine gewisse Position mitbringen muss. Bei IBM verlassen wir uns sehr auf unsere Assessment-Center. Die künftigen Mitarbeiter müssen wirklich das Zeug für den Job haben und sie müssen es auch wollen. Ich dachte manchmal, eine Person wäre für eine Führungsposition geeignet, aber sie wollte das gar nicht. Es muss beides stimmen. Das Bauchgefühl allein hat mich auch schon getäuscht."

In der Universität Växjö haben Wissenschaftler rund um Jon Aarum Andersen bereits in den 1990er-Jahren Studien durchgeführt, um der Frage nachzugehen: Sind intuitive Manager effektiver? Andersen nutzte dafür den Begriff der „Typenlehre" des Schweizer Psychiaters Carl Gustav Jung, der dieses Modell 1972 entwickelt hat. Es beschreibt, wie Menschen unterschiedliche seelische oder psychische Funktionen verwenden, um Wirklichkeit zu erschließen.

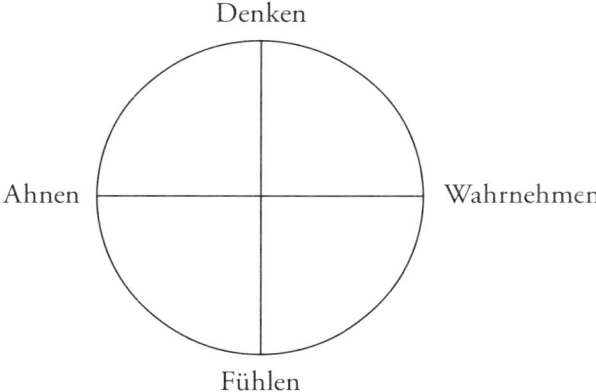

Quelle: Schmid, Bernd/ Caspari, Sabine: Zugänge zur Wirklichkeit. Die Typenlehre nach C. G. Jung, S. 1. Online: www.systemische-professionalitaet.de/Download/Schriften/72-Zugänge-zur-Wirklichkeit.pdf (zuletzt 8.9.2015)

Funktionen der Datengewinnung

Wahrnehmen: Der Mensch bezieht sich auf die Welt der Fakten. Sie erschließt sich ihm über seine Sinne. Vorhandenes wird mit den Sinnesorganen registriert. Sie können auch mit Instrumenten erweitert werden, also Mikroskopen, chemische Analyseverfahren, Fotoapparaten oder auch Analysesystemen eines Controllers. Zu den Fakten zählen auch die Sozialdaten. Und viele Menschen halten diese Hälfte der Welt für die ganze.

Ahnen: Die Welt des Möglichen nennt C. G. Jung die seelische Funktion, mit der wir Daten sammeln. Es geht also um die Welt des Möglichen, die noch nicht verwirklicht ist. Jung verwendet statt des Begriffs Intuition das Wort Ahnung für das, „was geht oder nicht geht".

Funktionen der Datenbeurteilung

Wie können nun die Daten aus der Welt der Wahrnehmung und der Welt des Ahnens beurteilt werden? Jung spricht von „gedanklichem Ordnen" und „gefühlsmäßigem Bewerten".

Denken: Es geht um das logische Denken, darum, Raster und Kategorien zu erstellen.

Fühlen: Bei der seelischen Ordnungsfunktion des gefühlsmäßigen Bewertens sind der Gehalt und der Sinn von Belang. Stiftet etwas Sinn, sind die Daten gehaltvoll? Sie werden auf die „innere Goldwaage" gelegt. Jung geht davon aus, dass man die Fähigkeit hat, Gefühle nach und nach als ein Beurteilungs- und Ordnungsinstrument einzusetzen, um Sinn von Unsinn zu unterscheiden.[95]

Der schwedische Wirtschaftswissenschaftler Jon Aarum Andersen untersuchte nun, welche Entscheidungsstrategie im Management am erfolgreichsten ist. Er teilte Manager nach ihrem Entscheidungsverhalten (Denken und Fühlen) und ihrer Art und Weise, Informationen zu nutzen, ein: ganzheitlich, zukunftsorientiert, intuitiv versus detailorientiert, gegenwartsbezogen oder sensitiv und ließ sie Entscheidungen treffen.

Er hat unter 200 Führungskräften in acht Unternehmen festgestellt, dass die meisten Manager, nämlich 32 Prozent, intuitiv entscheiden. Die anderen setzen mehr auf Detaildaten (26 Prozent), Logik (23 Prozent) oder ihre Empathie (19 Prozent).[96] Seine Studie belegt, dass Intuition eine wichtige Grundlage für Entscheidungen bildet und Analyse und Logik als Sekundärkompetenzen unterstützend dazukommen.

„Zwei Drittel Kopf und ein Drittel Bauch." Heinz Fischer

Für den österreichischen Bundespräsidenten Heinz Fischer halten sich die beiden Eigenschaften nicht die Waage, der Verstand ist für ihn klar die Basiskompetenz: „Das Hauptgewicht liegt auf der Analyse im Kopf, aber der Bauch ist ein Zusatz- oder Korrektivorgan. Bei Personalentscheidungen braucht man ein Bauchgefühl. Ich glaube, wenn sich jemand nur auf das Bauchgefühl oder nur auf den Kopf verlässt, dann nützt er nicht alle Instrumente, die einem Menschen für seine Entscheidungen zur Verfügung stehen. Zwei Drittel Kopf, ein Drittel Bauch.“

In der Wirtschaftswissenschaft glauben noch immer viele an den „Homo oeconomicus“, orientieren sich an dem Menschenbild, das rein rational, egoistisch, eigennützig und ohne soziales Gewissen handelt. Im bekannten „Ultimatumspiel“ wird jedoch nachgewiesen, dass der Gerechtigkeitssinn eine große Rolle spielt. Es ist die praktische Anwendung der Spieltheorie auf Wirtschafts- und Verhaltenswissenschaften. Die Aufgabe:

Spieler A muss einen Teil der 100 Spieleinheiten, die er als Spielgeld erhalten hat, an seinen Mit-/Gegenspieler B abgeben. Lehnt B allerdings den Betrag ab, bekommen beide nichts. Wie würden zwei Spieler des Typs Homo oeconomicus *handeln?*

A würde B 1 Euro geben und B würde diesen nicht ablehnen, weil 1 doch besser ist als 0. A bekommt 99 der 100 Euro Spielgeld.

Und was macht der wirkliche Mensch aus Fleisch und Blut – herausgefunden in zahllosen Experimenten? A überlegt: Wie groß ist die Gefahr, dass B ablehnt, wenn ich ihm zu wenig biete? B überlegt: Wehe, er gibt mir zu wenig von seinen 100 (B weiß selbstverständlich, dass A über 100 Euro verfügt)!

Das Ergebnis: Fast alle A-Spieler geben zwischen 30 und 50 Prozent der Summe an B. Und tatsächlich: Jener kleine Teil an A-Spielern, die weniger als im Schnitt 25 Euro abgegeben haben, hatte Pech: In diesen Fällen hat B abgelehnt.[97]

68 Prozent aller männlichen und 57 Prozent aller weiblichen Führungskräfte reden nicht über Intuition im Kollegenkreis, sie sehen es als etwas Verbotenes. Dies geht aus der Studie „Kreativität und Intuition im Unternehmensalltag“ von Thomas Menk von MentalBusiness und Sébastien Martin von der Frankfurter Unternehmensberatung Proxidea unter mehr als 500 Managern hervor. Demnach glauben zwar 80 Prozent der Frauen, dass sie intuitiver sind als Männer, Unternehmensentscheidungen trifft das Gros von ihnen jedoch nach eigener Aussage eher rational (67 Prozent).[98] Es ist offenbar nicht nur eine

Ahnung, dass in Zeiten von Industrie 4.0, wo im Produktionsprozess nur mehr Maschinen miteinander kommunizieren sollen, für viele noch immer ein Hauch von Esoterik über dem Begriff der Intuition liegt. Gigerenzer führt auch historische Gründe an: „In der abendländischen Philosophie standen Emotionen *unter* der Vernunft. Genauso wie Frauen historisch *unter* den Männern standen. Also hat man irgendwann das vermeintlich schlechtere Geschlecht und das schlechtere Denken zusammengebracht und gesagt: Frauen haben Intuition, Männer sind rational. Das finden Sie bei Immanuel Kant, und bis vor wenigen Jahrzehnten stand es auch in den Lehrbüchern."[99]

„Ich verstehe die Masse, also nicht den Superhochintelligenten und auch nicht den ganz Supersuperdummen, aber die Masse. Und das ist eine intuitive Fähigkeit." Florian Gschwandtner

Die Auswahl meiner Gesprächspartner ist nicht repräsentativ, aber alle aus dem Bereich Wirtschaft, ob Frauen oder Männer, stehen zur Mitwirkung der Intuition bei ihren Entscheidungen. Nur Zufall?

Topmanager Florian Gschwandtner von Runtastic greift auf seine Erfahrung aus der Kindheit zurück: „Es ist verschieden, ob Leute eine gute Intuition haben oder nicht, und das ist kein Zufall. Ich bin zum Beispiel auf dem Bauernhof aufgewachsen, wo wir als Kinder alles ein bisschen gelernt haben. Mein erstes Moped hatte ich mit sieben Jahren. So habe ich aber gelernt, mit mechanischen Teilen umgehen zu können. Viele Leute in meiner Umgebung setzen sich mit Geschichte auseinander. Egal mit wem ich am Tisch sitze, ich finde mit jedem ein cooles Thema, über das ich zumindest ein gewisses Wissen habe. Ich bin ein Mensch, der Produkte bauen kann, das kann ich am besten. Ich verstehe die Masse, also nicht den Superhochintelligenten und auch nicht den ganz Supersuperdummen, aber die Masse. Und das ist eine intuitive Fähigkeit. Alle Leute, die neue Produkte entwickeln und intuitiv Entscheidungen treffen, müssen den Markt verstehen und das ist die Masse."

Nicht nur in der Politik und der Wirtschaft, sondern auch im Kulturbereich ist Intuition wesentlich. Was müssen beispielsweise Songtexte haben, um beim Menschen Gefallen zu finden?

Gefühle stehen im Mittelpunkt der Lieder von Annett Louisan mit ihrer sanften, unvergesslichen Stimme. Sie glaubt, dass nicht nur „Können, Talent oder Herkunft ausschlaggebend sind, sondern auch Disziplin und Geduld und soziale Kompetenz wichtige Eigenschaften sind, die zum Erfolg führen." Die Künstlerin kann siebenmal Goldene Schallplatten und fünfmal Platin für sich verbuchen und glaubt letztendlich an soziale Kompetenz. „Wenn man mit Menschen nicht kommunizieren kann, nicht mit ihnen zusammenarbeiten kann, wächst man nicht über sich hinaus und verharrt im eigenen Kosmos. Schließlich kann man Erfolg auch nicht allein genießen."

Resilienz, die psychische Widerstandskraft – Biegen statt Brechen

In meiner Jugendzeit fragte ich mich oft, warum schaffen es die einen aus einer schweren Kindheit auszubrechen und einen guten Weg zu finden und die anderen nicht. Ich wusste, gute Bildung allein macht es nicht aus. Einen Mittelweg gibt es selten, das Pendel schlägt entweder in die stark positive Richtung aus oder man zerbricht daran. Als Kind hatte ich ein Stehaufmännchen als Spielzeug. Immer wenn ich es niedergedrückt hatte, fand es dennoch von selbst wieder in die aufrechte Lage. Und immer wenn ich als Jugendliche gefragt wurde, wie hast du deine Erlebnisse verarbeiten können, antwortete ich intuitiv: „Ich steh wie dieses Spielzeug offenbar von selber wieder auf. Ich habe mich biegen lassen, aber nie brechen." Erst viel später erfahre ich den Begriff dafür: Resilienz.

Wer geht, wer bleibt, wer kommt.
Was war, was ist, was sein wird.

Das lateinische Wort „resilire" bedeutet „zurückspringen, abprallen". Im Deutschen existiert keine allgemeingültige Definition für diesen Begriff, sie wird als Synonym für Widerstandsfähigkeit, Belastbarkeit oder Flexibilität benutzt. Im Englischen wird das Adjektiv „resilient" im Sinne von Materialeigenschaften wie „elastisch" oder „unverwüstlich" verwendet. Es beschreibt die Fähigkeit eines Werkstoffs, nach einer Verformung durch Druck- oder Zugeinwirkung wieder in seine alte Form zurückzukehren. Es geht also um die Toleranz eines Systems gegenüber von innen oder von außen kommenden Störungen. Ein resilientes System kann Irritationen ausgleichen oder ertragen. Es übersteht Verformung, ohne dabei die eigene ursprüngliche Form einzubüßen.

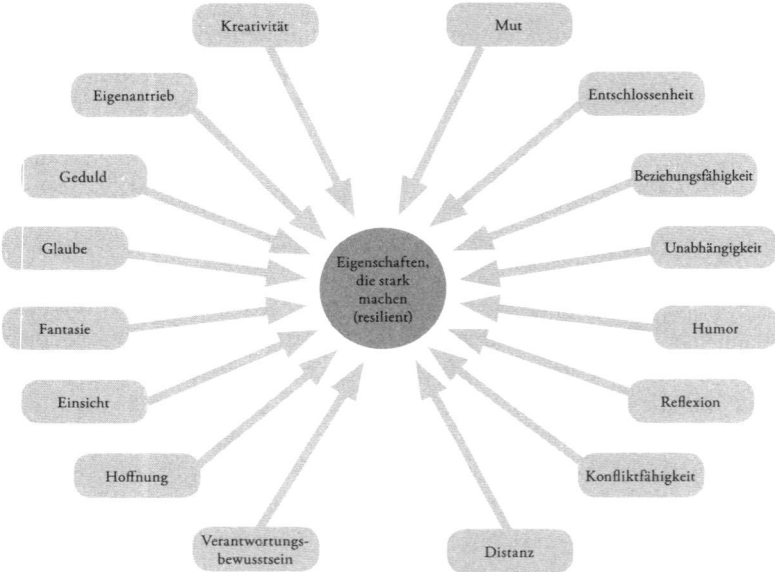

Quelle: userpages.uni-koblenz.de, Bildungswissenschaftlerin Inga Alexandra Schönherr.

Resilienz steht für die Widerstandsfähigkeit, mit der Systeme und Individuen mit Störungen und Belastungen umgehen können, und beschreibt die Fähigkeit, sich trotz widriger Lebensumstände erfolgreich zu entwickeln. Der Begriff der Resilienz wird in verschiedenen wissenschaftlichen Disziplinen eingesetzt, das erste Mal in den 1950er-Jahren in der Psychologie und etwas später in der Ökologie und der Ökonomie. Nachvollziehbarerweise bleibe ich hier beim Menschen. Die heutige Forschung geht davon aus, dass Resilienz, die seelische Kraft, als Potenzial in allen oder den meisten Menschen angelegt ist. Es beschreibt eine Veranlagung, die in jedem Menschen unterschiedlich ausgeprägt ist und aktiv angestoßen sowie gestärkt werden kann. Bis Mitte des 20. Jahrhunderts nahm man an, dass traumatisierte Kinder durch ihre psychosozialen Risikofaktoren sich immer nachteilig entwickeln würden. Doch es gab und gibt immer Menschen, die an seelischen Krisen und Überforderungen nicht zerbrechen, sondern oft daran wachsen und ihr Selbstbewusstsein bilden. Die US-amerikanische Entwicklungspsychologin Emmy E. Werner begleitete in einer Längsschnittstudie über 40 Jahre lang die Laufbahn von 698 Kindern, die 1955 auf der Hawaii-Insel Kauai geboren wurden. Die Studie führte Werner gemeinsam mit Psychologen, Kinderärzten und Mitarbeitern der Gesundheits- und Sozialdienste durch. Man wollte die biologischen und psychosozialen Risiko- und Stressfaktoren sowie die Schutzfaktoren (Ressourcen der eigenen Person und im Umfeld) und ihren Einfluss auf die Konstitution der Kinder erforschen. Die Kinder wurden erstmals in der pränatalen Entwicklungsperiode und dann im Alter von eins, zwei, zehn, 18, 32 und 40 Jahren nochmals untersucht. 210 dieser Kinder wuchsen unter sozial schwierigen Bedingungen auf und waren Armut, Krankheit, Alkoholsucht in der Familie oder einer Scheidung der Eltern ausgesetzt. Die meisten von ihnen haben sich durchschnittlich negativer entwickelt als Kinder, die nicht diesen Risikofaktoren ausgesetzt waren. Sie waren psychisch und körperlich weniger gesund und beruflich weniger erfolgreich als die anderen. Aber das erstaunliche Ergebnis war, dass sich jedes dritte Kind trotz der Risikofaktoren positiv entwickelt hat. Im Alter von 40 Jahren traten in dieser Gruppe die wenigsten Todesfälle und Gesundheitsprobleme auf. Keiner benötigte Sozialhilfe oder hatte Probleme mit dem Gesetz, sie hatten Arbeit, stabile Beziehungen, schauten positiv in die Zukunft und hatten Mitgefühl für Menschen in Not. Emmy E. Werner hat die Faktoren identifiziert, die diese Kinder beziehungsweise Erwachsenen von den anderen zwei Dritteln unterscheiden.

- Schützende Charaktereigenschaften: gutmütig, liebevoll und ausgeglichen, kommunikativ, wenig ängstlich
- Gute Problemlösungsfähigkeiten: Sie konnten analysieren und planen.
- Dinge und Situationen realistisch einschätzen

- Psychisch schützende Faktoren in ihrem Umfeld: stabile Bindung an einen Erwachsenen (mussten nicht die Eltern sein, sondern Freunde, Verwandte, Nachbarn, ältere Menschen), die ein positives Rollenmodell für die Kinder darstellten.

Resiliente Kinder haben sich in Krisenzeiten nicht nur auf ihre Eltern verlassen. Die Längsschnittstudie deckte Einflussfaktoren auf, die das Risiko von psychosozialen Störungen mildern oder einschränken konnten:

- Angeborene Eigenschaften des Individuums
- Fähigkeiten, die der Einzelne in Interaktion mit seiner Umwelt entfaltete
- Umgebungsbezogene Faktoren

Sieben Säulen und sieben Schlüssel der Resilienz

Die Trainerin, Therapeutin und Autorin Sylvia K. Wellensiek verweist in ihrem Handbuch „Resilienz-Training" auf die Arbeit der US-amerikanischen Wissenschaftler Karen Reivich und Andrew Shatté, die 2003 in ihrem Buch „The Resilience Factor – 7 Keys to Finding Your Inner Strength and Overcoming Life's Hurdles" sieben Säulen postuliert haben, um Krankheiten, Verluste sowie Überbelastungen besser meistern zu können.

1. Optimismus: Sie wissen, dass es schwere Zeiten im Leben gibt, glauben aber daran, dass sich die Dinge wieder zum Positiven entwickeln.
2. Akzeptanz: Sie leugnen die Wirklichkeit nicht und damit verbundene Gefühle wie Trauer oder Ärger.
3. Lösungsorientierung: Resiliente Menschen schauen in die Zukunft und passen sich den veränderten Bedingungen an. Sie ziehen die richtigen Schlüsse aus persönlichen Ereignissen und lernen daraus. Sie suchen auch nach neuen Optionen, um glücklich zu sein.
4. Verlassen der Opferrolle: Sie sehen sich nicht als Opfer der Umstände und glauben daran, Einfluss auf ihr Leben zu

haben und etwas an ihrer Situation ändern zu können. Es geht um Selbstwirksamkeit.

5. Übernahme von Verantwortung: Sie übernehmen Verantwortung für ihr Leben.

6. Netzwerkorientierung: Sie sind bereit, Hilfe von außen anzunehmen und bauen sich Freundschaften auf, die ihnen in schweren Zeiten Unterstützung bieten.

7. Zukunftsplanung: Resiliente Menschen rechnen mit Schwierigkeiten des Lebens und bereiten sich innerlich auf die künftigen Wechselfälle des Lebens gut vor.

Diese Ressourcen nennen die Wissenschaftler „Standbeine", um besser durch eine Krise zu gelangen. Je mehr „Beine" eine Person sein Eigen nennt, desto weniger gerät sie ins Wanken. Dazu kommen die sieben Schlüssel der Resilienz für das „richtige Denken":

• Gedanken beobachten
• Denkfallen identifizieren
• Eisberg-Überzeugungen lokalisieren
• Problemlösungskompetenz trainieren
• Beruhigen und Fokussieren
• Katastrophendenken stoppen
• Resilienz-Praktiken in Echtzeit praktizieren

Resilienz ist „nach dem heutigen Stand der Forschung kein angeborenes Persönlichkeitsmerkmal, sondern eine Fähigkeit, die im Rahmen der Mensch-Umwelt-Interaktion erworben wird"[100]. Sie kann gezielt gefördert und ein ganzes Leben lang trainiert werden, stellte bereits der erste Kinderpsychiater in Großbritannien, Michael Rutter, fest.[101] Ein Fisch kann ohne Wasser nicht leben, das Individuum und seine Umwelt bedingen einander. So prägen die Gene den Organismus nach der Geburt, aber die Lebensweise und die Umweltfaktoren spielen eine wesentliche Rolle für die weitere Entwicklung. In meiner Jugend dachte ich immer, es sei doch klar, dass einige dann doch so werden wie ihre Eltern, weil sie eben bei ihnen aufwachsen und ihre Umgebung filtern. Heute weiß ich, dass viele Gene und soziale Umwelt schlicht verwechseln oder für das Gleiche halten.

Für die Mentaltrainerin Kristin Walzer ist Resilienz die Verbindung mit den Wurzeln: „Es kann sein, dass ein sehr dominanter Vater eine gute Wurzel weitergibt, aber es kann bei manchen Kindern genau das Gegenteil bewirken und sie entwickeln keine eigenen Wurzeln. Das Gleiche gilt aus ihrer Sicht für die Mutter. Wenn die Bildung der eigenen Wurzeln im Elternhaus ausbleibt, kann man sie über die Schule, Freundschaften, Sport erarbeiten und entwickeln.“

Seelische Widerstandskraft hat laut der Politikwissenschaftlerin Margherita Zander, deren Forschungsgebiete Kinderarmut und Resilienz sind, sehr viel mit der Bildung des „Selbst“ zu tun: mit Selbstachtung, Selbstbestimmung, Selbstständigkeit, Selbstvertrauen, Selbstwirksamkeit.[102] Den Lebensumständen zu trotzen, Veränderungen zu erdulden, sich wieder zu reorganisieren und mit viel Kraft zu regenerieren, sind das Um und Auf für ein zufriedenes Leben, in dem man mit sich selbst im Einklang ist.

Kreativität

Ernst Ulrich von Weizsäcker ist seit 2012 auch Co-Präsident des „Club of Rome“. Es handelt sich dabei um eine nicht kommerzielle Organisation, die einen globalen Gedankenaustausch zu verschiedenen internationalen politischen Fragen betreibt. Die Mitglieder sind Persönlichkeiten aus Wissenschaft, Kultur, Wirtschaft und Politik aus allen Regionen der Erde. Das Ziel ist, sich für eine lebenswerte und nachhaltige Zukunft der Menschheit einzusetzen. Weizsäcker hat 1995 gemeinsam mit dem US-amerikanischen Physiker Amory B. Lovins und der Soziologin und Politikwissenschaftlerin L. Hunter Lovins in einem Bericht an den Club of Rome eine ökologische Weltformel kreiert und nannte sie „Faktor Vier – Doppelter Wohlstand, halbierter Naturverbrauch“. Der Umweltforscher hielt damit die Halbierung des Naturverbrauchs bei einer Verdoppelung des Wohlstands für möglich. Es ging um die Forderung der vierfach effektiveren Nutzung der Ressourcen aller Branchen und Produkte des technischen Fortschritts. Nur ein Beispiel ist der seit Jahren sinkende Energieverbrauch von klassischen Haushaltsgeräten wie der eines Kühlschranks oder einer Waschmaschine. Weizsäcker erinnert sich im Gespräch mit mir an diesen „kreativen Akt", der Anfang der 1990er-Jahre begann: „Ich war gerade Gründungspräsident des Wuppertal Instituts geworden und holte einen Freund von mir, Friedrich Schmidt-Bleek, der damals im Institut in Laxenburg bei Wien arbeitete, an mein Institut. Er sagte, wir müssen zehnmal so gut werden im Umgang mit Materialien. Und dann dachte ich, ein Faktor 10 ist eine tolle Forderung, aber meine Energieabteilung und die Verkehrsabteilung sagten, das ist vollkommen utopisch. Ich dachte, nennen wir es doch ‚Faktor Vier': viermal so effiziente Autos bauen, viermal so energieeffiziente Häuser, viermal so wenig Tonnen CO_2 und viermal so gutes Recycling bei Materialien. Mit dem Begriff ‚Faktor Vier' kann man Dinge, die nichts miteinander zu tun haben, wie etwa Recycling von Blei und die Transportintensität von Erdbeerjoghurt auf einen Nenner bringen, und das war in gewissem Sinn eine kreative Leistung. Durch eine wirklich abenteuerlich kühne, ungewöhnliche Zusammenführung von ganz verschiedenen Dingen ist etwas entstanden, das in der Politik auf einmal einen Namen hatte und fassbar war, politisierbar."

Diese Nachhaltigkeitsformel des Wuppertal Instituts hat eine Qualitätsprüfung durch den deutschen Wissenschaftsrat überstanden. Weizsäcker weiß, dass in der Wissenschaft gigantische Mengen an Zahlen, Mathematik und Statistik mehr Ansehen genießen als „Vereinfachungen". 2010 hat Weizsäcker mit seinen Co-Autoren Karlson Hargroves und Michael Smith das noch ehrgeizigere Ziel „Faktor Fünf – die Formel für nachhaltiges Wachstum" in einem neuerlichen Bericht an den Club of Rome ausgerufen. Das Ziel lautet jetzt, fünfmal so viel Wohlstand aus einer Einheit Ressource wie einer Kilowattstunde, einem Kubikmeter Wasser oder anderen Rohstoffen herauszuholen.

„Es gibt keinen Lift zum Erfolg, du musst die Stufen nehmen."
Florian Gschwandtner

Florian Gschwandtner hat zwei „geniale Techniker" in Hagenberg als Studienkollegen. Rene Giretzlehner und Christian Kaar haben im Rahmen eines Projekts GPS-Tracking für Segelboote entwickelt, es geht um den zurückgelegten Weg mit exakten Koordinaten, der damit aufgezeichnet werden konnte. Gschwandtner war damals noch nicht aktiv mit an Bord. Christian Kaar bewarb sich bei TomTom in den Niederlanden, dem weltweit führenden Anbieter von Navigationslösungen, Verkehrsinformationen und Karten. Er wurde genommen und organisierte sich eine Wohnung. In der Zwischenzeit stand für Gschwandtner fest, er will selbstständig sein. Und als eines Tages Rene zu ihm kam und sagte: „Du kannst verkaufen und ich programmiere, machen wir doch etwas gemeinsam", war alles klar. Gschwandtner hatte genau zu diesem Zeitpunkt das Fach „Entrepreneurship" an der Universität und lernte, wie man einen Businessplan schreibt. Er fragte noch Alfred Luger und plötzlich waren sie zu dritt. Für Christian Kaar gab es eine Abschlussparty und T-Shirts mit dem Aufdruck „Österreich – Niederlande" als Geschenk. Doch die Finanzkrise 2008 sollte ihm einen Strich durch die Rechnung machen, negativ für TomTom, positiv für die Freunde zu Hause. Wegen der schlechteren Quartalszahlen rief die niederländische Weltfirma einen Aufnahmestopp aus und nur zwei Tage vor dem Abflug teilten sie Christian Kaar mit: „Es wird nichts." Vier junge motivierte, „sture und naive" Männer wollten jetzt erst recht durchstarten. Sie trafen sich in einer fünfzig Quadratmeter Wohnung und legten dort den Grundstein für die Entwicklung einer App, die nicht für Segler, sondern für Läufer interessant ist. Mit dieser können Laufbegeisterte ihre Läufe dokumentieren, verwalten und die Ergebnisse via Social Media teilen. Sie werden zu den Runtastic-Four.

Gschwandtner weiß, wie schwierig es ist, Ideen auf den Boden zu bringen, sie umzusetzen, da würde sich die Spreu vom Weizen trennen, da braucht es „Ehrgeiz, Durchhaltevermögen, man geht den harten Weg". Kurz vor unserem Treffen hat er auf Facebook ein Zitat gepostet: „If you would like to have success, there is no elevator to success, you have to take the stairs. – Es gibt keinen Lift zum Erfolg, du musst die Stufen nehmen, und die sind nicht nur oft steinig und gehen einmal links und dann wieder rechts, sondern da kann man auch mal zurückfallen und wieder runter." Vor dem Fallen braucht man dann aber keine Angst zu haben, denn „If you fall, I'll be there – the floor. Vielleicht brichst du dir dein Schlüsselbein, aber ansonsten einfach wieder aufstehen und weitermachen." Wenige Monate vor unserem Gespräch habe ich einer seiner Präsentationen gelauscht. Hängen geblieben ist bei mir die konkrete Hilfe für die Umsetzung von Ideen und kreativem Output: Jeden ersten Donnerstag im Monat steht der DONI, der Day of New Ideas, auf dem Plan. Eine geniale Unternehmensmethode, die sicher viele Nachahmer finden wird.

Quelle:
Runtastic

In der Geschichte gab es viele brillante Ideen, die nicht gleich als solche erkannt wurden, heutzutage aber nicht mehr wegzudenken sind. Der deutsche Psychologe und Risikoforscher Gerd Gigerenzer hat die bekanntesten Beispiele in seinem brillanten Werk „Risiko" zusammengefasst:

Telefon

Graham Bell will 1876 sein Patent für 100.000 Dollar verkaufen. Die Western Union, die größte amerikanische Telegrafengesellschaft, weigert sich. Der Grund: Menschen seien nicht gescheit genug, um mit einem Telefon umzugehen, man könne den Leuten den Umgang mit technischen Nachrichtengeräten einfach nicht zutrauen. In England wiederum meinten Fachexperten: „Das Telefon mag für unsere amerikanischen Vetter angemessen sein, aber nicht hier, weil wir in ausreichendem Maße mit Botenjungen versorgt sind."

Glühlampe

Der britische Parlamentsausschuss bewertet die Glühlampen von Thomas Edison: Sie seien „gut genug für unsere transatlantischen Freunde [...], aber der Aufmerksamkeit praktisch oder wissenschaftlich denkender Männer nicht wert".

Rundfunk

„Der Rundfunk hat keine Zukunft", meinte Lord Kelvin, ehemaliger Präsident der Royal Society, um 1897.

Eisenbahn

„Der Schienenverkehr mit hohen Geschwindigkeiten ist unmöglich, weil die Passagiere, unfähig zu atmen, an Asphyxie (Erstickung) sterben würden." Dr. Dionysius Lardner (1793–1859), Professor am University College, London, und Verfasser eines Buches über Dampfmaschinen, war einer von mehreren Ärzten, die prophezeiten, dass die rasche Bewegung der Züge Tod oder Hirnverletzungen bei Reisenden und Schwindelanfälle bei Beobachtern hervorrufen würde.

Auto

Pionier Gottlieb Daimler (1834–1900) glaubte, es würde weltweit aus Mangel an geeigneten Fahrern nie mehr als eine Million Autos geben. Daimler war der Meinung, nur mit Chauffeuren die Automobile bedienen zu können.

Computer

1943 konstruierte Howard Hathaway Aiken den Computer Mark I für IBM und glaubte, dass mit sechs Großcomputern der landesweite Bedarf gedeckt wäre. Die Voraussage beruhte auf der falschen Annahme, dass Computer nur für die Lösung von wissenschaftlichen Problemen sinnvoll seien.[103]

Ob Schriftstellerin oder Erfinder, ein schmales Notizbuch, das man immer bei sich trägt, leistet gute Dienste. Thomas Edison führte so ein Notizbuch bei sich, in dem er seine Gedanken, Ideen und Beobachtungen notierte. Er hat sich in Zeiten der mangelnden Inspiration mit seinen Aufzeichnungen beschäftigt und oft sind ihm aus alten Ideen neue gekommen. Rund 3500 Notizbücher hat man in seinem Nachlass gefunden. Er hatte das von Leonardo da Vinci übernommen, der angeblich immer ein derartiges Büchlein an seinem Gürtel trug und bereits als junger Künstler seine Skizzen, Entwürfe, Ideen und Gedanken darin festhielt.[104]

Das Bewusstsein, etwas Besonderes zu sein

Im Zuge einer experimentellen Studie an der Cornell und der Vanderbilt University sind Emily M. Ziteka und Lynne C. Vincent zu dem Schluss gekommen, dass es einen Katalysator für kurzfristige Kreativitätsschübe gibt: „Das Bewusstsein, etwas Besonderes zu sein." Von 99 Teilnehmern hatte die eine Hälfte die Aufgabe, sich drei Gründe zu überlegen, warum er oder sie (und nicht die anderen) seinen oder ihren Lebenstraum erfüllt bekommen sollten. Die andere Hälfte der Probanden sollte drei Gründe angeben, warum sie sich besser nicht darauf verlassen sollte, den Plan fürs Leben ohne große Hindernisse und Rückschläge umsetzen zu können. Diese Vorbereitung wird in der Psychologie „Priming" genannt. Der Kopf ist eine pausenlose Assoziationsmaschine und bestimmt zu einem beträchtlichen Teil Emotionen, Verhalten und Leistungsfähigkeit, die letztlich über Sieg und Niederlage entscheiden können. Nachdem sich die Studienteilnehmer vorbereitet hatten, sollten sie folgende Aufgabe lösen: Was kann man alles mit Büroklammern anfangen, außer seinen Papierkram zu ordnen? Die Probanden, die sich zuvor positiv auf den ihnen zustehenden Erfolg vorbereitet hatten, zeigten sich deutlich kreativer als die andere Gruppe. Reine „Selbstverliebtheit" sorgt aber nicht automatisch für den „kreativen Kick", warnen die Studienautorinnen Ziteka und Vincent. Kurzfristiges Ego-Boosting wäre aber ein gutes Instrument für Coaches, Manager oder als Selbsthilfe.[105]

Denken Sie über den Tellerrand, senkrecht und quer

Worte und Gedanken beeinflussen die physische Leistung. Wir haben gelernt, dass unser Gehirn bequem ist und Denken viel Energie benötigt. Deshalb ist es auch kein Wunder, dass wir je älter wir werden, umso lieber auf eingefahrenen Pfaden des Denkorgans wandeln, und nicht über den Rahmen an Erfahrungen hinaus.

Ich laufe gerne viel und oft mit meinem Hund durch den Wald, immer auf zwei fixen Strecken. Auch hier bin ich bequem und nehme seit Jahren die gleichen Wege, querfeldein etwas zu erkunden, würde mir nicht einfallen. Gewohnheiten haben erstaunliche Parallelen mit der Lebens- und Berufsführung von Menschen. Ein Freund von mir läuft dagegen immer wieder neue Routen. Er probiert auch in seinem Job immer Neues aus. Vielleicht brauche ich das Gefühl der Sicherheit auf der Strecke, um mich im Notfall nicht zu verirren. Nachdem ich diesen Absatz geschrieben hatte, erweiterte ich beim nächsten Mal die Strecke. Das kann ja nicht so schwer sein, dachte ich und siehe da, ich entdeckte inmitten einer Lichtung einen wunderschönen Teich, eine Quelle voller Inspiration. Man sollte also öfters seine eingefahrenen Gedankenwege verlassen. „Denken Sie senkrecht und quer", ist eine der Voraussetzungen für Kreativität. Dazu gibt es eine klassische Aufgabe. Nehmen Sie einen Stift und verbinden Sie, ohne abzusetzen, alle neun Punkte miteinander mit maximal vier Linien. Lassen Sie sich Zeit.

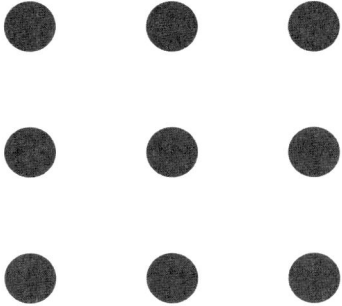

Dieses Beispiel zeigt, wie sehr wir uns an den oben beschriebenen Tellerrand oder Rahmen von Erlebnissen gewöhnen und halten. Es gilt aber, genau diese Grenzen zu sprengen und außerhalb der gewohnten Bereiche nach Lösungen zu suchen. Und wer sagt, dass es nur eine Lösung gibt oder es nur gerade Linien sein müssen?

1. Kinderlösung: mit einem fetten Filzstift alle Punkte verbinden. Hierfür muss man aus dem Viereck nicht einmal heraus.
2. Legen Sie die Seite mit den Punkten auf den Fußboden, ziehen Sie eine Linie durch die ersten drei Punkte und machen Sie sich mit einem Stift in der Hand auf eine lange Reise um den Erdball. Wenn Sie eine Runde hinter sich haben und wieder bei der Seite angekommen sind, ziehen Sie eine Linie durch die nächsten drei Punkte und marschieren Sie noch einmal um die Welt. Beim nächsten Mal müssen Sie nur noch die letzten drei Punkte verbinden und das Rätsel ist gelöst. Es ist eine lange Linie, aber es ist eine Linie.
3. Ein japanisch inspirierter Lösungsweg, der auf Origami beruht: Wenn man das Papier in einer ganz bestimmten Art faltet, kann man, die nötige Geduld und Übung vorausgesetzt, alle neun Punkte auf eine Linie bringen. Anschließend braucht man nichts weiter zu tun, als einfach einen Strich durch die Punkte zu ziehen und fertig.
4. Die häufigste Lösung finden Sie auf der Seite 274.[106]
5. Um Ihnen den Spaß nicht zu verderben, suchen Sie selber nach einer fünften Lösung.[107]

Auch wenn eine Frage klar ist, kann man deren Grenzen verlassen. Albert Einstein wurde einmal gefragt, was ihn von einem normalen Forscher unterscheide: „Wenn man Sie nach der Nadel im Heuhaufen suchen ließe, so würden Sie suchen, bis Sie sie gefunden haben, wohingegen ich so lange suchen würde, bis ich alle Nadeln gefunden habe."[108]

Der erste Kreativitätstest der Welt

Der amerikanische Psychologe und Intelligenzforscher Joy Paul Guilford wird als Vater der Kreativitätsforschung gesehen. Interessant ist sein großes Misserfolgserlebnis, bevor er den ersten Test für Kreativität entwickelt hatte. Er musste während des Zweiten Weltkriegs gemeinsam mit einem Air-Force-Piloten im Ruhestand Persönlichkeitstests zur Auswahl der besten Kandidaten für den Dienst als Bomberpilot auswerten. Guilford verwendete hierfür Intelligenztests, ein Notensystem und persönliche Interviews. Der Offizier i. R. hatte keinerlei psychologische Ausbildung. Das Problem war: Beide entschieden sich für unterschiedliche Piloten. Bei einer Auswertung sollte sich herausstellen, dass jene Piloten, die Guilford ausgesucht hatte, öfter abgeschossen wurden als die vom Fliegeroffizier vorgeschlagenen. Der ehemalige Kampfflieger fragte die Piloten: „Was würden Sie tun, wenn Sie beim Flug über Deutschland in Flugabwehr-Feuer gerieten?" Alle, die antworteten: „Ich würde steigen!", schloss er aus. Alle anderen, die etwas sagten wie: „Ich weiß nicht, ich würde sinken" oder „Ich würde ausweichen" oder „Ich würde eine Rolle machen und versuchen, dem Beschuss auszuweichen, indem ich den Kurs ändere" gaben laut Regelbuch die falsche Antwort, wurden aber vom pensionierten Offizier genommen. Den Deutschen war bekannt, dass die Beschossenen nach oben steigen. Dort warteten jedoch die anderen Kampfflugzeuge, um sie abzuschießen. Die kreativeren Piloten überlebten somit weit häufiger als andere, womöglich intelligentere Piloten, die sich strikt an die Anweisungen hielten. Kreativität ist ein Talent, erkannte Guilford und entwickelte die erste Methode, um die geeignetsten Kandidaten mit Kreativität und Improvisation herauszufiltern. Eine der ersten Aufgaben war es, so viele unterschiedliche Anwendungen wie möglich zum Beispiel für einen Ziegelstein zu finden. Heute gilt: 50 Möglichkeiten in 15 Minuten.[109] Ich habe es mit meinem Sohn und dem Ziegelstein gleich probiert und haushoch gegen ihn verloren. Es geht darum, mit einfachsten Mitteln die Grenzen unserer Vorstellung zu sprengen.

Die zutreffendste Beschreibung von Kreativität stammt vom kroatisch-amerikanischen Psychologen Mihály Csíkszentmihályi. Nach zahlreichen Interviews mit Nobelpreisträgern und anderen geistreichen Wissenschaftlern sagt er, es sei ein komplexes System und es zähle keine einzelne Komponente. Er konnte auch keinen einheitlichen Persönlichkeitsstil ausmachen. Seiner Analyse nach bilden kreative Personen keine „individuelle Einheit", sondern eine „individuelle Vielheit". Sie vereinen seiner Meinung nach paradoxe Eigenschaftskombinationen.

- Dynamik und Ruhe
- Weltklug und naiv
- Disziplin und Spielerisches
- Fantasie und Realitätssinn
- Extraversion und Introversion
- Demut und Stolz
- Maskulinität und Feminität
- Traditionell und rebellisch
- Leidenschaft und Objektivität
- Leid versus intensive Freude[110]

Der letzte Punkt gefällt mir besonders. Ideenreiche Menschen fühlen sich manchmal himmelhoch jauchzend und dann wieder zu Tode betrübt. Ein dauerpubertärer Zustand als Quelle der Kreativität? Ein tröstlicher Gedanke, dass reine Gelassenheit und beste Persönlichkeitseigenschaften nicht des Ideenreichtums letzter Schluss sind. Physische Energie lässt man sich zeitweise von unliebsamen Situationen oder Personen rauben. Ich ärgerte mich einmal über eine Interviewpartnerin und erzählte das meiner Moderationskollegin Verena Scheitz. Sie schüttelte nur den Kopf und sagte: „Liebe Claudia, du lässt so einer Person zu viel *Raum*!" Ich weiß, erwiderte ich schuldbewusst, aber wie kann ich das verhindern? „Ganz einfach. Wechsle doch die Räume! Die lieben Menschen nimmst du gedanklich mit in den Ballsaal, die anderen steckst du in die Besenkammer." Ich musste herzlich lachen und dieser Satz wurde ab diesem Moment zu einem meiner Popcorn-Sätze. Der Besenraum in meiner Vorstellung ist übrigens so richtig klein und stickig.

Mit *Räumen* soll auch der US-amerikanische Filmproduzent Walt Disney gearbeitet haben. Robert B. Dilts schrieb über den Zeichentrickpionier: „There were actually three different Walts: the dreamer, the realist, and the spoiler."[111]

Der falsche und der richtige Raum

Man erzählt sich, dass Walt Disney in seinem Anwesen drei ganz spezielle Räume eingerichtet hatte.

Das eine war das **Zimmer des Träumers**. Hier sah es aus wie in einem Kinderzimmer eines großen Jungen. Walt Disney zog sich hierher zurück und ließ seiner Fantasie freien Lauf. Hier spann er die Ideen, die er später mit immer größerem Erfolg umsetzte. Seine Maxime führte später zum Leitsatz seines Konzerns: „Wir machen Menschen glücklich!"

Nachdem er seine Ideen etwas sacken gelassen hatte, ging er mit ihnen in den nächsten Raum. Es war das **Zimmer des Realisierers** (nicht mit Realisten zu verwechseln). Die Ausstattung des Raumes war eher nüchtern und von einer Arbeitsatmosphäre geprägt. Seine Gedanken drehten sich hier um all das, was es brauchte, um seine Ideen oder Träume Wirklichkeit werden zu lassen. Im Raum soll auch nur das, was er zur Realisierung seiner Ideen benötigte, zu finden gewesen sein – wie etwa ein großer Schreibtisch.

Zum Schluss wechselte er in den dritten Raum: das **Zimmer des Kritikers**. Es war etwas enger und trister eingerichtet als die Räume davor. Hier setzte er sich ganz bewusst eine „graue Brille" auf und stellte sich viele Fragen. Fragen, die ihm ein fremder Dritter, z. B. ein Finanzier, auch stellen würde. Wusste er keine Antworten, dann ging er mit der Suche nach einer solchen wieder in den ersten Raum und begann erneut nachzudenken.

Robert B. Dilts entwickelte darauf basierend die „Disney method": Ein Problem oder eine Idee wird von drei Blickwinkeln aus betrachtet.

- Der Träumer ist der Visionär und Ideenlieferant. Er ist subjektiv orientiert und enthusiastisch. Praktische Urteile zu einer Idee oder Analyse fällt er nicht. Die Träumer nutzen in dieser Phase ihre rechte beziehungsweise kreative Gehirnhälfte, um Visionen und Ziele zu entwickeln Hierbei darf ohne Grenzen „gesponnen" werden, ohne Vorgaben und Einschränkungen. Jeder noch so chaotische und verrückte Ansatz ist die Chance für eine neue Idee.
- Der Realisierer ist der Macher. Es werden pragmatisch-praktische Standpunkte eingenommen, Pläne entwickelt und notwendige Arbeitsschritte und Arbeitsmechanismen untersucht. Realisierer ziehen sich mit den gewonnenen Ideen zurück und stellen sich folgende Fragen: Was muss getan oder gesagt werden? Was wird für die Umsetzung benötigt (Material, Menschen, Wissen, Techniken)? Was fühlt man bei dieser Idee? Welche Grundlagen sind schon vorhanden? Kann der Ansatz getestet werden? Die Realisierer testen wirklich jede Idee, bevor diese an die Kritiker weitergegeben wird. So entpuppen sich manche auf den ersten Blick noch so unrealistische Ideen als umsetzbare, innovative Ansätze.
- Der Kritiker ist der Qualitätsmanager, die Kontrollinstanz. Diese Person prüft die Vorgaben der anderen. Das Ziel ist eine konstruktive und positive Kritik, die hilft, mögliche Fehlerquellen zu identifizieren. Die Analyse beinhaltet folgende Fragen: Was könnte verbessert werden? Was sind die Chancen und Risiken? Was wurde übersehen? Wie denke ich über den Vorschlag? Der Kreativitätsprozess gilt als abgeschlossen, wenn keine weiteren relevanten Fragen offen sind und wenn abzusehen ist, dass ein weiterer Durchlauf keine Optimierung bringt.[112]

Diese Methode kann sowohl von Einzelpersonen als auch von Gruppen angewendet werden. Sie ist besonders hilfreich, wenn es darum geht, Ziele und Visionen zu konkretisieren und alltagstauglich zu gestalten. Als Kreativitätsmethode funktioniert sie mit einer zusätzlichen vierten Rolle des „Neutralen" noch besser.

- Der Neutrale (Beobachter, Berater)

Wenn schwierige Entscheidungen, Fragen oder Ideen zu klären sind, können diese auf spielerische Weise visualisiert und vielleicht gelöst werden. Vier Stühle werden mit diesen vier Rollen markiert, sodass jeder immer die Rolle der anderen erkennen kann. Als Methode für den Einzelnen beginnt man auf der neutralen Position und analysiert das Problem. Dann bewegt man sich zu einer der anderen Positionen, nimmt diese Rolle ein und argumentiert aus dieser Perspektive heraus. Man verändert die Positionen im Wechsel so lange, bis die Idee so ausgereift wie möglich ist. Die zuletzt eingenommene Position ist wieder die neutrale. Der Ursprung dieser Methode ist das 6-Hut-Denken (Six Thinking Hats) des britischen Kognitionswissenschaftlers und Mediziners Edward de Bono. Die Beteiligten setzen jeweils einen Hut oder eine Kappe auf. Der weiße Hut steht dafür, Informationen zu sammeln, ohne zu werten, neutral zu sein. Der rote Hut symbolisiert die gesamte Palette der Emotionen und damit eine subjektive Haltung. Der schwarze Hut sucht nach den sachlich objektiven, negativen Aspekten eines Vorhabens oder Produkts. Für das Gegenteil steht der gelbe Hut, er versinnbildlicht die Chancen und Pluspunkte, ein Best-Case-Szenario. Der grüne Hut sucht mit viel Kreativität nach allen möglichen Alternativen, und die blaue Kopfbedeckung steht für den Prozessüberblick, die Big-Picture-Haltung, das Treffen von Entscheidungen.[113]
Komplexe Problem- oder Fragestellungen werden effektiver und kreativer gelöst, wenn wir sie von unterschiedlichen Positionen aus betrachten. Das wollte ich einmal auf eine andere Weise in der Praxis erproben. Ich moderiere gerne große Galaveranstaltungen. Im April 2015 war es die Verleihung eines großen Wirtschaftspreises einer Tageszeitung. Sie fand in Kärnten statt, wo seit Monaten der Bankenskandal rund um die Hypo ihren Ausgang gefunden und nicht nur

dort ein großes finanzielles Desaster hinterlassen hat. Der gesamte Blick richtet sich nur auf diese wirtschaftliche Katastrophe und lässt die Zukunftsperspektive düster aussehen. Im Lichte der großen Leistungen von Menschen in Unternehmen und Tourismusbetrieben kann man den Schatten des riesigen Finanzskandals an so einem Abend nicht vertreiben oder totschweigen. Mein Kreativitäts-Booster, das Laufen, ließ mich an einen meiner Lieblingsfilme denken: „Der Club der toten Dichter". Bei der berühmtesten Szene steigt John Keating, alias Robin Williams, auf den Tisch, um einen Perspektivenwechsel zu demonstrieren, den Blickwinkel zu ändern.

„Keating: ‚Warum stehe ich hier oben?'
Schüler: ‚Um größer zu sein!'
Alle lachen.
Keating: ‚Nein – aber danke fürs Mitspielen! Ich hab mich auf den Schreibtisch gestellt, um mir klar zu machen, dass wir auch alles aus einer anderen Perspektive sehen müssen.'
Er dreht sich auf dem Tisch um und schaut.
Keating: ‚Von hier oben sieht alles anders aus. Glauben Sie mir nicht? Dann steigen Sie selbst hier hoch. Kommen Sie! Gerade wenn man glaubt, was zu wissen, muss man es aus einer anderen Perspektive sehen, selbst wenn es einem albern vorkommt und unnötig erscheint. Man muss es versuchen. Und wenn Sie lesen, vollziehen Sie nicht nur die Gedanken des Autors. Berücksichtigen Sie auch, was SIE denken.
Ein Schüler schaut und steigt wieder vom Tisch und meint: ‚Ist tatsächlich so.'
Keating: ‚Gentleman, Sie müssen sich um eine eigene Perspektive bemühen und je länger Sie damit warten, umso unwahrscheinlicher ist es, dass Sie sie finden. Der Schriftsteller Henry David Thoreau sagte: ‚Die meisten Menschen führen ein Leben in tiefer Verzweiflung', finden Sie sich nicht damit ab. Brechen Sie aus! Stürzen Sie nicht in den Abgrund wie die Lemminge. Sehen Sie sich um.'
Die Pausenglocke läutet.
Keating: ‚Haben Sie den Mut Ihren eigenen Weg zu suchen.'
Auf dem Weg nach draußen sagt Keating: ‚Zusätzlich zum Aufsatz schreibt jeder von Ihnen ein eigenes Gedicht, ein selbstständiges Werk!'"[914]

Gedicht ließ ich keines schreiben, aber ich stieg mit Abendkleid und Hilfe eines Gastes bei dieser Gala für die Anwesenden völlig überraschend auf einen Tisch mitten im Saal. Ich moderierte von dort oben aus weiter, um so den Menschen diesen notwendigen Perspektivenwechsel in Bezug auf die wirtschaftlich schlechte Lage durch den Bankenskandal der Kärntner Hypo sichtbar zu demonstrieren. Nach der Veranstaltung sagte ein Unternehmer zu mir, er werde am nächsten Tag seine Mitarbeiter zu einem ähnlichen Blickwechsel verpflichten.

Der Zufall und das liebe Glück

„Wenn ich im Schlafsack gesteckt wäre, der ist immer zu bis ganz oben, dann hätte ich keine Chance gehabt." Gerlinde Kaltenbrunner

Der Rucksack und die Sehnsucht nach Freiheit waren Gerlinde Kaltenbrunners erste Begleiter ins selbstständige Leben und das begann früh. Im Alter von 13 Jahren hat sie schon während ihrer Ausbildung in der Skihauptschule Windischgarsten ihre erste leichte Klettertour unternommen. Der Leiter der Jugendgruppe in ihrer oberösterreichischen Heimatgemeinde Spital am Pyhrn, der Gemeindepfarrer Erich Tischler, hat Gerlinde Kaltenbrunner immer wieder nach der sonntäglichen Messe auf zahlreiche Bergtouren mitgenommen. Mit 14 Jahren sind der Zweitjüngsten von sechs Kindern schon „Selbsterziehung und Selbstverantwortung" wichtig. Die älteste Schwester, sie war Krankenschwester von Beruf, war das Vorbild der jungen Gerlinde. So ging sie mit ihr unerlaubterweise manchmal in deren Nachtdienst mit. Das gefiel ihr so gut, dass sie den gleichen helfenden Pflegeberuf lernte, den sie außerordentlich gerne neun Jahre ausgeübt hat. Fast das gesamte Gehalt steckte sie in ihre Bergexpeditionen. Der berufliche Background sollte ihr auch beim Extrembergsteigen immer wieder eine große Hilfe sein. Zum einen halfen ihr das Wissen über den Körper und die Ernährung sowie andererseits Kenntnisse in der Ersten Hilfe, die in entlegenen Gegenden in Pakistan oder Nepal immer wieder mal zum Einsatz gekommen sind.

Auf ihrer Homepage kann man den Satz „Unterschätze niemals die Kraft deiner Träume" finden. Von Jugend an war es ihr Traum, einen Achttausender zu bewältigen. Gerlinde Kaltenbrunner wurde als erste Frau mit der Besteigung aller 14 Achttausender ohne Flaschensauerstoff die beste Höhenbergsteigerin der Welt.

Beim Extrembergsteigen wird einem in außergewöhnlichen Situationen alles abverlangt. Dabei können Zufall und Glück eine Rolle spielen, wie es bei Gerlinde Kaltenbrunner der Fall war, als sie 2007 zum ersten Mal mit ihrer „eigenen Vergänglichkeit konfrontiert" wurde und ums Überleben kämpfen musste. Ihr Glück war, *keinen* Schlafsack dabei zu haben und dieser Umstand war purer Zufall. Die Alpinistin war 2007 mit drei Spaniern auf den 8167 m hohen Dhaulagiri unterwegs. Es waren nicht ihre Teamkollegen, aber auf dem Berg wächst man immer zusammen. Ihre Erzählung hat sich tief in mein Gedächtnis und in meine Seele gebrannt, mir stockte während unseres Gesprächs in Linz fast der Atem, sie hat mich mit ihrer detaillierten Schilderung in das Lawineninnere mitgenommen.

„Ich hatte mein Zelt am Vorabend auf 6600 Meter aufgestellt. In der Früh wollte ich mit den Spaniern gemeinsam weitersteigen. Sie waren daneben in ihrem Drei-Mann-Hochlagerzelt, das sie bereits zwei Wochen zuvor aufgestellt hatten. Dessen Zeltboden war am Eis angefroren. Ich habe mein Zelt immer im Rucksack dabei, baue es immer auf und ab. Das sollte mir letztendlich das Leben retten, weil mein Zeltboden nicht angefroren war, ich hatte es nur mit meinen Eisgeräten und Firnankern verankert. In der Früh hat es sehr stark gestürmt. Um sechs Uhr wollten wir aufbrechen, aber es war unmöglich. Wir entschieden, um neun Uhr weiterzuschauen. Es war wieder nicht besser und Riccardo kommt zu mir und sagt, ‚Gerlinde, what do you think?' Wir verabredeten, dass wir warten würden, bis der Sturm nachlässt, und dann absteigen. Das war das letzte Gespräch, das ich mit ihm haben sollte. Ich mache den Reißverschluss von meinem Zelt zu und lege mich auf meine Matte. Ich hatte meinen Daunenanzug an; Gott sei Dank hatte ich keinen Schlafsack. Ich lege mich zurück, trinke noch einen Becher Wasser und im nächsten Moment, von einer Sekunde auf die andere, reißt

es mich mit dem Zelt weg und ich habe sofort realisiert: Lawine! Es hatte mich oft überschlagen und ich hatte nur einen Gedanken im Kopf: Da unten kommt ein Felsabbruch, da geht's tausend Meter runter. Ich hatte nur noch das vor Augen, wann kommt der Moment, wo es mich da drüber schmeißt. Er ist nicht gekommen. Es ist auf einmal Stillstand gewesen und ich wusste nicht, bin ich oben oder unten, ich hatte keine Orientierung, aber ich konnte atmen, bekam Luft, war aber mit den Beinen im Schnee total eingepackt, ich habe mich überhaupt nicht bewegen können. Es war nicht so, wie das manche beschreiben, das in diesem Moment das Leben wie in Kurzform vorbeizieht, sondern es war nur Stillstand und der Gedanke, wie komm ich da jetzt raus? Sofort!

Ich lag auf der linken Schulter und rechts konnte ich den Arm etwas bewegen. Die Zeltplane war ganz nah bei meinem Gesicht. Es war nicht stockdunkel. Das habe ich gespürt. Ich habe versucht, die Hand zu meinem Sitzgurt zu bringen, da habe ich immer ein Messer angebracht, ich erwische es und habe mit dem Messer einen Schlitz ins Zelt hinein gemacht. Das war auch der Moment, wo ich dachte, wenn ich hineinschneide, hoffentlich ersticke ich jetzt nicht, wenn sich der Schnee hineindrückt. Ich wusste ja nicht, wie viel Schnee oben war, denn dann wäre es vorbeigewesen. Das war es nicht. Ich versuche sofort die Hand rauszuschieben und bin ins Freie gekommen. Es waren vielleicht vierzig Zentimeter lockerer Schnee über mir. Schnee raus, ich merke, es kommt mehr Sauerstoff, ich kann besser atmen und mich befreien. Ich stehe ohne Schuhe draußen. Ich grabe nach meinen Schuhen, weil sonst die Zehen gefrieren. Ich finde sie. Dann habe ich nach der Brille gegraben, denn ohne wird man schnell schneeblind. Dann eile ich rauf, um zu schauen, wo die Spanier sind. Dort, wo ich sie vermutet habe, habe ich zu schaufeln angefangen. Erst habe ich geglaubt, es sind alle drei im Zelt. Ich habe aber nur zwei gefunden, Santi und Riccardo. Ich schrie immer wieder die Namen, das war so ein Nicht-wahrhaben-Wollen, dass sie tot sind. Ich dachte, jetzt bin ich völlig allein am Berg. Den beiden hat es das Zelt nicht weggerissen, die waren total einbetoniert mit einer eineinhalb Meter dicken Schneedecke drauf. Es gab keine Hilfe mehr für sie. Dann *der Gedanke, wo ist Harvey? Denn da war noch ein Zelt ganz weit links gewesen. Das war auch zugeschüttet. Ich habe mehrmals seinen Namen geschrien. Harvey! Harvey! Dann finde ich das Zelt. Es war total zugedeckt. Ich schaufle den Eingang aus und schrei weiter nach Harvey! Auf einmal schaut Harvey aus dem Zelt heraus und sagt: ‚Gerlinde, Gerlinde, what happend?‘ Er erzählt, dass er geschlafen habe und ständig seinen und die Namen seiner Freunde gehört habe, aber geglaubt hat, er träumt das und hat deswegen nicht reagiert. Es war ein Schock für ihn, als ich ihm alles erzählte.“*

Vor dem Unglück machte sie auf 5500 m ein Depot mit ihrem Material, das in einem wasserdichten Sack gut verschlossen war: Zelt, Schlafsack, ein Kocher, Gaskartusche. Sie schaufelte ein Loch, steckte alles rein und markierte es mit einem Fähnchen. Es waren auch andere Expeditionen mit Sherpas unterwegs, die alle Depots vor dem Abstieg ausgegraben und so ihren Schlafsack mitgenommen haben. Kaltenbrunner ärgerte sich, dachte dann aber sofort, sie hat schon öfter nur im Daunenanzug geschlafen. Dieser Umstand hat ihr das Leben gerettet: „Wenn ich im Schlafsack gesteckt wäre, der ist immer zu bis ganz oben, dann hätte ich keine Chance gehabt, da wäre ich voll eingepackt gewesen, ich hätte mich nicht rühren können und wäre unmöglich rausgekommen.“

Damals brauchte Kaltenbrunner Zeit, um zu sich zu finden, begriff das Leben als einen Kreislauf ewigen Wiederkehrens. Tod und Leben gehören dazu, und es kann immer und überall passieren. Das Geschehene hat sie in ihr Leben integriert. Die Trauer zugelassen und „oft geweint“. Geholfen hat Kaltenbrunner dabei ihre frühere Arbeit als Krankenschwester auf einer Station mit dem Schwerpunkt Onkologie, wo sie bei Krebspatienten auch die Sterbebegleitung gelernt hat.

„Glück gehabt!“, „Wenn man kein Glück hat, kommt Pech auch noch dazu.“ – Wir kennen sie alle, die Sprüche rund um Fortuna. Glück wird von den meisten als Schicksal gesehen, das man nicht beeinflussen kann. Wo es im Deutschen nur ein Wort dafür gibt, gibt es im Lateinischen zwei: Fortuna und Felicitas.

Mit Fortuna ist jenes Glück gemeint, das sich dem puren Zufall verdankt und jemandem ohne eigenes Zutun unverdient in den Schoß fällt wie ein Lotteriegewinn oder das Überleben eines schweren Unfalls ohne gravierende Verletzungen. Es wird als „blindes" Glück bezeichnet. Es lässt sich nicht erzwingen oder manipulieren.

Das Wort Felicitas hingegen verweist auf das Glück im Fleiß. Der deutsche Soziologe Gerhard Schulze bezeichnet es als Versuch, sein Glück selbst zu gestalten. Man ist an dessen Zustandekommen entscheidend mitbeteiligt. Wer es vom Tellerwäscher zum Millionär gebracht hat, hat durch seinen persönlichen Einsatz Leistungen erbracht, durch welche er seine Lebensumstände kontinuierlich verbessern konnte. In manchem mag er Glück im Sinne von Fortuna gehabt haben, etwa durch glückliche Umstände, doch im Wesentlichen hat er sein Glück selbst herbeigeführt und sich sprichwörtlich als seines Glückes Schmied erwiesen. Das sagt auch der Mathematiker Rudolf Taschner, der sich in seinen Bestsellern mit dem Thema Zufall, Glück und Wahrscheinlichkeiten beschäftigt: „Beim Zufall bin ich nicht beteiligt, beim Glück schon. Das Blöde ist nur, dass ich das Glück nicht berechnen kann. Den Zufall kann ich berechnen. Wenn ich den Würfel werfe, dann weiß ich: Bei 600 Würfen werden ungefähr 100 Sechser kommen. Wenn ich einmal werfe, hilft mir dieses Wissen aber nichts. Und 600-mal zu werfen, ist ziemlich fad. Der einzelne Wurf ist nicht berechenbar."

Marcel Hirscher rechnet „Glücksbringer" zur reinen Fortuna. Er kann mit Ritualen, die Glück bringen sollen, überhaupt nichts anfangen: „Ich kenne Sportler, die sind, wenn sie ihre Unterhose vergessen, diese sogenannten Glücksunterhosen, komplett von der Rolle. Das ist für mich Schwachsinn. Da macht man sich nur abhängig." Er sieht Glück nur im Zusammenhang mit Verletzungen. Wenn man sich wie er den Fuß bricht, könnte das auf so viele Jahre gesehen Glück sein. „Denn letztlich entscheidet in schwierigen Rennlaufsituationen, ob man wegen des guten Trainings und des durchtrainierten Körpers die Situationen meistert und sich eben nicht verletzt", meint Hirscher.

Der Glücksfaktor kann in der linken Gehirnhälfte gemessen werden, erläutert der US-amerikanische Neurobiologe Richard J.

Davidson. Allein die Vorstellung auf einen Lottogewinn aktiviert diesen Bereich im Gehirn.

In der TV-Dokumentation „How to make better decisions?" von Diana Hill und Teresa Hunt erzählt der britische Lottomillionär Karl Crompton, dass ihm das Geld nicht nur Glück gebracht hat. Er gewann 10,9 Millionen Pfund, konnte damit zwar alle Rechnungen bezahlen, schenkte seinen Eltern und seinem Bruder je eine Million Pfund, seinen Freunden Motorräder und teure Urlaube. Doch er sollte seinen besten Freund verlieren. In einem Pub an einem Abend meinte dieser, dass 100.000 Pfund für ihn und die anderen aus dem Freundeskreis angemessen seien. Die Forschung zeigt, dass ein Lottogewinn nur kurzfristig glücklich macht.

Die amerikanische Psychologin Nancy L. Segal geht sogar so weit, dass sie von einem „Glücksgen" spricht. In der TV-Dokumentation von Hill und Hunt werden Barbara und Daphne vorgestellt. Sie sind eineiige Zwillinge und getrennt voneinander adoptiert worden. Mit 40 Jahren sahen sie sich zum ersten Mal und das Erstaunliche war, beide lachten gern, hatten die gleichen Hobbys, den gleichen Glückslevel. Die Menschen kommen laut Segal mit einer bestimmten „Glücksportion" auf die Welt. Durch unsere Lebensumstände kann diese Portion um ein gehöriges Stück größer oder kleiner werden. Glücklich geboren zu werden, ist noch lange keine Garantie dafür, dass man auch glücklich bleibt. „Wir sind nicht durch die Gene hoffnungslos festgelegt, wir haben die Veranlagung, uns auf bestimmte Weise zu verhalten, aber die Umgebung beeinflusst die Wirkung unserer Gene", ist Segal überzeugt. Der Neuroimmunologe Lee Burke erinnert daran, dass Kinder im Schnitt noch 400-mal pro Tag lachen, während Erwachsene nur noch 15-mal die Mundwinkel nach oben ziehen. Wir verlieren irgendwo dazwischen die Fähigkeit, glücklich zu sein und zu lachen. Lachen lindert die Stresshormone, erhöht die körpereigenen Glückshormone, die Endorphine. Burke wünscht sich, dass die Ärzteschaft in Zukunft bei manchen Patienten statt zwei Pillen zwei Komödien verschreibt.[115]

„Träume erlauben uns, Möglichkeiten auszuprobieren, die in der Wirklichkeit gar nicht gehen, aus denen man aber trotzdem etwas lernen kann." Ernst Ulrich von Weizsäcker

Ernst Ulrich von Weizsäckers Vater Carl Friedrich kannte noch persönlich einen der größten Erfinder des 20. Jahrhunderts, den Nobelpreisträger für Chemie: Otto Hahn. Dieser pflegte zu sagen: „Große Erfindungen sind 1 Prozent Inspiration und 99 Prozent Transpiration." Sie werden vielleicht sagen, dieses Zitat wird doch Thomas Edison zugewiesen. Egal, zwei Genies mit Hang zu viel Arbeit. Das deutsche Sprichwort „Ohne Fleiß kein Preis" hat auch für Weizsäcker Gültigkeit. Das „reine Glück" gibt es in der Wissenschaft nicht, aber „Glück im Fleiß" gibt es immer wieder. Weizsäcker fällt in diesem Moment die Statue des Chemikers und Naturwissenschaftlers August Kekulé ein, die vor dem Chemie-Institut in Bonn steht:

> *„Kekulé war ein deutscher Chemiker im 19. Jahrhundert, der über das Benzol forschte und sich immer wieder fragte: Ich finde sechs Kohlenstoffatome und nur sechs Wasserstoffatome. Und er wusste ganz genau, das Methan hat ein Kohlenstoffatom und vier Wasserstoffatome. Und das Propan hat zwei Kohlenstoffatome und sechs Wasserstoffatome, weil zwischen den beiden eine Bindung besteht. Dann entsteht eine Kette. Aber nie hat man ein 1:1 Verhältnis zwischen Kohlenstoff und Wasserstoff. Wie kann das also sein? Und dann hatte er eines Nachts einen Traum von einer Schlange und die Schlange biss einer anderen Schlange in den Schwanz und die biss einer dritten Schlange in den Schwanz und die biss einer vierten Schlange in den Schwanz und die einer fünften und die einer sechsten und die sechste wieder in den Schwanz der ersten. Dann wachte er auf und wusste plötzlich, Benzol ist kreisförmig. Und damit hatte er das Rätsel gelöst."*

Ernst Ulrich von Weizsäcker sieht als Wissenschaftler Träume also durchaus positiv: „Träume erlauben uns, Möglichkeiten auszuprobieren, die in der Wirklichkeit gar nicht gehen, aus denen man aber trotzdem etwas lernen kann." Während Sigmund Freud (1856–1939) die Träume in erster Linie als Offenbarung unterdrückter erotischer Wünsche gedeutet hat, hat der Schweizer Psychoanalytiker C. G. Jung diesen Ansatz erweitert. Die Traumdeutung kann auch Hinweise auf die Lösung von Problemen geben, die im Wachzustand nicht erkennbar sind. Heute vertreten Traumdeuter beim Entschlüsseln der Träume vor allem die Ansicht von Jung. Publizistin Gertrud Höhler erinnert an das Schlafen als Entlastungsprozess für das Gehirn. Im Schlaf geschehen Reparaturprozesse und Träume seien „Zuarbeiter und Zurufer".

„Alle Erfindungen gehören dem Zufall an, die einen näher, die anderen weiter vom Ende, sonst könnten sich vernünftige Leute hinsetzen und Entdeckungen machen, so wie man Briefe schreibt."
Georg Christoph Lichtenberg

Als Zufall bezeichnen wir alles, was nicht notwendigerweise geschieht, das Zusammentreffen von nicht absehbaren Ereignissen. In der Wissenschaft will man von Schicksal oder Fügung nichts hören, denn hier geht es immer um Kausalitätsketten. Ursache und Wirkung werden erforscht, Zufälle damit ausgeschlossen. Der Physiker und Philosoph Georg Christoph Lichtenberg (1742–1799) tat das nicht: „Alle Erfindungen gehören dem Zufall an, die einen näher, die anderen weiter vom Ende, sonst könnten sich vernünftige Leute hinsetzen und Entdeckungen machen, so wie man Briefe schreibt."[116]
Zufall hat immer einen unangenehmen Beigeschmack von Unsicherheit und Unzuverlässigkeit. Aber es gibt die zufällige Beobachtung von etwas nicht Gesuchtem, das sich als nützliche Entdeckung entpuppt. Im Deutschen existiert kein Wort dafür, aber aus dem Englischen stammt der Begriff Serendipity, der auf den berühmten englischen Schriftsteller, Politiker und Künstler Horace Walpole (1717–1797) zurückgeht. Er hat ihn in einem Brief an seinen in Florenz lebenden Freund und britischen Botschafter Horace Mann am 18. Januar 1754 verwendet. Walpole hatte gerade das alte persische Märchen „Die drei Prinzen aus Serendip" von Amir Khusrau gelesen. Dort entdeckten die drei Königskinder aus einer Kombination von Zufall und Scharfsinn viele Dinge, die sie gar nicht gesucht hatten.

Serendip war eine alte aus dem arabischen stammende Bezeichnung für Ceylon beziehungsweise für das heutige Sri Lanka. Fast 200 Jahre geriet der von Horace abgeleitete Begriff Serendipity in Vergessenheit. Der amerikanische Soziologe Robert K. Merton (1910–2003) hat diese Bezeichnung 1949 für sein Werk „Social Theory and Social Structure" wiederentdeckt. Er hatte es selbst via Zufall gefunden, als er nach einem anderen Wort mit den Anfangsbuchstaben „se" im Oxford English Dictionary suchte. Erst nach seinem Tod erschien dann sein Werk „The Travels and Adventures of Serendipity". Die Autorin und Literaturwissenschaftlerin Gudrun Schury hat den Begriff Serendipity am aktuellsten in ihrem Werk „Wer nicht suchet, der findet" zusammengefasst: „Um etwas herauszufinden, muss man mit offenen Augen durch die Welt gehen. Wenn man einzelne Zeichen und Spuren sorgfältig liest, sie mit Klugheit und Scharfsinn richtig deutet und kreativ nutzt, können daraus wichtige Entdeckungen entstehen. Der Zufall spielt dabei die Rolle eines wohlmeinenden Störenfrieds, […] der Zufall braucht den aufmerksamen Beobachter."[117]

Der schottische Bakteriologe Alexander Fleming war genau dieser außergewöhnliche Beobachter. Seine Geschichte will ich exemplarisch für viele andere Serendipity-Entdeckungen erzählen, auch und vor allem wegen seines Bildungsweges. Man sollte meinen, dass Forscher die sich mit krankheitserregenden Bakterien beschäftigen, eigentlich wert auf Ordnung in ihrem Labor legen und dass sie studiert haben sollten. Dass Unordnung und ein unüblicher Bildungsweg auch zu neuen Erkenntnissen führen können, zeigt die Entdeckung des Penicillins, des ersten Antibiotikums. Kaum ein anderer Wissenschaftler hat bei seinen Forschungsarbeiten Zufallsereignisse so konsequent und erfolgreich genutzt wie Alexander Fleming. Vielleicht hat sich diese Fähigkeit in so erstaunlicher Weise herausgebildet, weil er auf recht ungewöhnlichem Weg zur Wissenschaft kam. Er wurde 1881 in Schottland als Bauernsohn geboren und besuchte zunächst nur eine einklassige Dorfschule. Mit 13 Jahren ging Fleming nach London, um eine Polytechnische Schule zu besuchen. Aus Geldmangel musste er die Schule aber wieder verlassen und wurde Angestellter bei einer Reederei. Dort fühlte er sich nicht wohl. Mit 20 Jahren machte er eine Erbschaft von 200 englischen Pfund und beschloss,

Arzt zu werden. Nachdem er keine ausreichende Schulbildung hatte, wurde er an der Universität nicht für das Medizinstudium zugelassen. Damals gab es in London aber noch einige Krankenhäuser, an denen man auch ohne höheren Schulabschluss eine ärztliche Ausbildung machen konnte. Heute würde man das als „zweiten Bildungsweg" bezeichnen. Allerdings erhielt man danach nur eine Berechtigung als praktischer Arzt und durfte nicht im Krankenhaus arbeiten. Die erforderliche Zulassungsprüfung bestand Fleming jedoch als Jahrgangsbester und konnte so den Ort seiner Ausbildung frei wählen. Er entschied sich für das St. Mary's Hospital. Aber nicht wegen des wissenschaftlichen Rufes des Spitals, sondern wegen der guten Wasserballmannschaft, bei der er mitspielen wollte. Während seiner Ausbildung zum praktischen Arzt an der Universität London absolvierte er mehrere Prüfungen, wo er auch im Krankenhaus arbeiten durfte. Danach wollte er zunächst Chirurg werden. Der Zufall sollte ihn wieder ins St. Mary's Hospital bringen, denn ein Kollege wollte ihn in erster Linie zum Schützenklub des Krankenhauses bringen. Er empfahl Fleming, sich dort für das neue Impflabor zu bewerben. Fleming folgte diesem Rat und lernte seinen Mentor Dr. Almroth Wright kennen. Fleming hat später betont, dass es ein großer Glücksfall war, von Wright in die wissenschaftliche Arbeit eingeführt worden zu sein. Bei Ausbruch des Ersten Weltkrieges kam Fleming gemeinsam mit Wright nach Nordfrankreich. Dort bauten sie neben ihrer Tätigkeit als Impfärzte ein Forschungszentrum auf. Sie beschäftigten sich hauptsächlich mit Wundinfektionen, der infektiöse Wundbrand war sehr gefürchtet, es kam damals zu vielen Amputationen und Todesfällen. Fleming war erschüttert: „Umgeben von all den infizierten Wunden war ich von dem Wunsch erfüllt, etwas zu entdecken, dass diese Mikroben abtötet, etwas Ähnliches wie das Salvarsan." Mit Salvarsan konnte man erstmals Syphilis behandeln.

Nach dem Ende des Krieges kehrte Fleming wieder ins alte Labor zurück. Dort gelang ihm eine erste große Zufallsentdeckung. Ausgangspunkt war eine unbekannte gelbe Bakterienkultur, die Fleming in einer Kulturschale fand. Beim Betrachten dieser Kultur fiel ein Tropfen Nasen- oder Augensekret in die Petrischale, weil

Fleming an diesem Tag an einer Erkältung litt. Vermutlich hätte jeder andere Wissenschafter diese verunreinigte Kultur sofort weggeworfen. Fleming war aber immer an allem Ungewöhnlichen interessiert und bewahrte sie auf. Schon bald bemerkte er an der Stelle, wo der Tropfen Sekret in die Schale gefallen war, dass sich der Bakterienrasen auflöste. Er sollte in dieser Körperflüssigkeit das Enzym Lysozym entdecken. Fleming war nun eines deutlich bewusst, dass Entdeckungen aus Zufall und unscheinbaren Ereignissen entstehen können. Zu Studierenden sagte er einmal: „Lasst niemals eine ungewöhnliche Erscheinung oder ein ungewöhnliches Ereignis unbeachtet; meistens ist es freilich blinder Alarm, aber es könnte auch eine bedeutsame Wahrheit sein." So war es dann auch im September 1928, wo er das Labor im chaotischen Zustand verließ, Petrischalen mit einer Bakterienkultur zu entsorgen vergaß, weshalb Schimmelpilze gewachsen sind. Die angrenzenden Bakterien waren abgestorben. Es war auch Zufall, dass gerade die klimatischen Bedingungen im Labor, zehn Tage mit etwa 20 Grad, gestimmt haben. Das Penicillin war geboren.[118] Fleming hatte die richtige *Haltung* gegenüber dem Zufallsglück. Das beschreibt auch der deutsche Philosoph Wilhelm Schmid: „Er [der Mensch] kann sich öffnen oder verschließen für den Zufall einer Begegnung, einer Erfahrung, einer Information. Im Inneren seiner selbst wie im Äußeren seiner Lebensführung kann er das Schmetterlingsnetz bereithalten, in dem ein Zufall sich verfangen kann, oder die Wand errichten, an der jeder Zufall abprallt."[119]

Der Mikrobiologe Louis Pasteur wusste schon ein paar Jahrzehnte davor bei seiner Antrittsrede 1854 in der nordfranzösischen Universität Lille I: „Im Bereich der Beobachtungen bevorzugt der Zufall den vorbereiteten Geist!"[120]

Das bedeutet, man muss sich selber in Disposition bringen für das, was man sich wünscht oder eintreten soll. Dazu ein hervorragend passender Witz, den ich zum ersten Mal vom Arzt und Kabarettisten Eckart von Hirschhausen gehört habe.

Moshe hadert mit Gott, der Welt und dem Schicksal. Er geht zum
Beten in die Wüste und klagt Gott sein Lied: „Herr, warum bist

du so grausam? Ich war dir immer ein guter Diener. Alles hast du mir genommen. Wenn es dich gibt, zeig mir, dass du ein guter Gott bist, und lass mich einmal in der Lotterie gewinnen!" Nichts passiert. Am nächsten Tag betet Moshe wieder: „Herr, gib mir eine Chance, lass mich wenigstens einmal im Lotto gewinnen." Nichts passiert. Er betet immer weiter, eine Woche, einen Monat, ein ganzes Jahr. Als er nach einem Jahr wieder anfängt zu klagen: „Herr, gibt mir eine Chance, lass mich im Lotto gewinnen", passiert ein Wunder. Der Himmel über ihm öffnet sich, und eine tiefe Stimme spricht: „Moshe, ich hab dein Klagelied ein Jahr lang anhören müssen. Jetzt, bitte, gib DU mir eine Chance und kauf dir endlich ein Los!"

Die Möglichkeit, die sich einem bietet, soll man auch beim Schopf packen und nicht mit verschränkten Armen im Sessel sitzen bleiben, die Chancen vorbeiziehen lassen und nicht nach ihnen greifen. Das sieht auch „Gala"-Chefredakteurin Anne Meyer-Minnemann so, die dem Glück ebenfalls eine aktive Rolle zuschreibt: „Ich glaube, dass es auch etwas damit zu tun hat, dass man sich anbietet, dass man auf sich aufmerksam macht. Wenn man das nicht tut, dann fällt es schwerlich jemandem auf, dass man Leistung und Einsatzbereitschaft zeigt." Auch für Alfons Schuhbeck ist Glück ein dehnbarer Begriff: „Ich finde, wenn man in sich hineinhört und sagt, pass auf, was hat mir der liebe Gott für ein Talent mitgegeben? Dann könnte man sagen, ein bisschen Talent zum Kochen, nicht ein fanatisches Talent, und dann soll man dorthin blicken, wo ich es lernen und umsetzen kann."

Nun sitze ich mit dem Schmetterlingsnetz und offenen Armen auf dem Sessel, aber da gibt es noch etwas, das Glück und Zufall bedingt, nämlich zur richtigen Zeit am richtigen Ort zu sein.

Wenn ich an einem Ort der Erde und vielleicht auch noch in Zeiten von Krieg und Hunger aufwachsen muss, wo der Erfolg darin besteht, täglich zu überleben, ist es müßig, über Karrierewege nachzudenken. In den meisten europäischen Ländern aber spielt der Umstand von Zeit und Ort für Berufswege eine nicht zu unterschätzende Rolle. Der Soziologe Heiner Minssen hat mit Kollegen der Universität Köln die Laufbahnen junger Wissenschaftler untersucht und kein Muster für erfolgreiche Karrieren feststellen können. Eine gute Abschlussarbeit allein reicht nicht aus, man müsse auch zur richtigen Zeit am richtigen Ort sein, „man braucht Glück". Die meisten kümmern sich um ihre Arbeit und zu wenig um ihre Berufslaufbahn. Glück und Zufall würden bestimmen, welchen oder welche Vorgesetzten man bekomme und ob diese einem nach dem Ende des Studiums helfen oder eben nicht: „Die Vorgesetzten würden ihren Informationsvorsprung verlieren, wenn sie ihr Wissen teilen. Daran haben sie vielleicht gar kein Interesse. Es gibt Indizien dafür, dass sich nach dem Abschluss der Promotion das Verhältnis zum Betreuer umkehren kann. Wenn man Postdoc [Postdoktorand] ist, bewirbt man sich unter Umständen auf dieselben Mittel. Dann wird man zum Konkurrenten seines Professors."[121] Minssen empfiehlt jungen Wissenschaftlern und Wissenschaftlerinnen Veröffentlichungen, um international wahrgenommen zu werden, netzwerken, Kongresse besuchen und nicht auf die Welt neben jener der Hochschule zu vergessen.

„Der Zufall ist nichts ohne die Vorbereitung und die Vorbereitung ist nichts ohne den Zufall"[122], beschreibt Wolf Schneider dieses Phänomen in seinem Buch „Die Sieger". Auch Genies sind auf Nachfrage und damit auf die richtige Zeit angewiesen, meinte etwa der schottische Moralphilosoph Adam Smith. Er meinte damit beispielsweise die Erfindung der Flügelspinnmaschine von Richard Arkwright 1769 und folglich den Dampfwebstuhl von Edmund Cartwright 1785, der ohne die Dampfmaschinenerfindung von James Watt nicht konstruiert hätte werden können. Der Psychologe Willy Hellpach erinnert an die jeweiligen Ansprüche der Zeitepochen: Um das Jahr 1500 habe das Volk auf Bauten und Bilder angesprochen, um 1800 vor allem auf Geigen und Stimmen: „Ein Beethoven wäre vielleicht 1500 ein kleiner Organist geblieben."[123] Der deutsche Kunsthistoriker Wilhelm Pinder meinte, wenn Michelangelo um 1800 in Wien gelebt hätte, dann wäre er Komponist geworden. Michelangelo hätte in der Steinzeit keinen Meißel zur Verfügung gehabt.[124]

„Es liegt, heißt es, an den Orten:
In Sizilien wäre Hitler Bandit geworden,
Kolumbus in der Schweiz Alpinist
Und Oistrach in Jericho Posaunist.“[25]

Schriftsteller Otto Heinrich Kühner

Der französische Geschichtsphilosoph Hippolyte Taine schreibt 1865 in der „Philosophie der Kunst", dass jedes Kunstwerk aus der „moralischen Temperatur" der Epoche und der Gesellschaft heraus entstand, in der der Künstler lebte. Das Milieu erzeuge zwar nicht das geniale Werk, doch es schaffe die Bedingungen, unter denen der Künstler sich entweder entfalten könne oder nicht.[126] Auch einer der berühmtesten Staatsphilosophen der Neuzeit, Niccolò Machiavelli, sieht bei Eroberern und Staatengründern, „dass sie dem Glück nur die Gelegenheit verdanken (occasione), die ihnen gleichsam den Stoff gab, den sie in die Form prägten, die ihnen gut schien. Ohne diese Gelegenheit wäre ihre Tüchtigkeit zwecklos geblieben, und ohne ihre Tüchtigkeit wäre die Gelegenheit vergeblich gekommen."[127] Was wäre aus Tito, der Josip Broz hieß und kroatischer Schlossergeselle war, in friedlichen Zeiten geworden? Sein Kampfgefährte im Zweiten Weltkrieg Milovan Đilas beantwortete es mit: „Ein Gewerkschafts-funktionär oder ein Unternehmer oder ein autoritärer Vater oder ein schwieriger Ehemann."[128]

Die evangelische Theologin Margot Käßmann ist sich sicher, dass Martin Luther auch in der heutigen Zeit erfolgreich wäre: „Dieser Poltergeist wäre in Talkshows sicher sehr beliebt, weil er querschießen würde. Er würde sich aber viel schärferer Kritik, auch öffentlicher Kritik stellen müssen. Er hat sich doch sehr in seinem Reformatoren-zirkel bewegt. Er müsste ganz anders damit umgehen lernen, mit anderen Meinungen konfrontiert zu sein. Bei einigen Punkten wäre es auch gut gewesen, wenn er Kritik ausgesetzt gewesen wäre, etwa bei seinen Judenschriften."

Hochbegabung als Frau nutzte einer in der falschen Zeit herzlich wenig. Fanny Hensel (1805–1847), geborene Mendelssohn, erhielt mit 23 Jahren von ihrem Vater einen Brief, in dem er schrieb: „Du musst

Dich ernster und emsiger zu Deinem eigentlichen Beruf, zum einzigen Beruf eines Mädchens, zur Hausfrau bilden."[129] So durfte sie ihre Kompositionen und Liederabende nur bei häuslichen Konzerten aufführen. Ihr Bruder Felix durfte immer öffentlich seiner Leidenschaft frönen. Die beiden hatten ein enges Verhältnis und sie kritisierte und redigierte Teile seiner Werke. Erst mit 35 Jahren wurde ihre künstlerische Arbeit über die Familie hinaus anerkannt. In ihrem letzten Lebensjahr hat sie gegen den Willen des Bruders ihre Kompositionen drucken lassen. Die geniale Musikerin und Pianistin starb mit 42 Jahren während einer Probe an einem Gehirnschlag.

Und heute? Den taiwanesischen Filmregisseur Hou Hsiao-Hsien, geboren 1947, rühmen sowohl Quentin Tarantino wie auch Martin Scorsese als „ihren Meister", aber er hat nicht die „überlegene Exportkraft der Filmindustrie Amerikas"[130] auf seiner Seite, urteilt der deutsche Journalist Jens Jessen in „Die Zeit". Er gilt als einer der zehn besten lebenden Filmregisseure, doch das breite Publikum kennt ihn nicht.

DER
PROZESS

Ich hatte also meinen Job als Krankenschwester über Nacht gekündigt und danach begann der „Prozess", der mich dorthin bringen sollte, wo ich heute bin. Bereits im Jahr davor hatte ich, ohne Kenntnis meines Arbeitgebers, die Studienberechtigungsprüfung an der Karl-Franzens-Universität in Graz abgelegt. Sie war Grundvoraussetzung, damit ich studieren konnte. Matura hatte ich ja keine. Der Tagesablauf für den „zweiten Bildungsweg" war sehr intensiv. Von 7.30 Uhr früh bis 15.30 Uhr am Nachmittag arbeitete ich auf der Kardiologie-Ambulanz im Landeskrankenhaus Graz. Ich wechselte nach vier Jahren Herzchirurgie dorthin, um keine Nachtdienste mehr machen zu müssen. Von 16.00 bis 21.00 Uhr besuchte ich dann Vorlesungen in Mathematik, Deutsch und Geschichte. Danach Nachhilfe oder lernen. Das alles hielt ich am Arbeitsplatz und vor meiner Familie bis zum Tag der Kündigung geheim. Wäre ich da schon gescheitert, wäre ich beruhigt gewesen, dass es nur meine Freunde wussten. Schließlich erzählte ich meiner Pflegemutter von meiner Kündigung, der Studienberechtigung, dem Studium der Pädagogik, Psychologie und Sozialmedizin. Ihr erster Satz: „Von uns bekommst du kein Geld." Damit rechnete ich ohnehin nicht, erwiderte ich und erzählte ihr von meinem Anspruch auf ein Stipendium. Wenn man vier volle Jahre gearbeitet hatte, gab es auch damals schon die Möglichkeit auf ein „Selbsterhalterstipendium". Sie meinte nur: „Jetzt hast so was Gescheites gelernt, verdienst gut, hast eine Anstellung und wirfst alles weg." Nach einer heftigen Diskussion ließ ich mich für längere Zeit zu Hause nicht blicken. Vielleicht brauchte es diesen „Auftritt", denn jetzt war ich auf mich allein gestellt. Ich hatte Angst vor meiner eigenen Courage. Doch ich sollte noch viel mehr davon benötigen. Die Stipendienkommission verlangte eine Unterschrift von meinen leiblichen Eltern. Es ging um die Möglichkeit einer doppelten Auszahlung der Familienbeihilfe. Das war mit 24 Jahren ein schwerer Brocken, von der Unterschrift jener Menschen abhängig zu sein, die sich nie um einen gekümmert haben. Ich bat die Österreichische Hochschülerschaft um Hilfe, die derartige bürokratische Wege unter solchen Umständen in die Hand nimmt. Dazu war es nötig, meinen Jugendamtsakt in Wien ausheben zu lassen, um die Daten zu bekommen. Ich erfuhr zum ersten Mal die Namen meiner leiblichen Eltern, dass mein Vater von Ungarn nach Österreich gekommen und bereits verstorben war, ich mehrere leibliche Geschwister hatte und meine biologische Mutter im Westen von Österreich lebt. Es brauchte also „nur" ihre Unterschrift. Sie wollte nicht, wurde mir nach ein paar Wochen von der Studienkommission mitgeteilt. Ihre Begründung war, ich solle was Gescheites lernen. „Das hat sie doch, sie war Krankenschwester und will jetzt studieren", sagte man ihr, doch sie weigerte sich trotzdem. Mein Erspartes neigte sich dem Ende zu und ich wusste, ohne Stipendium kein Studium. Ich setzte mich in den Zug und fuhr ohne Ankündigung zu meiner biologischen Mutter. Mit der Unterschrift in der Tasche machte ich mich wieder auf den Heimweg. Ich konnte endlich studieren.

Wer definiert eigentlich, was genau ein „gescheiter" Beruf oder ein „gescheites" Studium ist? Geht es dabei nur um Sicherheit und Geld? Wohltuend sind Geschichten über erfolgreiche Literaten wie Heinrich Heine, der einmal im Bankhaus seines überaus reichen Onkels Salomon Heine in Hamburg arbeitete. Dieser zeigte wenig Verständnis für Heinrichs literarische Interessen und von ihm wird der Ausspruch überliefert: „Hätt' er gelernt was Rechtes, müsst er nicht schreiben Bücher."[131]

Was treibt sie an?

Ich fahre auf der dreispurigen Autobahn A2 zwischen Wien und Graz mit 130 km/h und es ist immer das Gleiche. Die einen kümmern sich nicht um die Geschwindigkeitsbegrenzung und geben Vollgas auf der Überholspur, die anderen kümmern sich nicht um irgendwelche Regeln, rasen rechts an einem vorbei und zwängen sich im Zickzackkurs nach vorn. Ich will mich an die Vorschriften halten und auf der zweiten Spur links an den langsamsten Autofahrern vorbeikommen, doch vor mir befindet sich oft ein sogenannter *Mittelspurfahrer*, der, obwohl er Platz auf der ersten Spur hat, stur auf der mittleren bleibt.

Können Parallelen zwischen dem Verhalten auf der Autobahn und dem Leben gezogen werden? Wie leben dann die Mittelspurfahrer, frage ich mich. Auf Nummer sicher und ja nicht links oder rechts schauen? Sind sie gar auf lange Sicht die Erfolgreicheren?

In uns allen verbirgt sich ein innerer Motor, und dabei denke ich jetzt nicht an das Herz als anatomisches Organ. Erfolgreiche Menschen vermitteln oft den Eindruck, über einen Extramotor zu verfügen, über mehr Energie. Wer oder was treibt sie an?

Druck

„Meine besten Ideen hatte ich nur unter Druck." Frank Elstner

Ein schöpferischer Zustand ist ein Spannungsprozess und Spannung ist Druck. In meiner Zeit im Klosterinternat während der Krankenschwesternausbildung waren viele große Prüfungen wie Anatomie, Pathologie oder Medikamentenlehre zu bestehen. Ich konnte schon damals unter massivem Druck extrem viel in besonders kurzer Zeit lernen. Meine Freundinnen haben das mit einem lustigen Vergleich beschrieben: „Claudia lernt nicht, wenn der Hut brennt, sondern wenn die Asche schon liegt." Diese Form von Antrieb blieb mir bis heute erhalten. Auch beim Schreiben dieses Buches. In einer kleinen Hütte in der Oststeiermark verspürte ich umgeben von Kisten voller Material, Unterlagen, Literatur und 350 Seiten Interviewprotokolle so richtig großen Druck. Beruhigend war in dieser Situation für mich, dass auch für viele meiner Gesprächspartner und Gesprächspartnerinnen Druck ein probates Mittel für Kreativität zu sein scheint.

Frank Elstner hat eine der erfolgreichsten Sendungen des deutschsprachigen Fernsehens „Wetten, dass..?" (1981–2014) erfunden. Er war damals Direktor von Radio Luxemburg und die Aktionäre des Senders wollten, dass er sich mehr darum kümmerte als um seine Fernsehkarriere. Er wusste, wenn er weggehen sollte, dann müsste es etwas Besonderes sein. Er hat sich unter „künstlichen Druck" gesetzt und wurde „sensibel vielen Dingen gegenüber". Eines Nachts konnte er nicht richtig schlafen und er erinnert sich an den Moment noch so intensiv, als ob er ihn während der Schilderung noch einmal erlebte: „Ich habe mir nur die Frage gestellt: Warum wird eigentlich im Fernsehen nicht gewettet? Dann bin ich aufgesprungen, in die Küche gegangen, hab mir zehn Blatt Papier genommen, eine Flasche Rotwein aufgemacht und habe acht Seiten runtergeschrieben, die gibt es heute noch, und das war das komplette Konzept von ‚Wetten, dass..?‘, mit der Saalwette, der Außenwette, mit Bedingungen wie nie um Geld zu wetten.“ Später erst hat er sich die Frage gestellt, warum ihm das in dieser Nacht eingefallen ist: „Ich war zwei Jahre vorher mit meinem besten Freund in England und der war ein Zocker, und wir waren bei einem Hunderennen. Ich war noch nie beim Hunderennen, war begeistert und habe natürlich mitgezockt. Ich hatte keine Ahnung von, welcher Hund ist schnell, welcher ist langsam und hab auf den absoluten Außenseiter gesetzt und der hat gewonnen. An dem Abend hab ich umgerechnet rund 25.000 Mark gewonnen, und so was bleibt natürlich in einem. Mein Freund und ich haben eine Superfete an dem Abend gefeiert. Ohne dieses Hunderennen wär mir die Frage nicht eingefallen und ohne die Frage wär mir die Sendung nicht eingefallen. Was lernen wir daraus? Viel fragen, viel erleben, um dann aus den Erfahrungen heraus etwas nutzen!“ Er hat ein Faksimile dieser acht Seiten Gottschalk zu seiner 100. Sendung von „Wetten, dass..?“ geschenkt.

Elstner ist froh, dass es auch viele Zeiten gab, in denen er ohne Druck gut arbeiten konnte, „aber ich glaub, meine besten Ideen hatte ich nur unter Druck“.

Sich selbst zu sehr unter Druck zu setzen, davon hält Liedermacherin Annett Louisan wenig: „Wenn man zu viel erwartet und sich zu sehr unter Druck setzt, und etwas zu sehr will, dann klappt es oft nicht. Es ist wie die Liebe. Man kann nichts erzwingen. Als ich an ‚Bohème‘ angefangen habe zu arbeiten, da hatte ich noch nicht das Ziel, erfolgreich zu sein. Es war ein Fluss, ich hab nicht an das Morgen gedacht, es war ein kreativer Prozess. Und wenn etwas zu verkopft wird, oder man beim Machen schon an den Erfolg denkt, wird man unfrei.“

In der Wirtschaft ist der permanente Druck Alltag. Der an der Spitze von Turner Broadcasting System International stehende TV-Manager Gerhard Zeiler analysiert täglich um die 40 Seiten Zahlenberichte aus diversen Ländern. Den Unterschied zwischen dem

„Familienbetrieb" RTL, Bertelsmann und einer rein börsennotierten Firma hat er kennengelernt. Hier muss er Ergebnisse bringen, das heißt, man „muss ständig wachsen und im internationalen Bereich müssen wir unseren Gewinn Jahr für Jahr signifikant steigern. Das ist schon ein gewisser Druck, aber wenn man sich davor scheut, darf man den Job nicht machen".

„Wenn man oben ist, dann gibt es nur eine Richtung, und zwar nach vorne mit Vollgas." Marcel Hirscher

Endlich kann ich Marcel Hirscher fragen, wie er den Druck im Moment des Starts aushält: „Ich gebe wirklich alles und wenn ich versage, habe ich zumindest so viel Schneid gehabt, dass ich es probiert habe. Und wenn man oben ist, dann gibt es nur eine Richtung, und zwar nach vorne mit Vollgas." Knapp vor so einem Punkt, wo alles auf ihn einprasselt, geht es ihm kurzzeitig nicht gut, er hat einen Puls von bis zu 200 Schlägen pro Minute und ist manchmal nah dran „sich zu übergeben". Aber dann sagt er sich immer: „Aus. Jetzt nach vorne!" Den Druck spürte er schon bei Rennen in seiner Kindheit, wenn das ganze Dorf zuschaute. Als er einmal Zweiter wurde, hat ihm „das gestunken, das war brutal, weil ich irgendwie die Leute enttäuscht habe". Heute ist es der Nachtslalom in Schladming, wo der Druck auf seinen Schultern lastet, wenn 49.999 von den 50.000 Zuschauern wollen, dass Marcel Hirscher gewinnt: „Du hast die Möglichkeit, denen einen schönen Abend zu machen, eine unvergessliche Nacht, oder sie sind einfach stinkangefressen."

„Der Wille, der Beste zu sein" kommt es sekundenschnell von Marcel Hirscher, als ich ihn frage, was ihn antreibt. Für Marc Girardelli ist es „der Moment, an dem man sich Ziele setzt. Da hat man weniger Grund und weniger Zeit, sich selbst zu analysieren und dauernd mit sich selbst beschäftigt zu sein. Automatisch wird man fokussiert, arbeitet an dem und ist strukturiert. Es ist fast ein Lebensrezept." Und sein Ziel war immer der jeweilige Hauptkonkurrent: „Hauptsache, man hat den Besten geschlagen!" In seinem Fall waren es unter anderem Ingemar Stenmark, Pirmin Zurbriggen und Alberto Tomba.

„Kraftreserven können durch Gefühle wie Wut mobilisiert werden und Wut ist ein wichtiger Motor für Erfolg."
Gertrud Höhler

In der Wirtschaft müsse man lernen, mit Druck umzugehen, sagt Florian Gschwandtner, sonst „hüpft" man irgendwo runter. Ihm helfen die wöchentlichen Dienstagsmeetings. Er arbeitet mit Listen und trifft bei den Meetings viele Entscheidungen. Für große Firmen gilt das Motto: „The greatest inspiration is the deadline." Er hat am Vortag um 23.58 Uhr die Ergebnisse einer Klausur hochladen müssen und 90 Prozent davon waren erst am letzten Drücker da. Für ihn gilt seit der Schulzeit: zuerst die Arbeit, dann das Vergnügen. Seine Eltern waren erstaunt über seine Angewohnheit, sofort nach der Schule die Hausaufgaben zu machen und erst danach die Freizeit zu genießen.

Kabarettist Roland Düringer ist auch davon überzeugt, dass ihn der „eigene Wille" antreibt. Er weiß, was er kann, und spürt, wenn dem nicht so ist. Er hatte schon bei seinem ersten Schauspielerseminar erlebt, dass andere „schwitzen", aber für ihn war das alles wie „zu Fuß gehen".

Jedes Lebewesen hat Antriebskräfte, sagt Bundespräsident Heinz Fischer: „Es ist ja kein Zufall, dass im Griechischen das Wort ,bios' einerseits ,Leben' bedeutet und andererseits ,Kraft'. Im Leben steckt Kraft und ohne Kraft gibt's kein Leben. Der Mensch hat Kraft und den Willen in sich, die Probleme des Lebens zu meistern, seinen Lebensunterhalt zu sichern und sich in der menschlichen Gemeinschaft zu behaupten. Wenn man in der Politik tätig ist, setzt man seine Kraft ein, um bestimmte gesellschaftliche und gesellschaftspolitische Ziele zu erreichen. […] Wahrscheinlich setzt man auch einen Teil der Kraft ein, um im politischen Wettbewerb zu bestehen und nicht unterzugehen und jener Gesinnungsgemeinschaft, der man sich verpflichtet fühlt, zu dienen."

„Kraftreserven können durch Gefühle wie Wut mobilisiert werden und Wut ist ein wichtiger Motor für Erfolg", sagt Politik- und Unternehmensberaterin Gertrud Höhler. Die Wut gehört mit Angst,

Trauer und Glück zu den vier Kernemotionen, die ohne sprachliche Verständigung in den Gesichtern der Menschen gesehen werden können. Diese Formen der emotionalen Stärke sind wichtig, um zu erkennen, ob ich vor jemandem weglaufen muss oder ob ich jemanden im Gespräch noch „packen" kann. Ein Arbeitspartner erzählte Gertrud Höhler von einem Mann, der sich nicht gegen andere wehren konnte, nie gelernt hat, rechtzeitig wegzulaufen, und stellte fest: „Weißt du, was der für ein Problem hat? Der konnte nicht wütend werden." Die Wut „potenziert unsere Kraft" in der Muskelmasse, wenn es um „Weglaufen oder Entschlossenheit", um das Überwinden von Grenzen geht. Wut, Glück und Angst machen uns „schneller, stärker, besser, leistungsfähiger". Herz, Lunge und Gehirn arbeiten auf Hochtouren und wir „müssen ab und zu solche Höhen erreichen, um zu spüren, was wir können", erläutert Höhler. Nur die Trauer macht uns langsam, da brauchen wir den Schutz der anderen.

Misserfolg und Scheitern

„Weg mit dem Misserfolgsvermeidungsdenken!" Gerhard Zeiler

Fehlschlag, Fiasko, Reinfall, Versagen, Debakel, Schlappe, Zusammenbruch, Enttäuschung. Es gibt unzählige Synonyme für Misserfolg und Scheitern. Bei vielen führen sie dazu, dass unser rationales, kritisches Denken uns von der Verfolgung unserer Träume und Ziele abhält. Die Angst zu versagen, lähmt viele Menschen. Nichts zu versuchen, verhindert Enttäuschungen und ist dazu auch noch viel komfortabler. Doch erfolgreiche Personen scheinen das Scheitern als Teil ihres Lebens zu akzeptieren, nein, sogar als Antrieb zu verwenden. Sie verlieren deshalb nicht ihre Begeisterung. „Es gibt nicht nur eine Autobahn im Leben, manchmal ist es ein Feldweg – und es geht rauf und runter", sagt dazu Alfons Schuhbeck. Niemand kommt schnell ans Ziel, Abkürzungen gibt es im Leben nicht.

„Wenn Systeme erfolgreich sein sollen, müssen sie Fehler provozieren und geradezu erlauben." Ernst Ulrich von Weizsäcker

„Wenn man die Erfolgsquote erhöhen möchte, muss man die Misserfolgsquote verdoppeln"[132], sagte schon Thomas J. Watson, der Gründer des Softwarekonzerns IBM, und auch der Wissenschaftler Ernst Ulrich von Weizsäcker meint: „Wenn Systeme erfolgreich sein sollen, müssen sie Fehler provozieren und geradezu erlauben." Weizsäcker verdankt seiner Frau den wunderbaren Begriff der „Fehlerfreundlichkeit". Gute Pädagogen lassen Kinder permanent Fehler machen, um lernen zu können. Das „Ausschalten von Fehlern ist das Rezept für Stagnation", weiß der „Diverger", der Seitwärtsdenkende unter den Wissenschaftlern. Das Wort Scheitern mag Weizsäcker nicht, es sei ein „zu negatives" Wort. Er erzählt dennoch von seinem Scheitern während seiner Zeit als Universitätspräsident in Kassel. Es war eine moderne Universität. Einer Qualitätsprüfung würde die Institution nicht standhalten können, war er sich sicher. Es ging unter anderem um die Einstellung von Professoren in der Beurteilung von Studierenden. Er ging so weit, dass er die Abschlusszeugnisse in einem Fachbereich nicht mehr unterschreiben wollte, weil fast nur Einser gegeben wurden. Seiner Meinung nach waren viele davon nur „Geschenke". Er fühlte sich im Recht, aber für die Zusammenarbeit mit dem progressiven Fachbereich war das „natürlich ein Ungeschick". Auch mit den disziplinären Konservativen lag er im Clinch, weil er interdisziplinäre Qualität aufbauen wollte. So richtete er den ersten Lehrstuhl für ökologische Landwirtschaft ein und andere „freche Sachen". Er fand es anschließend völlig verständlich, dass er nach fünf Jahren wilder Amtszeit nicht wiedergewählt wurde.

Wenn Misserfolge letztlich erfolgreich werden

Fehlerfreundlich war auch der Erfinder der Glühlampe Thomas Alva Edison eingestellt. Er brauchte rund 2000 Anläufe, bis er den ersten Kohlefaden in einer Lampe zum Leuchten bringen konnte: „Ein Misserfolg war es nicht. Denn wenigstens kenne ich jetzt 2000

Möglichkeiten, wie ein Kohlefaden nicht zum Leuchten gebracht werden kann.“[133] Andere Erfindungen werden Jahre später erst beim zweiten Blick zu einem grandiosen Erfolg. Spencer Silver wollte 1968 einen Kleber herstellen, der stärker als alle bekannten Klebstoffe sein sollte. Nach einer langen Entwicklungszeit war das Ergebnis mehr als ernüchternd. Der angebliche Superkleber ließ sich zwar auf allen Flächen auftragen, jedoch auch genauso leicht wieder ablösen. Auf den ersten Blick war es ein klarer Misserfolg. Es wurde als Abfallprodukt abgestempelt. Der zweite Blick ist der Chorleidenschaft eines Kollegen von Silver zu verdanken. Arthur Frey ärgerte sich sechs Jahre später über Lesezeichen, die aus seinen Notenheften herausfielen. Er erinnerte sich an Spencers Klebstoff und bestrich seine Lesezeichen mit dem schwach haftenden Kleber und es funktionierte. Er konnte sie nicht nur festkleben, sondern auch später rückstandsfrei wieder lösen und erneut festkleben. Frey und Silver verwendeten sie drei Jahre nur im eigenen Büroalltag. Die Firma 3M brachte die Post-its schlussendlich nach einer durchwachsenen Testphase 1978 auf den Markt. Die Mini-Zettelchen wurden zum Riesengeschäft. Mehr als 50 Milliarden Post-its werden pro Jahr verkauft.

Im System der Opernwelt würde ohne Scheitern die Persönlichkeit der Sänger verloren gehen, deren „Farbe“ und „Verletzlichkeit“, sagt Opernsängerin Angelika Kirchschlager. Sie empfindet es als schwierig, mit Menschen auf der Bühne zu stehen, die keinen Fehler zulassen, das „Scheitern ausgeschaltet“ haben. Diese Sänger sind auf „absolutes Funktionieren programmiert“. Sie erinnert sich an so einen Kollegen, der auf der Bühne ab einem gewissen Punkt bei den Proben „zugemacht“ hat, das „Gegenüber ist praktisch verschwunden, und man selbst steht da wie nackt im Winter ohne Kreditkarte“. Für sie ist es in ihrem Beruf aber unabdingbar, Emotionen in Szenen einbauen zu können. Das erste Mal, als ihr das passierte, war sie richtig erschrocken und hilflos. Beim zweiten Mal war sie dann in die Garderobe gegangen und sprach es an: „Was tust du da?“ Sie sprach mit dem Kollegen und „er hat dann wieder aufgemacht“. Kirchschlager würde sich wünschen, wenn Kritiker und Publikum das auch anerkennen würden, „das Risiko, das ein Künstler auf sich nimmt, zu scheitern“. Wann ist Kirchschlager selbst gescheitert? Eine Opernproduktion in

Paris fällt ihr ein. Sie habe alles gegeben, aber es war die falsche Oper mit dem falschen Team zum falschen Zeitpunkt. Zwei Monate ist sie damals im Regen in Paris gesessen und heute weiß sie, das hätte sie sich sparen können. Sie funktioniere am besten im „Kollektiv", muss sich „getragen" fühlen. Im richtigen Wasser hingegen schwimmt sie wie ein Goldfisch und im falschen fühlt sie sich wie eine „Sardelle".

Der umjubelte Jedermann-Darsteller Cornelius Obonya sieht seinen „Scheiterpunkt", als er im Burgtheater im „Verschwender" als Valentin aufgetreten ist. Die Rolle wurde geteilt, man wollte etwas Neues ausprobieren: „Vom ersten Probentag an wusste ich, da läuft was schief, und leider habe ich recht behalten." Seine Lehre daraus war, dass nicht nur ein gutes Stück oder eine besondere Rolle den Ausschlag für eine Zusage geben sollte, sondern dass auch die Konstellation aller Beteiligten über Erfolg oder Misserfolg entscheidet. Die Schimpansenforscherin Jane Goodall will nur kurz über Misserfolge nachdenken: „Ich bin zu stur, als dass ich Misserfolge zugeben würde. Wenn ich mit einem möglichen Misserfolg konfrontiert werde, kämpfe ich noch härter als zuvor."

„Visionen, Ideen und Kreativität entstehen nur im tatsächlichen Verlust." Gerry Friedle alias DJ Ötzi

Freddy Burger erinnert an das wunderbare Lied von Udo Jürgens „Wer nie verliert, hat den Sieg nicht verdient", denn „aus dem Misserfolg rauszukommen, stärkt dich umso mehr".

Scheitern gehört zum Prozess des Erfolgs, meint Gerry Friedle, alias DJ Ötzi, weil man „an der Spitze keine Visionen mehr haben kann und abhebt; Visionen, Ideen und Kreativität entstehen nur im tatsächlichen Verlust".

Bundespräsident Heinz Fischer ist seiner eigenen Meinung nach nie „gravierend" gescheitert und damit hat es ihn auch nie aus der Bahn geworfen. Es ärgert ihn sachpolitisch, dass im 21. Jahrhundert die Fragen der Vermögensverteilung noch immer nicht gelöst sind. Das könne aber auch kein Einzelner lösen. Die Dynamik der Wirtschaft setze offenbar voraus, dass Belohnungen für riskante oder fantasiereiche wirtschaftliche Aktivitäten zur Verfügung stünden, die mit dem Prinzip einer *gerechten* Vermögensverteilung nicht vereinbar sind. Er hätte gern ein Rezept gegen überdimensionierte und nicht vertretbare Vermögensunterschiede, die durch den Kapitalismus produziert werden. An dieser Frage scheitern nicht nur „Kirchen, Religionsgemeinschaften und karitative Institutionen, sondern ganze Parteien".

Elisabeth Gürtlers ursprünglicher Traum war es, am „Land zu leben, Pferde zu züchten, Hunde um mich zu haben". Über Umwege lebt sie Teile ihres Traums, jeder „persönliche Misserfolg" war für sie wichtig, weil sie gezwungen wurde nachzudenken und weil sie auf den Boden der Realität geworfen wurde. In der Analyse des Scheiterns wird man „bescheiden".

Der Fokus bestimmt immer die Richtung, meint Fernsehmanager Gerhard Zeiler, gerade in einer Industrie, die auf Kreativität aufgebaut ist: „In der Wirtschaft sollte man an den Erfolg denken und nicht daran, wie man den Misserfolg vermeidet – weg mit dem Misserfolgsvermeidungsdenken!" Gerhard Zeiler bringt Menschen in seiner Arbeitsumgebung zum Lachen, wenn er sagt: „Fail often, fail fast, fail cheaply." Ohne Fehler geht es nicht, die rasche Analyse ist entscheidend. Es gibt viele Gründe, warum Manager scheitern. Zum einen eine unbeherrschbare Marktsituation, wo auch der „Beste" nichts richten kann, zum anderen sind unrealistische Erwartungshaltungen von Chefs und Shareholdern daran schuld, so Zeiler.

Die Erzählungen der Erfolgreichen haben eines gemeinsam: Sie schaffen es oft, einen neuen Rahmen, neue Wertungen, neue Deutungen rund um einen Misserfolg zu entwickeln. In der Psychologie wird das Reframing genannt. Menschliche Denkmuster, Zuschreibungen, Erwartungen weisen in der Regel einen Rahmen (frame) auf, eine Ordnung, nach der Ereignisse interpretiert und anschließend wahrgenommen werden. Die einen setzen einen positiven, die anderen einen negativen Rahmen, gleich dem halb vollen oder halb leeren Glas. Der Kommunikationswissenschaftler Paul Watzlawick hat solche Umdeutungen zur therapeutischen Methode gemacht, das heißt, von einem halb leeren Glas zu einem halb vollen Glas zu kommen. Bei einem Problem neigt man dazu, immer Bewährtes anzuwenden, statt Situationen neu zu bewerten, urteilt der

Bildungswissenschaftler Horst Siebert: „Eine Krankheit wird mit immer mehr Medikamenten behandelt, Frieden soll durch immer modernere Waffen gesichert werden, der Verkehrskollaps durch immer breiter werdende Autobahnen hinausgezögert werden."[134] Aus den alten Mustern auszubrechen, ist sehr anstrengend, und man braucht die Fähigkeit zur Selbstreflexion. Eine sehr bekannte Form des Reframings ist die Ironie bzw. der Witz. Dabei werden gewöhnliche Ereignisse gerne in einen neuen, untypischen Rahmen gestellt. Das war auch eine Lieblingsmethode von Watzlawick. Für das Reframing hatte er folgende Anekdote parat: „Unter einer Straßenlaterne steht ein Betrunkener und sucht und sucht. Ein Polizist kommt daher, fragt ihn, was er verloren habe, und der Mann antwortet: ‚Meinen Schlüssel'. Nun suchen beide. Schließlich will der Polizist wissen, ob der Mann sicher ist, den Schlüssel gerade hier verloren zu haben und jener antwortet: ‚Nein, nicht hier, sondern dort hinten – aber dort ist es viel zu finster."[135]

Es geht also um eine ständige Balance zwischen der Erfahrung und der Aufgeschlossenheit gegenüber neuen Sichtweisen.

„Ohne Scheitern wäre ich nichts, für mich war das Verlieren oft lehrreicher als das Gewinnen." Marcel Hirscher

Marcel Hirscher brach sich einen Tag vor dem Start der Weltmeisterschaft 2011 das Kahnbein. Er konnte die Wettkämpfe nur im Fernsehen mitverfolgen, musste den anderen zuschauen, wie sie gewannen und das „umsetzten, wovon ich mein Leben lang geträumt hatte". Hirscher hing die meiste Zeit auf der Couch herum und hatte plötzlich viel, sehr viel Zeit zum Nachdenken. Er wurde auf sich selbst reduziert, führte viele Gespräche mit wenigen Freunden und seiner Familie. Was er gelernt hat? Zuerst musste er akzeptieren lernen, dass er „machtlos" ist. Egal was er tun würde, der Fuß würde nicht schneller zusammenwachsen und es würde kein Rennen in diesem Winter mehr für ihn geben. Den bekannten Spruch „Der Erfolg hat viele Väter, der Misserfolg ist ein Waisenkind" könnte man auch in Bezug auf Freundschaften verwenden. Eine harte Lehre für den Spitzensportler: „Keiner hat mich angerufen. Einer der wenigen, die vorbeigekommen sind, war

Stefan [sein Berater und Freund Stefan Illek]. Grundsätzlich interessierst du da keinen Menschen." Die Bodenhaftung haf ihm, mit der Situation umzugehen. Die kommt aus seinem Elternhaus, denn dort funktioniert „Abgehobenheit" nicht, wird nicht „geduldet". Im „Endeffekt hab ich am meisten gelernt, als ich unten war", resümiert Hirscher. Er dachte darüber nach, was er wollte und was nicht, und ab „diesem Punkt war ich wirklich Profi und wusste, dass das Leben auch mehr ist als Skifahren". Was ist schwerer zu verkraften fragte er sich, „das Erreichen eines großen Zieles oder das Nicht-Erreichen? Wenn ich etwas nicht erreicht habe, dann kann ich aber noch immer daran glauben und dafür habe ich den gewissen Extra-Motor immer im Rucksack mit dabei. Wenn ich das Ziel erreicht habe, dann fragt man sich: Und jetzt?". Seine Erkenntnis aus der erzwungenen Pause war: „Ohne Scheitern wäre ich nichts, für mich war das Verlieren oft lehrreicher als das Gewinnen." In der darauffolgenden Saison war er noch fitter und fokussierter, trainierte noch intensiver und fuhr von Erfolg zu Erfolg.

Marc Girardelli war als Skifahrer eine Legende, als Unternehmer fuhr er zu Beginn eine Pleite ein. Er hatte, von der Öffentlichkeit weitgehend unbemerkt, sein ganzes Geld, seine Anteile, seine Immobilien in der weltgrößten Indoor-Skianlage in Bottrop, im Ruhrgebiet in Deutschland, versenkt. Das Geschäftsmodell sei gut gewesen, glaubt Girardelli. Er selbst sei schuld gewesen, sein damals fehlendes ökonomisches Wissen: „Ich hatte keine Ausbildung und damit auch zu viel Vertrauen in die falschen Menschen." Die Eigenverantwortung wischt er aber nicht vom Tisch, denn „schlussendlich lag der Fehler klar bei mir, dass ich nicht die letzten Entscheidungen getroffen habe". Als Rennläufer hatte er immer das letzte Wort darüber, welches Skimodell er beim Wettkampf verwendet, „es fährt ja auch kein anderer den Hang herunter". Als Geschäftsmann hatte Girardelli das anfangs vergessen: „Du darfst nie von der Meinung von irgendeinem anderen leben, du musst für dich selber entscheiden, weil dann bist du auch für dich selbst verantwortlich. Seit ich das mache, geht's mir blendend, und das, was ich mache, mache ich konsequent und dementsprechend erfolgreich." Er arbeitet heute als Eventmanager und ist als Vortragender im deutsch-, englisch- und italienischsprachigen Raum tätig.

Selbstverantwortung für schlechte Leistungen übernimmt auch Gerry Friedle. Wenn ein Song oder ein Album von DJ Ötzi nicht funktioniert, dann spricht er von einem „irrsinnigen Schmerz", weil er sich ständig mit der Frage nach dem Warum beschäftigt: Die „Selbstzweifel" dann wieder auszuräumen, braucht eben seine Zeit. Gerry Friedle meint: „Niederlagen und Schmerz sind leistungsfähige und nachhaltige Lehrer, was einen nicht umbringt, macht einen stärker." Er weiß auch, wenn man keine Fehler macht, lernt man nicht, verändert man sich nicht und wächst auch nicht. Das Lebensglück wird nicht von Niederlagen entschieden, sondern wie man damit umgeht.

Dass in jeder Niederlage ein Sieg steckt und man aus Schicksalsschlägen oder leidvollen Erfahrungen Kraft tanken kann, klingt für viele banal, doch für Moderatorin Barbara Stöckl ist es keine hohle Phrase: „Es ist so essenziell zu begreifen, dass das Leben überhaupt nicht vorsieht, nur glücklich zu sein, und zu verstehen, dass das Leid und der Schmerz genauso ihre Berechtigung haben wie das Glück. Das ist kein Gegensatz. Das eine ist nicht gut und das andere ist nicht schlecht, sondern beides ist das Leben."

Die bitterste Erfahrung, nämlich den Tod ins Leben zu integrieren, musste die ehemalige Krankenschwester und Extrembergsteigerin Gerlinde Kaltenbrunner auf ihren Touren zweimal machen. Das zweite Mal war für sie das Schlimmste: „Wirkliches Scheitern für mich war, als ich ohne Fredrik vom K2 zurückgekommen bin. Da habe ich, als ich unten wieder angekommen war, gespürt: Jetzt bin ich echt gescheitert, vollkommen. Alle anderen Male, wenn ich vorm Gipfel umdrehen habe müssen, bin ich gemeinsam mit meinen Teamkollegen trotzdem gesund zurückgekommen. Aber 2010 ohne Fredrik, das war mein Tiefpunkt." Es geschah, als Kaltenbrunner kurz davor war, alle vierzehn Achttausender bestiegen zu haben. Am 6. August 2010 auf dem K2 stürzte ihr Begleiter auf der Expedition, der Schwede Fredrik Ericsson, ca. 300 Meter vor dem Gipfel 1000 Meter in die Tiefe und starb. Ein Jahr lang brauchte sie Abstand, um wieder Kraft für den nächsten Aufstieg zu haben. Sie hat die Trauer zugelassen, die Geschehnisse in ihr Leben integriert und „viel geweint".

Als Peter Handke einmal gefragt wurde, was ihn antreibt, antwortete er:

„Wenn man mich jedoch fragen würde, warum ich schreibe, ich würde gar nicht wissen, was ich antworten sollte. Etwa, um Geld zu verdienen? Das wäre etwas zu einfach, obwohl es gar nicht ganz danebeen geht. Oder, um den Leuten zu imponieren? Welchen Leuten? Den Mädchen, sagen wir. Vielleicht auch gar nicht so ganz daneben, wenn wir ganz ehrlich sein wollen. Aber wenn ich's bedenke, ich glaube, es trifft doch nicht zu. Ich glaube, ich würde im Innern an das Wort von Franz Kafka denken: Er schreibt, um zu sein.“[36]

„Ich lasse mir den Kopf nicht durch Schwierigkeiten vernebeln.“
Helmut Marko

Der Grazer Rennfahrer Helmut Marko konnte in seiner Jugend nur im Rennauto „sein". Er hatte einen Vorvertrag mit Ferrari für die Formel-1-Saison 1973 unterschrieben. Es fehlten nur mehr einige Details. Dazu sollte es nicht kommen. Bei seinem neunten Formel-1-Rennen, beim Großen Preis von Frankreich 1972, saß er in einem Wagen mit einem neuen Chassis, der Fachbegriff für Fahrgestell. Es war noch nicht angepasst an seine Größe, er schaute 10 bis 15 cm höher aus dem Cockpit raus als normal: „Ich war so geil auf dieses Chassis, mir war alles egal, in meinem normalen Chassis wäre es nicht passiert." ES war der Schatten den er sah, ein Stein, der vom Boliden von Ronnie Peterson hochgeschleudert wurde, sein Visier durchschlug und sein linkes Auge völlig zerstörte. Er war halb ohnmächtig vor Schmerzen, sah nichts mehr, sein erster Gedanke war: „Ich bin Fünfter oder Sechster, zwanzig Autos sind hinter mir, ich habe 250 Liter Benzin an Bord. Wenn ich nichts mache, gibt es einen Riesenklescher. Hand raus, Zeichen geben, an die Seite steuern und bremsen." Bis er versorgt wurde, dauerte es mehrere Stunden. Zuerst war er im falschen Spital, dann war der richtige Arzt auf einer Grillparty und zu schlechter Letzt musste er die Behandlung vorher bar bezahlen. Sechs Wochen war er in etwa im Krankenhaus und hatte beide Augen verbunden. Er schärfte in dieser Zeit andere Sinne: „Ich konnte die Krankenschwestern am Geruch erkennen." Etwa so lange brauchte er auch, bis er realisierte, dass er keine Rennen mehr fahren kann. Er kehrte nach Graz in sein normales Leben zurück, nur wenige meldeten sich: „Als Sportler glaubt man, dass man wichtig ist, doch das hängt nur mit dem Erfolg zusammen, wenn der weg ist, ist man auch weg." Er trägt seit dem Unfall eine Augenprothese. Marko hatte keinen Zukunftsplan, er erhielt aber Managementangebote. Er hatte sein verdientes Geld klug in Immobilien angelegt und weiter ausgebaut. Trotz „null Ahnung von Gastronomie und Hotellerie".

Seinen Sitz im britischen B.R.M. Team und daraufhin bei Ferrari bekam übrigens Niki Lauda. Mit „Was-wäre-wenn-Fragen" hält sich Marko in persönlichen Belangen nie auf: „Ich lasse mir den Kopf nicht durch Schwierigkeiten vernebeln." Ein ganz anderes Auto mit einer besonderen Nummerntafel hat es dem Mathematiker Rudolf Taschner angetan. Es handelt sich um das berühmteste Comic-Auto der Welt, jenes von Donald Duck. „313 ist die Zahl des Misserfolgs", klärt mich Rudolf Taschner auf. Die Autonummer leitet sich von Donalds fiktivem Geburtsdatum, dem 13. März, ab und unterstreicht gleichsam Donalds Pech: 3 x 13 = 3 x Unglück, als hätte Donald nicht schon genug Pech im Leben. Die Ikone von Taschner fährt aber trotz Unglückszahl, unzähliger Unfälle und Totalschaden sein Enten-Auto auch noch nach mehr als 60 Jahren.

Am Steuer eines realen Autos begann die Geschichte des größten beruflichen „Scheiterpunktes" von Margot Käßmann. Sie war seit mehr als zehn Jahren Bischöfin der evangelisch-lutherischen Landeskirche Hannovers, die mit mehr als drei Millionen Mitgliedern die größte evangelische Landeskirche Deutschlands ist, zudem seit gut drei Monaten Ratsvorsitzende der EKD, als sie im Februar 2010 alkoholisiert am Steuer ihres Dienstwagens von der Polizei angehalten wurde. Sie trat von all ihren offiziellen Ämtern zurück: „Ich weiß, ich stand morgens um sechs Uhr in der Küche und dachte, ich komme da nicht wieder raus. Ich trete zurück. Das war Intuition. Meine Mitarbeiter waren dagegen, aber im Grunde war es im Nachhinein genau das Richtige. Ich war erleichtert, habe es nie bereut. Ich war froh, dass ich diese viereinhalb Minuten [exakte Länge der Rücktrittspressekonferenz] ohne Tränen durchgestanden hatte. Dass ich da klar war. Das Gegiere nach Sensation, das wurde ja aufgeblasen wie sonst was. Da waren die ganzen Kameras: klack klack klack. Der Zorn auf diese Art Pressemeute hat mir im Grunde geholfen, Haltung zu bewahren." Sie wollte danach eine neue Stelle finden, hatte ein anderes Angebot schon fast angenommen. Dann bekam sie einen Anruf aus den USA von der Emory University in Atlanta im Bundesstaat Georgia: Ob sie für fünf Monate eine Gastprofessur übernehmen würde. Als Bischöfin war ihr das zeitlich nicht möglich gewesen. Nun aber willigte sie ein: „Wenn der liebe Gott eine Tür zuwirft, dann macht er ein Fenster auf. Das ist genau das Richtige, erst einmal wegzugehen. Fünf Monate Abstand in den USA war das Beste." Sie unterrichtete dort als Dozentin.

Meine „Scheitermomente" als Journalistin waren Gott sei Dank im beruflichen Leben nie von existenzieller Natur. Ich musste aber da und dort Umwege machen – ähnlich einem Bypass. In meiner Zeit als Krankenschwester pflegte und betreute ich Patienten nach einer Bypass-Operation. Dies war notwendig, wenn beim Patienten große Herzkranzgefäße zum Teil oder zur Gänze verschlossen waren, und eine Umleitung gebaut werden musste, um die Durchblutung des zentralen Organs wieder gewährleisten zu können.

Nach der journalistischen Pionierarbeit bei einem Privatradiosender und einem Jahr im ORF-Landesstudio war ich am Ziel angelangt. In der Zentrale des ORF in Wien und in der wichtigsten Fernsehredaktion des Landes, der „Zeit im Bild".

Scheitermoment 1: Ich wurde von der Moderation des Politikmagazins „Report" abgesetzt, weil ich meine langen Haare nicht abschneiden wollte. Es wirke zu unseriös, wurde mir damals ausgerichtet. Nach wenigen Monaten wurde ich aber wieder eingesetzt, Voraussetzung war das Tragen eines streng nach hinten gebundenen Nackenknotens.

Scheitermoment 2: Ich wurde schwanger. Nein, das war natürlich kein Scheitern, im Gegenteil, ich freute mich riesig auf unser Wunschkind. Aber dieser Umstand sollte mich später einige Zeit meiner Bildschirmpräsenz kosten. Nach dem Ende meiner ein Jahr dauernden Karenz war ich einem Vorgesetzten an gewissen Stellen zu dick, was bedeutete: keine Moderation mehr am Schirm. Ich ging zur

Gleichbehandlungsanwaltschaft und durfte dafür eine gleichwertige Sendung, das Parlamentsmagazin „Hohes Haus", moderieren.

Scheitermoment 3: Wegen der privaten Beziehung zu einem damaligen Angestellten der grünen Bundespartei musste ich die Innenpolitik verlassen. Ich habe ihn danach geheiratet. Das klingt beim Niederschreiben viel lustiger, als es war. Mein Credo: Neue Situation, neu durchstarten. Für mich waren diese Misserfolge gleichzeitig ein großer Antrieb, neue Herausforderungen noch besser zu bewältigen, denn schließlich mache ich meine Arbeit mit großer Freude.

Misserfolge bleiben schmerzhaft, man tut im Prinzip alles, um sie zu verhindern, doch Erfolgreiche wissen: „Wer nichts macht, kann auch nichts falsch machen." Wenn ich auf die Nase falle, dann habe ich es wenigstens versucht. Misserfolge sollten nicht als Niederlagen interpretiert werden. Das nagt am Selbstwert. Besser die Aufgabe und die Ziele sehen und nicht das *Ich*. Wenn Kinder laufen lernen, müssen sie Hunderte Male aufstehen und werden ihre Erfahrungen vom Hinfallen immer besser adaptieren. Unsere Karrierewege entwickeln sich dahin, dass wir sicher weiter Fehler machen, aber dafür vielleicht andere.

Freude und Leidenschaft

„Raus aus der Blumenwiese und rein in den Dschungel."
Anne Meyer-Minnemann

Gerhard Zeilers Antrieb ist nicht der Wille zur Macht, er schüttelt vehement den Kopf, seine Arbeit macht ihm „Spaß, man muss Stress bewältigen können, braucht Fleiß, muss Verantwortung übernehmen und man braucht Leidenschaft für das, was man tut".

„In einem Skirennen ist der Wettkampf an sich kein Spaß", sagt Hirscher. „Es kann sein, dass man im Ziel abschwingt und Sterne sieht, da wäre es stupide zu sagen, das ist schön." Wenn er über die Ziellinie fährt, geht sein Blick gleich zur Zeittafel. Zeigt sie Rot oder Grün? In den vergangenen Jahren sah Hirscher oft Grün. Siege oder gute Platzierungen machen dann Spaß und letztlich gilt für ihn: „Wenn ich keine Freude dabei habe, überholen mich die anderen."

Die unterschiedlichsten Charaktere und gegensätzlichen Berufe meiner Gesprächspartner bieten in der Frage nach ihrem Antrieb große Abwechslung. Die evangelische Theologin Margot Käßmann treibt die leidenschaftliche Suche nach dem „Sinn des Lebens" an: „Oh ja, ich will die Welt verbessern. Da lachen manche Leute über mich, ich weiß. Aber ich bin Christin, ich glaube an Gott, daran, dass ich Gottes Geschöpf bin und Gott uns diese Welt anvertraut hat. Von diesem Glauben gebe ich gerne etwas weiter, weil ich denke, dass er Menschen Halt und Haltung gibt. Ich möchte so leben, dass ich am Ende meines Lebens sagen kann: Ich habe alles getan, um diese Zeit auszuschöpfen und das Beste daraus zu machen."

Sein und Sinn in der Arbeit zu finden, davon ist der Mensch getrieben, meinte der Neurologe und Psychiater Viktor Frankl: „Wovon der Mensch zutiefst und zuletzt durchdrungen ist, ist weder der Wille zur Macht noch der Wille zur Lust, sondern der Wille zum Sinn."[137] Frankl hatte erst das Thema Sinn in der existenziellen Psychotherapie etabliert. Er nennt das Gewissen *Sinn-Organ*. Bei der Sinnsuche werden wir aber auch von Werten getragen.

Frankl unterscheidet drei Wertekategorien:
Schöpferische Werte (z. B. Arbeit, aktives Schaffen)
Erlebniswerte (Kunst, Musik, gutes Essen, Sex, Genießen)
Einstellungswerte (Wie stelle ich mich zu unabänderlichen Dingen wie Tod, Krankheit ein? Wie kann ich z. B. Leid in Leistung verwandeln?)[138]

„Leben ist Veränderung", pflegt eine enge Freundin oft zu mir zu sagen. Das gilt auch für Antrieb und Motivation, schildert Mezzosopranistin Angelika Kirchschlager. Innerhalb der ersten fünf Jahre ihrer Karriere ist sie bereits in allen großen Opernhäusern der Welt aufgetreten, in der Opéra Bastille in Paris, im Royal Opera House in London, in der Metropolitan Opera in New York. Ihr Antrieb war, das erfüllen zu können, was von ihr verlangt wurde: „Jedes Jahr ein anderes Haus. Wow. Da musst du nur schauen, dass du das Gefäß füllst. Das ist ein wichtiger Antrieb. Und die Neugierde, wie weit komme ich und schaffe ich das auch noch. Plötzlich war ich auf Reiseflughöhe. Dann war der Antrieb [sie hatte inzwischen ihren Sohn geboren] in meinem Beruf, den ich liebe, Geld zu verdienen und kräftemäßig über die Runden zu kommen." Sie erzählt von den Mühen des Alltags. Ihr Sohn Felix war krank und sie hatte bei ihrer ersten Orchesterprobe zu „Così fan tutte" nur zwei Stunden geschlafen. Später lernte sie mit ihm für eine Prüfung und hatte deshalb weniger Zeit, um selbst zu lernen. Ihr Credo: „Ich muss es schaffen!" Die Belohnung hat sie auf der Bühne oft gespürt. Jetzt treiben sie Experimente mit Liedern an, das Philosophische, der Sinn des Lebens.

Für den Rockmusiker Bob Dylan war Erfolg, wenn er morgens aufsteht, abends ins Bett geht und dazwischen macht, was er möchte. Das trieb auch Udo Jürgens an. Er wollte nur Musik machen, ob mit oder ohne Erfolg: „Ich kann mit der Musik auf- oder untergehen. Wenn ich untergehe, dann sitze ich wenigstens am Klavier in einem Kaffeehaus und das ist besser, als in einer Bank oder einem Büro zu sitzen."[139]

Schon früh haben große Denker die Macht der Gefühle gewürdigt. Der französische Mathematiker, Physiker, Literat und Philosoph Blaise Pascal meinte: „Ein Tropfen Liebe ist mehr als ein Ozean Verstand." Liebe für das, was man tut, sollte man viel ernster nehmen, als es die Gesellschaft tut, und es ist nicht als Gefühlsduselei zu bewerten. Dafür plädiert der Pionier der internationalen Glücksforschung Ed Diener. Er erzählt von einer Studie mit Nonnen, die im Schnitt mit 22 Jahren ins Kloster eingetreten sind und inzwischen ein Alter von 90 erreicht haben. Sie mussten beim Eintritt ins Kloster einen kleinen Besinnungsaufsatz schreiben. Jene Nonnen, die darin viele positive Gefühle ausdrückten wie Dankbarkeit, Liebe und Glück lebten bis zu zehn Jahre länger als diejenigen, die mehr Pflicht als Freude empfanden.[140]

Susie Wolff braucht den Hormoncocktail, der ihren Körper bei jedem Rennen durchflutet: „Das Gefühl, das man in einem Rennauto bekommt, wenn man darauf wartet, dass die Lichter ausgehen, wenn man probiert, Dinge zu erreichen und Erfolg zu haben. Als Sportlerin ist es schwierig, einen Ersatz für dieses Gefühl des Adrenalins in einem Rennen zu finden, es kann durch nichts anderes erzeugt werden."

„Das Schönste, was es gibt, ist Visionen zu haben,
Fantasie, Leidenschaft und Disziplin." Alfons Schuhbeck

Dass Starkoch Alfons Schuhbeck Spaß an seiner Arbeit hat, ist bei jedem Satz zu spüren, doch bei aller Liebe zur Arbeit dürfe man nicht die Disziplin vergessen: „Das Schönste, was es gibt, ist Visionen zu haben, Fantasie, Leidenschaft und Disziplin. Leidenschaft ist etwas Wunderbares, aber man muss diszipliniert sein. Du kannst feiern bis vier Uhr früh, aber um sieben Uhr bist du wieder da." Das mit der Leidenschaft teilt der Wissenschaftler Ernst Ulrich von Weizsäcker, aber Visionen zu haben ist eine ambivalente Sache: „Christus hatte auch Visionen und die waren göttlich. Hitler hatte Visionen und die waren tödlich. Visionen sind also eine zweischneidige Sache."

Chefredakteurin Anne Meyer-Minnemann mag keine Langeweile. Sollte sich statt Spaß und Leidenschaft dieses Gefühl dennoch breit machen, dann kriegt sie „Hummeln im Hintern" und muss etwas Neues, anderes machen. Für sie gilt dann: „Raus aus der Blumenwiese, hinein in den Dschungel." Für Kinder ist Spaß, Liebe, Leidenschaft in jedem Spiel hautnah zu erleben und zu spüren. Ein Vorbild für die Zeit als Erwachsener findet der Schweizer Psychiater und Begründer der analytischen Psychologie Carl Gustav Jung. Er hat am eigenen Leben gespürt, dass es hilft, wenn man das innere Kind nicht verliert und nicht aufhört zu spielen. Jung fühlte sich nach der beruflichen Trennung von Sigmund Freud oft desorientiert und hatte schreckliche Träume, in welchen der Tod immer eine große Rolle spielte. Er glaubte schließlich, dass bei ihm eine „psychische Störung" vorliege und ging seine Kindheitserinnerungen durch. Die erste Erinnerung war mit zehn oder elf Jahren, als er „leidenschaftlich mit Bausteinen gespielt" und damit Häuschen, Schlösser und Tore mit Bögen gebaut hat. Später verwendete er Steine und Lehm als Mörtel. C. G. Jung spürte plötzlich „den kleinen Jungen" in sich und nach „unendlichem Widerstreben" fing er wieder an zu spielen. Er sammelte Steine am Ufer eines Sees und begann zu bauen, ein Häuschen, ein Schloss, ein ganzes Dorf. „Jeden Tag baute ich nach dem Mittagessen, wenn das Wetter es erlaubte. Kaum war ich mit dem Essen fertig, spielte ich, bis die Patienten kamen; und am Abend, wenn die Arbeit früh genug beendet war, ging ich wieder ans Bauen. Dabei klärten sich meine Gedanken, und ich konnte die Fantasien fassen, die ich ahnungsweise in mir fühlte."[141] Wann immer Jung in seinem Leben später „stecken blieb", malte er ein Bild oder bearbeitete Steine. Viele seiner Arbeiten („Gegenwart und Zukunft", „Über das Gewissen") seien aus der „Steinarbeit" gewachsen.

Kränkungen und Mangel

„Man würde nie so viel von sich preisgeben, man macht das eigentlich nur, weil man so eine Sehnsucht hat nach Anerkennung, Liebe und Lob." Gerry Friedle alias DJ Ötzi

Barbara Stöckl glaubt, dass schwierige Kindheitserfahrungen ein „enormer Antrieb" sein können, dieses „Es-trotzdem-Schaffen, das Überwinden-Wollen". Mehr Potenziale, glaubt sie, werden aber bei geliebten Kindern freigelegt, die in einem „stabilen Nest" aufgewachsen sind, so wie sie es erleben durfte. Potenziale haben alle Kinder. Vor der Arbeit an diesem Buch hatte ich die These, dass die meisten erfolgreichen Menschen eine steinige Kindheit hinter sich gehabt haben und aus diesem Grund zu kämpfen gelernt hätten. Meine Annahme war falsch. Die einen wurden gefördert und geliebt, andere nicht. Die Unterschiede scheinen aber einerseits der Umgang mit Krisen zu sein und andererseits die Gründe für den Antrieb einer Karriere. Ist ein Fundament voll Liebe und Lob in der Kindheit und Jugend gebaut worden, nimmt man Kritik und Misserfolge nicht allzu persönlich. Man kann besser damit umgehen und stellt sich nicht gleich komplett infrage. Der feste Unterbau bekommt schwerer Risse. Das ist bei jenen, die von klein auf schwierige Lebenswege meistern mussten, anders. Die Risse erschüttern dann oft „den ganzen Menschen". Der Antrieb ist bei jenen Personen oft dieses fehlende Lob oder zu wenig Liebe.

Liebe und Wärme sind zwei wichtige Worte. Für Gerry Friedle waren sie oft Fremdworte. Seine Mutter hat ihn zu Zieheltern gegeben. Als er zweieinhalb Jahre alt war, ist er dann nach Ötz zu seinen Großeltern gekommen. Gerry reagierte auf seine Weise und war oft und lange krank. Obwohl sich seine Oma sehr um ihn gekümmert hatte, hatte er immer das Gefühl, er gehöre hier nicht hin. Wohl gerade deshalb verspürte er umso mehr den Wunsch nach Anerkennung, Aufmerksamkeit und Liebe. Er hat seine innere Unruhe und fehlende Ausgeglichenheit als Kind vielfach durch seinen Drang, auffallen zu wollen, zu kompensieren versucht – jedoch nicht immer zur Begeisterung seines Umfeldes.

Sein Großvater war sehr streng und hatte oft einen sehr rauen Umgangston. Sein Vater war im Grunde nie für ihn da. Sprüche wie: „Du bist nichts, du wirst nie jemand sein …" haben ihn tief verletzt.

Aufgrund seiner Kindheit suchte Gerry sein Seelenheil in der Außenwelt: „Man würde nie so viel von sich preisgeben, man macht das eigentlich nur, weil man so eine Sehnsucht hat nach Anerkennung, Liebe und Lob." Alles Große beginnt mit einem Traum, ist er überzeugt: „Ich wollte mehr aus mir machen, weil man mir nicht wirklich etwas zugetraut hat." Er schrieb mit 14 Jahren einen Brief an seine Oma, wo er ihr verspricht: „Aus mir wird noch was, du wirst sehen!" Gerry ist schon sehr früh von zu Hause weg, obwohl er keinen Plan hatte, wo er hin sollte, ist dann sogar einige Zeit obdachlos. Völlig am Boden zerstört lernte Gerry Michaela kennen. Sie hat ihn dazu gebracht, an sich zu glauben. Umzudenken. Und für sie hat er das erste Mal in seinem Leben vor Publikum gesungen, Me and Bobby McGee von Janis Mc Choplin. Nachdem er das Lied gesungen hatte, bekam er einen Riesenapplaus. Dieser Moment sollte sein Leben für immer verändern. Das war seine Initialzündung, plötzlich wusste er, welches Ziel er anstreben wollte. So ist er überhaupt zum Singen gekommen. Er hat das erste Mal erlebt, dass er etwas besonders gut kann. Von diesem Tag an begann er sein Leben zu ändern. Er begann, sich zu öffnen und zu lernen, vor allem aus seinen Fehlern. Man weiß nie, wozu man fähig ist, bis man es ausprobiert.

Später gründete er mit einem Freund eine Band, es blieb ein kurzes Intermezzo. Sein Vater schickte Playbacksongs an Plattenfirmen, doch es kamen nur Absagen. Dennoch hatte er sein Ziel klar vor Augen, heute bezeichnet er seine Zeit als DJ und Animateur als Lehrjahre, als Vorbereitung für die große Bühne. Ausdauer, Fleiß und

Ehrgeiz sind seine ständigen Begleiter, um nicht zu einer musikalischen Eintagsfliege zu verkommen. Gerry Friedle erzählt, dass er jede Nacht mit dem Glauben, es auf die große Bühne zu schaffen, eingeschlafen ist. Jahre später, 1999, wurde ihm der Song „Anton" angeboten. Vierzehn andere hatten es schon vor ihm gesungen. Der 28 Jahre alte Friedle sagte „Nein", drei Monate lang, weil er lieber deutschen Rock gemacht hätte wie Marius Müller Westernhagen. Doch die Begeisterung seiner Oma für den „Anton", die damals hohen Schulden und vielen blauen Briefe wegen unbezahlter Rechnungen ließen ihn den späteren Hit produzieren. Er war dennoch einer der letzten DJs, der die Nummer gespielt hat, weil er glaubte, es funktioniere einfach nicht. Sein damaliger Diskothekenchef zwang ihn dazu und Friedle wurde vom Gegenteil überzeugt: „Ich habe erkannt, wenn ich bereit bin, mein Leben dafür zu geben, kann es vielleicht funktionieren." Und wie es funktioniert hat. Es war der Anfang einer steilen Karriere. Er weiß noch, in welcher Kurve auf der Autobahn bei Mondsee in Oberösterreich er gefahren ist, als ihn Musikproduzent Christian Seitz anrief und sagte, sie hätten 120.000 CDs von „Anton" verkauft, und das war für österreichische Verhältnisse sehr viel. Es sollten Millionen werden. Er informierte natürlich sofort seine Oma und war glücklich, dass sie nach all den Sorgen, die er ihr bereitet hatte, nun endlich stolz auf ihn sein konnte.

Es war derselbe Christian Seitz, der ihn bei „Hey Baby" anrief und sagte: „Hey, wir sind in England auf Platz 45." Friedle sagte ihm, er solle erst wieder anrufen, wenn sie auf Platz 1 wären. Er hatte dieses Ziel im Kopf, wollte es aber nicht zu früh und laut hinausposaunen. Ein Aberglaube, dass Träume mit zu viel Reden darüber zerplatzen würden, hielt ihn zurück. Doch es wurde Realität. Als erster österreichischer Künstler staubte er mit seinem Top-Hit „Hey Baby" in England Gold und Platin ab, war mit dem Song auf Platz 1. Zur gleichen Zeit waren drei seiner Hits in den Top Ten der englischen Charts, das war zuvor nur den Beatles gelungen.

Inzwischen hat er über 16 Millionen Tonträger verkauft, ist damit einer der erfolgreichsten österreichischen Musiker. Die Produktion mit Nik P. „Ein Stern, der deinen Namen trägt" war ein Rekord, blieb 108 Wochen in den Top 100.

In der Ultimativen Chart Show des Senders RTL wurde das Lied auf Platz 1 der „erfolgreichsten Songs des neuen Jahrtausends" platziert.

Gerry Friedle verwendet gerne das Bild der Steine und meint: „Die Steine, die mir in meinem Leben immer wieder im Weg gelegen sind oder die mir in den Weg gelegt wurden. Sie haben mein Leben mitbestimmt. Und ich habe sie niemals weggelegt, sondern immer mitgenommen. Und heute bau ich mir mit ihnen mein Schloss, oder anders ausgedrückt: Ich verwende sie als stabiles Fundament für mein neues Leben."

Vielleicht gibt es gerade im künstlerischen Bereich einige Menschen, die wegen ihrer Kränkungen in der Kindheit und Jugend diesen Beruf ergreifen, um sich jene Aufmerksamkeit und jenes Lob zu holen, die sie in ihrer Entwicklung derart vermisst haben.

Einen körperlichen Mangel hat Frank Elstner im Lauf seines Lebens einfach umgedeutet in „unique". Wegen eines angeborenen Augenfehlers trägt er seit seinem 20. Lebensjahr ein Glasauge: „Wenn Sie auf die Welt kommen und später ein Glasauge brauchen, dann sind Sie ja nicht fürs Fernsehen erfunden worden, deswegen habe ich meine erste Karriere ja auch im Hörfunk gemacht." Im Hörfunk hat er sich eine grundlegende Sicherheit im Beruf als Moderator angeeignet. Seine ersten Fernsehsendungen machte er noch ohne Glasauge, da hatte er ein „großes und ein kleines, kaputtes Auge". Den Regisseur bat er, nicht zu nah mit der Kamera ans Gesicht zu gehen, bis ihm seine Mutter erklärt hat, er solle sich nicht so aufregen, das sei im Fernsehen nun mal nötig. Seine Großmutter meinte, er solle einfach ein Monokel tragen, dann sei er immer „der Feinste".

Der Erfolg ist ein Prozess, wo man als Anfänger/Anfängerin die Anerkennung geradezu sucht, gelobt und von allen geliebt werden will. Je länger man das macht, umso weniger braucht man von dieser Dosis. Die Anerkennung der Außenwelt und die immer geringer werdende Dosis, die davon nötig ist, betreffen auch meinen Karriereweg. Man kann den Job in der Öffentlichkeit auch als eine Art seelische Selbsttherapie sehen, um Kränkungen und einen Mangel an Gefühlen zu kompensieren, die einem in der Kindheit verwehrt wurden. Als ich aus den innenpolitischen Sendungen in ein

Konsumentenmagazin versetzt wurde, fühlte ich mich auf ein Ne-
bengleis gestellt. ORF intern wurde das von nicht wenigen Menschen als Abstieg bewertet. Doch mit meinem Mentor und dama-
ligem Vorgesetzten Johannes Fischer versuchte ich, den Begriff Ver-
braucher auf die Ebene der Politik zu übertragen. Der Konsument/
die Konsumentin, ist der/die Letztverbraucher/in der Politik und damit war und ist die Sendung „heute konkret" für mich ein relevan-
ter gesellschaftspolitischer Faktor. Ich hatte meine eigene Wertung
verändert. Dann kam das Angebot, ob ich mir vorstellen könne, bei
der ORF-Show „Dancing Stars" mitzumachen. Ich liebte es schon
immer zu tanzen. Ich stieg in einen inneren Dialog mit mir ein und
fragte mich, ob ich es mit 70 bereuen würde, es nicht gemacht zu
haben. Die klare Antwort: Ja. Ich machte mit und fühlte mich bei
der ersten Sendung überhaupt nicht wohl, fragte mich, ob das denn
eine kluge Entscheidung gewesen sei. Danach sagte auch noch ein
Journalist einer Tageszeitung vor meinen Freundinnen zu mir: „Das
wird nichts, du fliegst bei der zweiten Sendung raus!" Jetzt war mein
Kampfgeist erwacht, schon wieder jemand, der glaubte zu wissen,
was ich kann oder nicht kann. Nachdem auch die anderen Bericht-
erstatter mir lange keine Chance gaben, konnte ich von den Medien
unbehelligt mit meinem Tanzprofi Andy Kainz üben, üben, üben.
Wir wurden Woche für Woche vom Publikum weitergewählt. In der
Mitte der Staffel bekamen wir das Lied „Ich will keine Schokolade".
Wir mochten es gar nicht und Andy Kainz wollte auch keine passende Choreografie dazu finden. Wir sprachen mit einer Kollegin aus
der Redaktion und wollten einen anderen Song. Doch die Regeln
des von der BBC erfundenen Formats sind streng, es fruchtete nicht.
Wir waren so sauer, dass wir beschlossen, mit diesem alten Schlager
das Tanzen und uns selbst auf die Schaufel bzw. Schippe zu nehmen.
Alles im 50er-Jahre-Style und die gleichen übertriebenen Tanzbewe-
gungen mit humoristischen Einlagen. Ich hatte Angst, ausgelacht zu
werden. Das Publikum war – für mich völlig überraschend – begeistert. Sie wollten offenbar sehen, dass eine ernste Journalistin bereit
war, über sich selbst zu lachen. Ein Lernprozess, der ab diesem Punkt
für mich noch etwas viel Entscheidenderes zu Tage gefördert hat. Ich
kann und darf so sein, wie ich bin, und ein großer Teil des Publikums

mag mich genau so. Bis dahin, das musste ich ehrlich eingestehen, war ich immer auf das Lob meiner Kollegen bedacht. Ich hatte wohl oft für sie gearbeitet, nicht für das Publikum, ohne es bewusst wahrzunehmen. Dieser großen, auch äußerlich merkbaren Wandlung verdankte ich letztlich den Finalsieg. Ab dem „Schoko-Song" tanzte ich für das Publikum und nicht für jene Menschen aus dem Betrieb, die auch an einem fünffachen Salto auf dem Parkett etwas auszusetzen gehabt hätten. Es war eine große Befreiung für Körper, Geist und Seele. Ich hatte 2009 meiner Freundin Doris gestanden, dass ich wohl aufgrund meines schwer gepflasterten Lebensweges mit dem Job im Fernsehen das öffentliche Lob gesucht habe, das ich als Kind nicht bekam. Der Beruf als eine Art Selbsttherapie, aber jetzt sei ich „fast" austherapiert. Ich bin noch immer nicht von all meinen Altlasten aus meiner Kindheit und dem Erwachsenenleben befreit. Ein kleiner Kampf mit mir selbst wird mich wohl immer begleiten.

Mut und Risiko

„Man muss den Mut haben, sich zu blamieren." Barbara Stöckl

Blamieren will ich mich auf keinen Fall. Das war wohl einer meiner ersten Gedanken zu Beginn meiner Moderationskarriere, als am 7. Februar 2002 das Telefon klingelte und mein ORF-Kollege Geert Kahl von der Redaktion der Diskussionssendungen sagte: „Claudia, du machst am Sonntag die Pressestunde mit dem Präsidenten des Österreichischen Gewerkschaftsbundes Fritz Verzetnitsch!" Das Angebot ehrte mich, aber schien mir zu früh zu kommen: „Das ist lieb von dir, dass du mir das zutraust, aber ich kann das nicht in dieser kurzen Zeit", war meine Replik vier Tage vor der Sendung. Geert zeigte sich unbeeindruckt und sagte: „Das ist großer Blödsinn, natürlich machst du das. Das ist eine Chance, die man nicht ausschlägt. Eine zweite kriegst du nicht." Ich machte es und war froh darüber, dass mich ein Förderer und Wissender ins kalte Wasser geworfen hatte. Übrigens hab ich so reagiert, wie das außerordentlich viele Frauen bis heute machen. In der Diskussionssendung „Betrifft" mit

Johannes Fischer haben wir ständig versucht, weibliche Experten und Betroffene einzuladen. Der Unterschied: Die meisten Frauen sagten Ähnliches wie ich: Die Zeit ist mir zu kurz für eine entsprechende Vorbereitung; ich muss noch meine Vorgesetzten fragen; da bin ich nicht so kompetent. Ein klassischer Perfektionswahn. Der erste Satz des potenziellen männlichen Gasts am Telefon lautete übrigens: „Ja, ich komme!" Erst dann kam die Frage: „Worum geht's?"

Barbara Stöckl ist Moderatorin und Unternehmerin. Sie betreibt seit vielen Jahren gemeinsam mit Peter Nagy die Filmproduktionsfirma KIWI TV. Mut und Risiko sind Teil ihrer Geschäftswelt. Wie unterscheidet Stöckl gute von schlechten Mitarbeiterinnen? Sie konzentriert sich auf den ersten *Augen*blick:

„Das erste Erkennungszeichen sind die Augen. Es ist der Blick. Wie blickt jemand in die Welt. Man sieht auch, wie aktiv oder wie phlegmatisch jemand ist. Die Augen waren für uns letztendlich oft das entscheidende Moment in Mitarbeitergesprächen." Doch sie fordert auch Mut. In dem kreativen Bereich, in dem sie arbeitet, sei es wichtig, auch bereit zu sein sich sprichwörtlich auszuziehen: „Die Menschen die bei mir arbeiten wollen, müssen bereit sein, nackt zu sein." Sie schildert dazu eine Redaktionssitzung, die einen geschützten Rahmen darstellt, in dem man bereit sein müsse, sich auch vor anderen zu blamieren und gleichzeitig kann man sich nicht blamieren. Um das greifbarer zu machen, zeigt sie ihren Mitarbeitern gerne ein Plakat aus „Braunschlag", einer der erfolgreichsten ORF-Serien. Da stehen Nicolaus Ofczarek und Robert Palfrader mit ihren nackten, wabbeligen Oberkörpern in Unterhosen auf der Straße. Stöckl sagt dann: „Jetzt stellt euch mal vor, wie sich die bei dem Dreh gefühlt haben. Da ist ein Kamerateam, eine Crew, hundert Leute, die vor dir stehen, und du stehst mit deiner Wampe da und stehst nackt vor der Kamera – und genau das will ich von euch. Ich will, dass ihr so mutig seid, dass ihr mir Vorschläge macht, die so verrückt sind und so anders, dass man sich denkt, ich weiß nicht, ob ich mich das zu sagen trau. Aber das braucht es auf dem Weg zum Sehr Gut. Es ist der Mut zum Risiko und der Mut, sich zu blamieren." Stöckl selbst gibt zu, über diese Form von Mut nicht zu verfügen, aber „vielleicht fasziniert mich das bei Mitarbeitern auch deshalb so sehr, weil ich es selber nicht habe. Ich wäre selbst gerne mutiger. Ich hätte gern, dass ich mich weniger auf meine Vorbereitung, auf mein Gelerntes, auf mein Handwerk verlasse, dass ich sage ‚Ich weiß, ich kann es und mach es.‘ Deswegen faszinieren mich Menschen, die diese Eigenschaft haben.“

Robert Palfrader und Nikolaus Ofczarek in „Braunschlag“ – Foto ORF © Ingo Pertramer

Sie bewundert Menschen wie den Unternehmer Heinrich Staudinger, die den Zug nach vorne haben, „dieses Sich-nichts-Scheißen. Das ist letztendlich ein probates Lebensrezept, *zerdenk* nicht alles, sei mutig“. Für Experimente zum Überwinden von Grenzen bedarf es dieser Kombination von Risiko und Denken, Neuland zu betreten, ohne zu wissen, wohin einen das führt. Physiker hält Stöckl deshalb für extrem mutige Menschen. Der Schweizer Psychotherapeut und Philosoph Andreas Dick meint, dass es beim Mut zum Risiko immer um den Kampf gegen den inneren Schweinehund geht. Nehmen wir die existenzielle Frage: Soll ich meinen Job kündigen oder nicht? Andreas Dick empfiehlt, sich beim Gespräch mit Vorgesetzten Darth Vader hinter sich vorzustellen, der einem die Hand auf die Schulter legt und gut zuredet. Darth Vader steht in der Kultserie „Star Wars“ klar für die böse Seite der Macht. Die deutsche Philosophin Svenja Flasspöhler findet, dass man sich bei existenziellen Entscheidungen der eigenen Sterblichkeit bewusst werden und das Leben zu Ende denken sollte: „Ich werde sterben, was bereue ich getan zu haben oder nicht getan zu haben?"[142]

Helmut Marko traf keine existenzielle Entscheidung in diesem Sinn, als er anfing Autorennen zu fahren und doch, in den 1960er- und 1970er-Jahren ging es oft um Leben und Tod.

Racing-Gen ohne Führerschein und mit Jochen Rindt

Der Motorsportdirektor des österreichisch-britischen Red Bull Racing-Teams, Geschäftsmann, Hotelier und Kunstsammler Helmut Marko sitzt in seinem Büro in der Grazer Herrengasse. Es liegt im obersten Stock. Durch die Rundumverglasung hat man einen herrlichen Blick auf das Schlossberghotel unter dem Grazer Uhrturm. Das Hotel ist nur eine von vielen erfolgreichen Immobilien, die Marko aufgebaut hat und besitzt. Ein fast zufriedener Motorsportchef von Red Bull, umgeben von zahlreichen Kunstwerken und einem penibel aufgeräumten Schreibtisch sitzt mir gegenüber. Das Formel-1-Rennen in Monaco 2015 haben die beiden Piloten Daniil Kwjat und Daniel Ricciardo mit den Plätzen vier und fünf beendet, „trotz des viel schlechteren Motors".

Mut und Formel 1 sind untrennbare Geschwister. Und wenn Helmut Marko von den Rennen der 1970er-Jahre erzählt, scheint das Risiko damals sogar ein noch größeres gewesen zu sein.

Jochen Rindt und Helmut Marko waren in der siebenten Klasse in einem Gymnasium in Graz ein enges Freundschaftsgespann. Jochen Rindts Eltern waren bei einem Bombenangriff in Deutschland ums Leben gekommen. Seine Mutter war Grazerin und so kam er zu seiner Großmutter in die Steiermark. Die beiden „Wilden" nervten den Direktor derartig, dass er ihnen zu Weihnachten eine Bedingung stellte: „Ihr bekommt nur dann ein positives Zeugnis, wenn ihr von der Schule geht." Die beiden als „Persona non grata" bezeichneten jungen Männer nahmen das Angebot an und verbrachten den Rest der Gymnasialzeit im 160 Kilometer entfernten Bad Aussee. In derselben Klasse saßen unter anderem die späteren Industriellen Peter Mitterbauer und Thomas Prinzhorn. Zwei Klassen unter Marko drückte André Heller die Schulbank. Das Internat war fast vierzig Minuten entfernt von der Schule. Rindt hatte sich beim Skifahren am Krippenstein den Oberschenkel gebrochen. Zu Fuß in die Schule zu gehen, war deshalb unmöglich. Rindt wurde aus diesem Grund von der Geschäftsführung seiner geerbten Gewürzmühle ein VW Käfer samt Chauffeur geschickt, um ihn zum Unterricht zu fahren. Den Fahrer schickten die Burschen mit der Begründung nach Hause, dass einer von ihnen den Führerschein hätte. Das war gelogen und wenn sie das eine oder andere Mal von der Gendarmerie (der damalige Begriff für Polizei) aufgehalten wurden, wurde kurzerhand der deutsche Reisepass von Rindt glaubhaft zum Führerscheinersatz erklärt. Das Autofahren in den 1960er-Jahren wurde sehr sportlich ausgelegt. Sie waren immer zu viert und hatten ein eigenes System entwickelt, sich zu verbessern. Einer fuhr, die anderen drei waren die Jury. Wenn sie der Meinung waren, der Fahrer hatte die letzte Kurve nicht am Limit ausgereizt, wurde gewechselt. Rindt war der Beste von allen: „Bei Jochen bestand nie ein Zweifel. Wenn er an der Reihe war, gab er das Steuer nicht mehr ab. Er war der wildeste Hund von allen, mit einer Fahrzeugbeherrschung, die ich bis heute nicht mehr in dieser Form erlebt habe."[143] In dieser Zeit „wurde unser Racing-Instinkt geweckt", erzählt Marko. Das Realgymnasium hatte einen zweifelhaften Ruf. Wenige Wochen vor der Matura beziehungsweise dem Abitur wurde der Privatmittelschule 1961 unter der Leitung des ehemaligen SS-Obersturmbannführers Wilhelm Höttl das Recht zur Abhaltung von Reifeprüfungen entzogen und alle Schüler mussten ins Gymnasium nach Stainach in die Obersteiermark.

Marko und seine Freunde waren plötzlich damit konfrontiert, lernen zu müssen. Sie taten es auch. Marko schaffte alles bis auf Latein, die Nachprüfung war im Herbst. Jahrelang quälten ihn noch Albträume deswegen. Rindt hatte nach der Matura Zugriff auf seine Finanzen und fing an, professionell Rennen zu fahren. Der Vater von Marko wollte, dass sein Sohn studierte, dann könne er tun, was er wolle. Marko suchte sich die Rechtswissenschaften aus, weil es ein Universalstudium sei, das man überall brauchen könne. Rindt machte in dieser Zeit schon seine Rennkarriere. Er wollte damals mit Ecclestone ein Formel 2 Team gründen, in welchem Marko hätte fahren sollen.

Rindt hatte „Todesahnungen", erinnert sich Marko, sein Freund Jochen fühlte sich im Lotus 75 des Konstrukteurs Colin Chapmann nicht wohl. Die Leitplanken war vom Boden weg viel zu hoch montiert und die nach unten spitz zugehende Schnauze des Rennwagens von Rindt „fädelt" am 5. September 1970 beim Training für den Grand Prix von Monza unter der Leitplanke ein. Rindt hatte keine Überlebenschance. Marko saß damals mit seinen Freunden vor dem Radio in Graz.

Formel 1 ist und bleibt ein Riesengeschäft, auch auf dem Friedhof. Jochen Rindt wurde in die Erde gelegt und darüber lag das Motto „The Race must go on". Pietät ist in diesem Geschäft ein Fremdwort. Auf dem Begräbnis in Graz bekam Helmut Marko ein Angebot eines Automobilrennstalls. Er sagte Ja. Damals starben zwei bis drei Piloten pro Jahr bei Test- oder Rennfahrten. Der Tod wurde als Begleiter akzeptiert, es erwischt immer die anderen, lautete der eingebrannte Selbstschutz. Marko gewann 1971 mit Gijs van Lennep im weißen Martini-Porsche 917 K das härteste Rennen der Welt, das 24-Stunden-Rennen von Le Mans. Sie fuhren im Schnitt 222 km/h, inklusive Boxenstopps. Dieser Geschwindigkeitsrekord hielt fast vierzig Jahre. Der 917er Porsche war „sauschnell, aber gefährlich", weil sich die Reifen nach einer gewissen Zeit lösten. Beim nächsten 24-Stunden-Rennen passierte Marko genau das. In diesem Moment sei man nur mehr Passagier, realisiere zwei bis drei Sekunden vor dem Aufprall, dass man mit dem Speed in die Mauer knalle: „Das ganze Leben ist an mir wie in einem Zeitrafferfilm vorbeigezogen. So jung, dachte ich, ich hätte doch nicht nach Jochens Tod ins Rennauto steigen sollen und dann machte es peng!" Ab da ging ein Automatismus los: sofort abschnallen und rausspringen. Das Auto war ein Totalschaden. Marko gelang es, zu Fuß zum Rennleiter zu kommen, es war Ferdinand Piëch. Er wollte ihn gerade fragen, wann er gedenke, das Felgen- und Reifenproblem zu lösen, als Piëch ihn anblaffte, wo denn das Auto sei, es müsse sofort in die Box. Wortlos und nicht nur sprichwörtlich auf allen vieren ist Marko zum Auto zurückgekrochen, obwohl es unmöglich war, mit dem Wrack irgendwohin zu fahren. Keiner untersuchte ihn oder fragte, wie es ihm ginge. Das war damals einfach nicht üblich: „Abends konnte ich mich kaum mehr bewegen, ich war voller Blutergüsse, wie ein Tätowierter habe ich eine Zeit lang ausgesehen." Die Lebensgefahr war wieder vergessen.

„Es gibt immer einen Weg, wenn der andere versperrt ist, immer einen Weg nach vorne." Margot Käßmann

Margot Käßmann scheut sich nicht vor verbalen Kampfrunden. Zuletzt fiel sie mir auf, als Hillary Clinton 2014 bei Günther Jauch zum Thema „Frauen an die Macht" eingeladen war und von allen außer der evangelischen Theologin und Exbischöfin hofiert wurde. Sie hielt der aktuellen US-Präsidentschaftskandidatin die Ermordung Bin Ladens und das Beharren der USA auf die Todesstrafe wortgewaltig vor.

Käßmann war gerade 16, als sie 1974 in den USA war und der Vietnamkrieg zu Ende ging. Zum ersten Mal traf sie Juden, die sie als Deutsche nach ihrer Einstellung zum Holocaust gefragt haben. Sie musste eine Geschichtsarbeit schreiben und las dazu Martin Luther King. Er habe sie fasziniert, weil er gezeigt hätte, dass man „politisch und fromm sein kann". Im selben Jahr starb ihr Vater, alle Ereignisse dieses Jahres führten zu vielen Gedanken existenzieller Art. Sie entschied sich, Theologie zu studieren. Für diesen Berufswunsch wurde sie, ähnlich wie Marcel Hirscher, in der Schulklasse belächelt: „Die fanden das witzig, Mensch, die Margot ist fromm." Es war ihr egal, weil sie wusste, was sie will. Ihr Lehrer sagte: „Mönchlein, Mönchlein, du gehst einen schweren Gang." Damals wusste sie noch nicht, dass sich das auf den Reformator Martin Luther bezog. Während des Studiums entschloss sie sich, Pfarrerin zu werden. Ein Bild hatte sie keines von ihrem Beruf, sie kannte keine weibliche Pfarrerin.

Sie sei „nicht geduldig, aber zäh". Zähigkeit setzt sie mit Durchhaltevermögen gleich: „Ich hatte eine Durststrecke, als ich mit meinem Studium fertig war und mich die Kirche nicht angestellt hat. Ich hatte damals drei kleine Kinder und sie meinte, man könne das der Gemeinde nicht zumuten, mein Mann würde doch Geld verdienen, ich sei doch alimentiert. Das hat mich getroffen, denn ich wollte arbeiten, berufstätig sein." Diese Durststrecke dauerte fünf Jahre. Aus Trotz hat sie promoviert: „Es gibt immer einen Weg, wenn der andere versperrt ist, immer einen Weg nach vorne." Und es kam noch eine vierte Tochter. Ihre Kinder wurden ihr auch vorgehalten. Als sie Generalsekretärin des Evangelischen Deutschen Kirchentages werden wollte, wurde sie gefragt: „Sie haben vier Kinder, wie stellen Sie sich das vor?" Sie antwortete: „Herr Gauck, Sie haben auch vier Kinder, warum soll ich das nicht machen, wenn mein Mann einverstanden ist?" Der deutsche Bundespräsident Joachim Gauck war auch einmal evangelischer Pastor und Kirchenfunktionär gewesen. Käßmann übte als erste Frau das Amt der Generalsekretärin von 1994–1999 aus: „Ich hatte manchmal Angst vor der eigenen Courage. Als ich Generalsekretärin des Kirchentags wurde, saß ich am ersten Tag am Schreibtisch und dachte mir: Um Himmels willen, hoffentlich sind die Schuhe nicht eine Nummer zu groß für dich. Schaffst du das?" Käßmann macht auf einen wichtigen Bezugspunkt aufmerksam, der einen in Zeiten, wo einem Prügel vor die Füße geschmissen werden oder mutige Entscheidungen gefragt sind: den Freundeskreis. „Ich hatte stets wunderbare Freundinnen und Freunde, die mich ermutigt haben. Die manchmal auch über mich gelacht haben. Du brauchst Menschen, die dich ermutigen. Lass die anderen Leute reden, lass dich nicht runterziehen, es ist dein Leben. Bei mir waren es meistens Freundinnen, die mir auch ehrlich sagten, wenn ich schiefgelegen bin. Das musst du dann auch annehmen."

Unternehmer, Autor und Motivationslegende Jim Rohn (1930–2009) sagte schon: „Du bist der Durchschnitt der fünf Menschen, mit denen du deine meiste Zeit verbringst."[144]

„Unternehmer müssen sich immer mit dem ‚Worst Case' beschäftigen." Freddy Burger

Kann ich mir das Risiko des Misserfolgs leisten? Wenn Musikmanager Freddy Burger diese Frage mit Nein beantwortet, schließt er das Geschäft nicht ab. Unternehmer müssten sich bei großen Entscheidungen immer mit dem „Worst Case" beschäftigen. Burgers Schlüsselerlebnis fand wenige Meter vom Bürohauptsitz in Zürich entfernt statt. Er hatte dort vor bald 50 Jahren mit einem Büro in Untermiete begonnen. Mit seinem Erfolg war er plötzlich der Vermieter.

In den Genuss kam eine Gruppe gleich junger Menschen wie er, die eine Ausstellung für Jugendliche in Bern organisiert hatte und mit ihrer Idee „IT-Fair" durchstarten und viel Geld verdienen wollte. Der junge Chef erzählte Burger, „mein Ziel ist es, mit 30 Millionär zu sein". Burger ging irritiert nach Hause und dachte über seine Ziele nach. Er verstand nicht, wie man ein rein „monetäres" Ziel haben konnte, man müsse doch eine Vision haben, und wenn man etwas gerne und richtig mache, damit auch Geld verdienen. Er sollte recht behalten, der Möchtegernmillionär war mit 30 pleite. Burger ist laut Steuerbescheid und durch eigene Leistung Millionär, aber für ihn hatte das Geld nie Priorität, beteuert er. Er hat es immer in Immobilien und andere Projekte investiert.

„Man muss die Tollkühnheit haben, das Risiko zu leben."
Marc Girardelli

Für Marc Girardelli war sein größter Erfolg der Sieg bei der letzten von zwei Lauberhornabfahrten in Wengen 1989. Eine Woche davor hat er die berühmte Hahnenkammabfahrt in Kitzbühel gewonnen. Er verzichtete auf einen Trainingslauf, weil die Piste im Ziellauf so vereist war. Girardelli schilderte seine Gedanken während des Laufs, als sei es gestern gewesen. Er entschied sich kurz vor der Abfahrt, eine andere Linie zu fahren:

„Ich fahre drei Meter weiter links, kerzengerade auf ein Tor, dann eine 90-Grad-Kurve nach rechts und noch eine 90 Grad nach links, und das alles mit 110 km/h, ohne Training, das war ein bisschen Harakiri. In der ersten der beiden Abfahrten an diesem Wochenende hatte ich in diesen neun Sekunden eine halbe Sekunde zum Zweitschnellsten rausgeholt und das Rennen genau an dieser Stelle gewonnen. In der zweiten Abfahrt am nächsten Tag hatte ich einen perfekten Top-Abschnitt im Rennen und wusste, ,dieses Rennen hast du gewonnen!' Die Frage, ob ich noch einmal dieses enorme Risiko mit der Zielpassage in Kauf nehmen sollte, drückte mich die letzte Minute, während ich die Lauberhornabfahrt mit bis zu 160 km/h runterdonnerte. Das Rennen hast du gewonnen, so oder so. Warum nicht auf Sicherheit ins

Ziel fahren und den Siegerpokal einfach abholen? Und dann hab ich mich entschieden, ich fahr so wie beim ersten Mal, volles Risiko! Das brachte mir den unvergesslichen Sieg mit zwei Sekunden Vorsprung vor drei Schweizern."

Von wegen das Denken ausschalten beim Rennfahren, eine widerlegte, naive Annahme. Ein Zentimeter kann über Erfolg oder Niederlage entscheiden. Ohne Risiko geht laut Girardelli im Rennsport nichts: „Man muss die Tollkühnheit haben, das Risiko zu lieben. Man darf keine Angst haben vor dem Risiko, muss es suchen, nicht kalkulieren. Erst wenn man die Grenzen gesprengt hat und auf seine Reflexe vertraut, kann man Leute wie Stenmark, Klammer und Tomba schlagen."

„Mut ist der schmale Grat zwischen Tollkühnheit und Feigheit."
Gertrud Höhler

In der Musikwelt muss keiner um sein Leben bangen, wenn der Begriff Risiko fällt. Gerry Friedle hat früher, wo er „nichts zu verlieren" hatte, gerne viel riskiert. Nachdem er sich viel aufgebaut hat, ist es schwieriger für ihn ein Risiko einzugehen. Letztlich geht es immer um das richtige Maß. „Mut ist der schmale Grat zwischen Tollkühnheit und Feigheit", definiert Gertrud Höhler diese Erfolgstugend. Ein Maß, das dennoch unmessbar bleiben wird.

Susie Wolff spricht dagegen von „kalkuliertem" Risiko. Sie hatte 2014 zwei Chancen zu zeigen, was sie im Rennsport kann. Beim Grand Prix von Großbritannien und in Deutschland beim Hockenheim Rennen. Es gab einen großen Medienrummel, weil sie die erste Frau seit 22 Jahren war, die an einem Testrennen teilnahm. Doch bei der Kontrollfahrt in Großbritannien explodierte in der dritten Runde der Motor und das Rennen war vorbei, bevor es begonnen hatte. Sie war enttäuscht, weil sie sehr viel Arbeit und Training hineingesteckt hatte. Sie spürte einen noch größeren Druck auf sich lasten, denn nun hatte sie nur mehr beim Grand Prix in Deutschland eine Chance, ihr Können unter Beweis zu stellen: „Ich hatte zwölf Runden, um meinen Job gut genug zu machen, um dem Team zu zeigen, was sie von mir erwarten konnten. Für mich geht es daher immer um ein kalkuliertes Risiko, weil ich nach diesen Runden das Auto an jenen Rennfahrer übergeben musste, der an diesem Wochenende damit fuhr. Ich musste also sichergehen, dass ich keinen Unfall baute. Das war mein Nummer eins Ziel." Sie wusste, in welchen Ecken sie Gas geben und in welchen Ecken Gefahren lauerten, wo sie abbremsen und den Gang wechseln musste. Sie hatte es „Tausende Male" in ihrem Kopf durchgespielt und das auf der Rennstrecke umgesetzt. Wenn sie einem derartigen Druck ausgesetzt ist, funktioniert sie nur, wenn sie „im Moment" bleibt. Sie denkt nicht über negative Folgen nach, sondern bleibt fokussiert auf ihr Ziel. Diesmal lief alles gut und sie bekam wieder eine Chance.

Dem Kategorischen Imperativ folgend ist es in Ordnung, jederzeit die eigenen Grenzen zu überschreiten, solange es nicht die der anderen betrifft. Handle also laut Kant so, dass die Maxime deines Willens jederzeit zugleich als Prinzip einer allgemeinen Gesetzgebung gelten könne. Letztlich soll das Ziel immer eine Balance des Risikos sein und nicht die Maximierung oder die Minimierung desselben.

Die Entscheidung

„Raus aus der Enge und von außen draufschauen."
Gerlinde Kaltenbrunner

Entscheidungen treffen ist doch einfach, schließlich *grüßt jeden Tag das Murmeltier*. Wann muss ich aufstehen, Kaffee oder Tee zum Frühstück, mit dem Auto oder doch mit dem Bus zur Arbeit, Social Media checken, jeder Handgriff eine Entscheidung. Das zählt jedoch alles zur Routine, das sind keine Entscheidungen im herkömmlichen Sinn. Entscheidung hat etwas mit entscheidenden Schritten im Leben oder im Beruf zu tun. Stellen Sie sich vor, sie bereiten sich ein Jahr lang auf ein Projekt vor und als sie ihr Ziel in Sichtweite haben, kehren sie um. Wie läuft so ein Prozess ab?

Ich treffe eine der besten Alpinistinnen weltweit, Gerlinde Kaltenbrunner, in ihrer Heimat Oberösterreich in Linz. Ich sitze einer zierlichen, durchtrainierten Frau gegenüber. Sie wollte 2006 den 8516 m hohen Lhotse in Nepal besteigen und ist knapp hundert Höhenmeter vor dem Gipfel umgekehrt. Es war wolkenlos, herrlicher Sonnenschein, der Gipfel nah. Sie war mit ihrem damaligen Lebenspartner Ralf Dujmovits und ihrem japanischen Bergfreund Hirotaka Takeuchi, sie nennt ihn Hiro, unterwegs. Sie hatten schon zuvor mit dem Kangchendzönga einen schwierigen Achttausender bestiegen. Am Lhotse waren sie die Letzten am Berg, weil die Saison schon vorüber war:

„Wir kommen da am späten Nachmittag über eine steile Eisflanke mit etwa 50 Grad Steigungswinkel rauf. Mein Partner Ralf war schon umgekehrt und Hiro war noch ein bisschen hinten. Ich hab immer einen Höhenmesser dabei, und ich schaue auf die Uhr, Viertel nach fünf. Der Gipfel war für mich so zum Greifen nah, ich kann das gar nicht beschreiben. Hundert Höhenmeter sind eigentlich nichts mehr, aber in dieser Höhe ohne Flaschensauerstoff ist es doch eine lange Distanz und vor allem muss man nicht nur rauf, man muss auch immer den Rückweg einkalkulieren. Ich dachte mir, das Wetter ist schön und nur noch hundert Höhenmeter, aber es wird bald dunkel, und in der Dunkelheit in diese 50 Grad steile Eisflanke einsteigen, wir haben keine Seile gelegt, das wäre viel zu riskant gewesen. Ein winzig kleiner Fehler, eine kleine Unkonzentriertheit – in der Dunkelheit ist diese Gefahr noch höher und hätte das ‚Aus‘ bedeutet. Das habe ich mir dann klar bewusst gemacht. Trotz der Euphorie, den Gipfel so nahe zu haben, versuche ich mich aus dem Jetzt herauszunehmen und von außen auf die Situation zu schauen. Klar und realistisch, geht sich das jetzt aus oder eben nicht?"

Kaltenbrunner nimmt eine Vogelperspektive ein, um das Feld der Emotionen verlassen zu können:

„Das ist in so ausweglosen Situationen wichtig für mich. Raus aus der Enge und von außen draufschauen. Ich merke dann, wie ich wieder so einen Weitblick kriege, eine weite Perspektive, damit ich alles realistisch betrachten kann. Das hat mir schon oft geholfen."

Für diese Entscheidung hat sie circa fünfzehn Minuten benötigt. Der Gipfel des Lhotse war für sie zu sehen, der Mount Everest im schönsten Abendlicht unmittelbar daneben, aber in der totalen Stille des Adlerblicks war für sie oberste Priorität, gesund zurückzukommen. Sie tröstete sich auch gleich damit, dass sie ja noch eine Chance habe, es wieder zu versuchen. Wichtig sei es, zu einer einmal getroffenen Entscheidung zu stehen: „Ich hadere dann nicht mehr, sondern lege meine ganze Aufmerksamkeit, meine volle Konzentration, in den Abstieg. Die Entscheidung ist getroffen und alles ist schon wieder Vergangenheit. Meinen Blick richte ich nach vorne und sage mir, okay, ich probiere es wieder, vielleicht schon nächstes Jahr." Sie schaffte es beim dritten Versuch im Mai 2009.

Auch im Coaching wird dieser Adlerblick neben dem Ich-Blick und dem Du-Blick verwendet. Statt ständig ins Smartphone zu schauen, sollte man den Fernblick einlegen, nach vorne schauen. Das „Kopf hoch" ist für die Beurteilung von Situationen sehr hilfreich, sagt Mentaltrainerin Kristin Walzer: „Wenn man zu sehr mit inneren Gedankenspiralen beschäftigt ist, manifestiert sich das darin, dass man auf den Boden schaut und nicht geradeaus." Wie bei Charlie Brown, der Hauptfigur von ‚Die Peanuts'." Charlie erklärt seiner Freundin, wie er sich verhält, wenn er deprimiert ist. Er demonstriert die Haltung: Schultern nach vorne gebeugt, Blick nach unten, einen Buckel machen. Charlie sagt: „Das Verkehrteste, was du tun kannst, ist aufrecht und mit erhobenem Kopf dazustehen, weil du dich sofort besser fühlst."

Viele Menschen treffen alle Entscheidungen allein, machen alles mit sich selbst aus, andere wiederum holen sich den Rat ihrer nächsten Umgebung oder ihrer Familie. So etwa Bundespräsident Heinz Fischer. Es war der 9. Oktober 1961, sein 23. Geburtstag. Er war gerade mitten im Gerichtsjahr, er wollte Rechtsanwalt werden. Zu Hause wurde der Geburtstag gefeiert. Mit dabei seine Eltern, seine Schwester, der ehemalige Bundesminister für Volksernährung Otto Sagmeister und dessen Frau sowie Tante Mini. Kurz vorher hatte ihn Leopold Gratz, Sekretär im Klub der Sozialistischen Abgeordneten und Bundesräte, gefragt, ob er als Jurist ins Parlament kommen wolle. Er wäre am Gesetzgebungsprozess beteiligt und in einem Jahr wären wieder Nationalratswahlen. Fischer müsste sein Gerichtsjahr unterbrechen, seine Rechtsanwaltslaufbahn wäre damit infrage gestellt gewesen. Er legte diese Frage beim Fest auf den Tisch. Sein Vater war unsicher, was er ihm raten sollte, seine Mutter war „strikt" dagegen und sein Onkel Otto Sagmeister redete ihm intensiv zu: Man könne so ein Angebot nicht ausschlagen mit 23 Jahren. Gerade das junge Alter ließ den Vater unsicher sein. Er solle das Gerichtsjahr und die Rechtsanwaltsprüfung absolvieren, in eine Kanzlei eintreten und nachdem er Fuß gefasst habe, könne er sich immer noch aktiv politisch betätigen. Fischer war in der Studienzeit in der Hochschülerschaft bei den Sozialdemokratischen Studierenden aktiv und wusste, Politik würde ihm „Freude" machen und er „will" es einfach. Wenn alle gesagt hätten, es „wäre ein Fehler, glaub ich, hätte ich es nicht gemacht, aber nachdem mein Vater nicht absolut Nein gesagt hatte und mein Onkel entschieden Ja, habe ich mich dafür entschieden". Gleichzeitig entschied er sich, dass er sich auch ein zweites Standbein in der Wissenschaft schaffen wolle mit Publikationen und einer Habilitation, die er an der Universität Innsbruck auch schaffte. Ein Angebot auf einen Lehrstuhl an der Universität Graz lehnte er ab, denn er hatte seinen Weg gefunden: die Politik. Dort seien Entscheidungen oft auch eine Frage der Moral, sagte Fischer in einem Vortrag und zitierte aus dem berühmten Essay „Der Mensch ohne Alternative" des Philosophen Leszek Kolakowski: „Das abstrakte Sollen erleidet bei der Berührung mit der Wirklichkeit meist eine Niederlage", und er wurde noch deutlicher, indem er fortsetzte: „Niemand kann in den Lackschuhen privater Tugend durch den blutigen Sumpf der großen Geschichte schreiten."[145] In der Politik geht es ständig um das Verhältnis von Zweck und Mittel und das wird von Kolakowski nicht nur als ungelöst, sondern als unlösbar bezeichnet. Als ich Bundespräsident Fischer fragte, ob denn die Lüge ein erlaubtes Mittel sei, meinte er, dass Lüge nicht erlaubt ist: „Das ist der Grundsatz und dieses Postulat ist einzuhalten. Aber wenn es um einen Nachteil für einen Dritten oder für ein ganzes Land geht, kann es notwendig sein, sich von einem allgemeingültigen Grundsatz zu dispensieren, aber nicht, um mir einen Vorteil zu verschaffen, sondern um anderen keinen Schaden zuzufügen. Dass das im Einzelnen sehr, sehr schwierig ist und dass dieser Gedankengang missbrauchsanfällig ist, ist klar." Die Notlüge ist seiner Meinung nach eben nur in absoluten Ausnahmefällen erlaubt.

„Ich frage und mache Sitzungen und Meetings, aber die Entscheidung treffe ich allein." Elisabeth Gürtler

Elisabeth Gürtler übernahm 1990 mit 40 Jahren, nach dem Tod ihres Exehemannes Peter Gürtler, das Hotel Sacher. Er hatte das weltberühmte Haus den gemeinsamen Kindern vermacht, sie waren mit 15 und elf Jahren aber noch minderjährig.

Der Tourismus in Wien hatte eine sensationelle Performance. Im Jahr 2005 hatte Gürtler ständig Anfragen von Tourismusberatungsgesellschaften erhalten, wie sie den Standort Wien mit der Hotellerie und das Bettenwachstum einschätze, und ahnte dass hier offenbar eine Entwicklung einsetzte, der sie etwas entgegensetzen musste. Sie hatte den richtigen Riecher für bevorstehende Veränderungen und entschied sich die Strategie für das Hotel Sacher zu ändern. Das Sacher in Wien war damals etwas „hausbacken", hatte keinen Wellnessbereich. Sie blickte nach London, Paris, New York und stellte fest, Tradition sollte nicht nur Bewahren von Vergangenheit bedeuten: „Im harten Wettbewerb muss man die Ziffern optimieren und dazu gehört eine optimale Betriebsgröße. Nur bei guten Gewinnen kann man gut investieren. Es war mir klar, wir müssen die Betriebsgröße erhöhen. Wir hatten 109 Zimmer und man braucht in der Luxushotellerie ungefähr 150." Wenn sie erst reagiert hätte, wenn das Park Hyatt Vienna und das Sans Souci schon gestanden wären, wäre es zu spät gewesen. Mit dieser Entscheidung blieb das Hotel Sacher das beste Luxushotel in Wien. „Auslastung und Preis" zeigen der Absolventin der Wirtschaftsuniversität Wien, dass sie richtig liegt: „Wenn ich den Gesamtumsatz in meinem Zimmerbereich sehe, dividiert durch die Anzahl meiner vorhandenen Zimmer, dann schaue ich, auch wenn ich sie nicht verkauft habe, was verdiene ich pro Zimmer. Wenn ich da Nummer eins bin, dann habe ich es richtig gemacht, denn wenn ich einen zu hohen Preis hätte, aber zu wenig Zimmer verkaufe, habe ich meinen Umsatz nicht maximiert. Wenn ich wahnsinnig viele Zimmer verkauft habe, aber zu einem zu niedrigen Preis, habe ich leider ein Potenzial, das ich nicht realisiert habe."

Die Topunternehmerin Elisabeth Gürtler entscheidet gerne ohne Zeitdruck: „Es gibt Menschen, die schon für die Zukunft

Entscheidungen treffen, ohne dass es wirklich dringend ist. Das mache ich nicht, da lasse ich mir noch hundert Mal Zeit." Sie entscheidet nicht mit dem Team gemeinsam: „Ich mache das mit mir aus, wie Entscheidungen laufen und was ich möchte. Ich frage und mache Sitzungen und Meetings, aber die Entscheidung treffe ich allein." Verhandeln kann sie am besten, wenn sie die Menschen nicht kennt, mit Freunden „zu verhandeln ist eine Katastrophe". Je größer der Druck, umso härter verhandelt sie.

Mentalcoach Kristin Walzer hat den zweifachen österreichischen Golf-European-Tour-Sieger Markus Brier zwölf Jahre lang begleitet. Die Kernfrage war und ist immer: Wie komme ich in den „Flow"? Ein Bewusstseinszustand, in dem Höchstleistungen leicht, einfach und im Fluss erlebt werden. Der Glücksforscher Mihály Csíkszentmihályi hat diesen Begriff geprägt und neun Hauptelemente genannt, die Menschen während dieses Prozesses beschrieben haben:

- Jede Phase des Prozesses ist durch klare Ziele gekennzeichnet: Der Landwirt weiß über die nächsten Schritte der Bepflanzung seines Feldes Bescheid, der Chirurg, welchen Schnitt er setzen soll, die Musiker, welche Noten als Nächste kommen.
- Man erhält ein unmittelbares Feedback für das eigene Handeln: Bei einer *Flow*-Erfahrung weiß eine Opernsängerin sofort, wie gut sie ihre Sache macht. Der Chirurg sieht, dass kein Blut in die Bauchhöhle fließt.
- Aufgaben und Fähigkeiten befinden sich im Gleichgewicht: Wenn wir Tennis oder Schach mit einem Gegner spielen, der uns weit überlegen ist, sind wir frustriert, bei einem schwächeren gelangweilt. In einem erfreulichen Spiel bewegen sich die Spieler auf dem feinen Grat zwischen Angst und Langeweile.
- Handeln und Bewusstheit bilden eine Einheit: Csíkszentmihályi beschreibt hier die Alltagserfahrungen etwa in der Schule, wo Lehrer glauben, dass ihre Schüler aufpassen, aber diese denken gerade an das Mittagessen, oder der Golfspieler überlegt, wie der Schlag auf seine Freunde wirkt. Beim *Flow* sind wir aber auf das konzentriert, was wir gerade tun, um das Gleichgewicht von Fähigkeiten und Anforderungen zu bewahren.

- Ablenkungen werden vom Bewusstsein ausgeschlossen: Das Hier und Jetzt ist relevant. Wenn die Opernsängerin während ihres Auftritts an ihre Steuererklärung denkt oder an einen Streit in ihrer Beziehung, dann wird sie den nächsten Ton nicht perfekt treffen. *Flow* ist das Ergebnis einer intensiven Konzentration auf die Gegenwart, was die normalen Ängste und Sorgen des Alltags von uns abfallen lässt.
- Man hat keine Versagensängste: Während des *Flows* wird nicht über ein mögliches Scheitern reflektiert. Die Leute beschreiben, sie hätten alles unter Kontrolle, was nicht stimmt, sie zweifeln in diesem Moment einfach nur nichts an.
- Selbstvergessenheit: Im Alltag denken wir oft, wie wir auf andere Menschen wirken. Der positive Eindruck steht im Vordergrund. Diese „Selbstbewusstheit" ist eine Last. Im *Flow* vergisst man auf sein Ego, hat das Gefühl, die eigenen Grenzen des Selbst zu überschreiten, man lebt in dieser Phase in einer anderen Welt. Der Autor weist auf die Paradoxie hin, dass das Selbst durch die Akte der Selbstvergessenheit wächst.
- Das Zeitgefühl wird aufgehoben: Stunden erscheinen wie Minuten oder Sekunden wie Minuten, beispielsweise schnelle Drehungen bei Eiskunstläufern.
- Die Aktivität wird zum Selbstzweck: Die griechische Bedeutung für den Moment, der das Ziel in sich hat. Kunst, Musik und Sport gehören besonders dazu. Die Aktivität wird genossen.[146]

Kristin Walzer hat auf dieser Grundlage mit Zentrierungsübungen, Yoga und Ritualen gearbeitet. Jeder Wettkampftag braucht eine klare Struktur. So wusste Golfprofi Markus Brier exakt, dass er 70 Minuten vom Beginn des Aufwärmens bis zum Stehen am ersten Schlag braucht. Die äußerlichen Bewegungsabläufe und die innerlichen Konzentrations- und Wahrnehmungsprozesse stimmen überein. Gute und schlechte Schläge müssen verarbeitet werden können. Brier kombiniert das Grün der Bäume mit einer Tiefenatmung, um zu seinem optimalen inneren Zustand zu finden. Beim Golf geht es um den besten Schlag. Mentaltraining beschäftigt sich damit, wie man Potenzial im gewünschten Moment punktgenau einsetzen kann, um fokussiert

Ziele zu erreichen. Wenn Sportler von Kristin Walzer verlangen würden, zu lernen, wie man das „Denken ausschalten" kann, dann hätten sie ein falsches Ziel. Sie müssten sich für zehn Jahre in eine Höhle zurückziehen, dann könne man vielleicht lernen, nichts zu denken. Weitaus effektiver kann man den Bewusstseinszustand „Flow" mit guten und unterstützenden Gedanken trainieren. Wenn ein Sportler den Fokus auf den Moment braucht, dann würde ihn die Baumübung mit Beinen als Wurzeln binnen Sekunden ruhiger werden lassen.

Kristin Walzer hat in Indien den Begriff „monkey mind" kennengelernt: Gedanken rasen wie Affen durch den Kopf. Bei Sportlern mit wilden „monkey minds" greift sie im ersten Schritt gern zur Ablenkungsstrategie. Das ist bei einem Profigolfer so weit gegangen, dass er während des Spiels komplizierte mathematische Aufgaben am Golfplatz lösen musste. So wurde er von negativen Gedanken ferngehalten.

„Du musst die Reise zum Erfolg in einige Zwischenetappen einteilen, sonst verlierst du den Glauben an dich." Marc Girardelli

Der fünffache Weltcupgesamtsieger Marc Girardelli vertraut nur auf sich selbst. Er hat seine Ziele mit einer Schiffsreise nach Amerika verglichen: „Du musst die Reise zum Erfolg in einige Zwischenetappen einteilen, sonst verlierst du den Glauben an dich, weil es einfach so anstrengend ist, so lange dauert, und so viele Schwierigkeiten auf dem Weg lauern. Darum verlieren viele den Mut oder werfen das Handtuch." Mitunter investiert man zehn Jahre Training und man hat nur die vage Hoffnung, irgendwann an die Weltspitze zu kommen, aber „nur vielleicht".

Der Blick von außen durch einen professionell ausgebildeten Coach ist beim Sport schon für viele seit geraumer Zeit selbstverständlich. Auch in der Wirtschaft wird diese Entscheidungsassistenz immer öfter genutzt. Jungunternehmer Florian Gschwandtner reist gerne in die USA und dort sei es selbstverständlich, dass „jedes Büro einen Psychologen, einen Mentor, einen Privatcoach hat". Eine „neutrale Person", die auf das Leben von außen blickt. Bei uns in Europa ist das noch nicht alltäglich und wenn jemand Hilfe in Anspruch nimmt, wird darüber eher geschwiegen.

Plan oder kein Plan?

Plan? Ich denke an mein immerwährendes „Management by Chaos". Ich definiere für mich zwar ein Ziel. Der Satz „ich möchte" wird irgendwann zu „ich werde" und im Tun entwickelt sich die Umsetzung, aber ohne ein starres Konzept. Kabarettist Roland Düringer hält auch nichts von konkreten Plänen. Wenn er eine Idee im Kopf hat, beginnt er mit dem ersten Schritt, aber dann schaut er, wohin die Reise geht. Entscheidungen trifft er erst später. Ein greifbares Bild aus der Natur soll mir das veranschaulichen. Er erzählt mir, dass er gerade seinen Garten umbaut. Wenn er zuvor aus seinem Wohnwagen hinausging, stand er auf einer Wiese. Immer mähen oder im Schlamm zu stehen, ärgerte ihn. Er begann aus Steinen Wege, Plätze und Feuerstellen zu bauen. Er ließ einen Haufen Steine zu seinem Grundstück transportieren und hatte keinen Plan: „Ich habe an einer Stelle angefangen, Steine zu verlegen und ich weiß nicht, wohin ich weiterbaue, ich mache das vollkommen planlos. Das Schöne ist, es wächst und entsteht etwas. Da ich keinen vorgefassten Plan hatte, wie das sein muss, kann ich auch nicht enttäuscht werden. Das ist ein großer Vorteil. Wenn ich aber plane und es gelingt etwas nicht nach meiner Vorstellung, entsteht Wut und Ärger wegen dieses Konstrukts im Kopf." Viele Menschen, ganze Gesellschaften, hätten große Pläne, aber „man muss immer wissen, dass es in eine vollkommen andere Richtung gehen kann". Wer nichts plant, könne auch nicht scheitern, glaubt Düringer, nur wer feste Vorstellungen hat von dem, was passieren soll, könne auch scheitern. Denn „wir wissen im Moment des Scheiterns nicht, ob es nicht letztlich ein Erfolg wird, weil eine andere Richtung, eine andere Tür aufgemacht wurde, durch die man sonst nie gegangen wäre". Außerdem muss es immer einen „Plan B" in seinem Kopf geben, sagt Düringer, denn man wisse nie, wann die Menschen nicht mehr bereit sind für eine Vorstellung zu zahlen. Nicht alle Kunstbeflissenen lieben das Chaos, aber meine Interviewpartner tun es. Im Sport und in der Wirtschaft hingegen bevorzugt man Pläne.

„A dream without a plan is just a wish!" Susie Wolff

Susie Wolff will Formel-1-Rennen fahren. Das ist ihr größter Traum. Einen Plan B hat sie nicht, nur diesen einen Plan A. Und sie unterstreicht das mit einem bekannten Satz: „A dream without a plan is just a wish!" Menschen träumen immer, aber „man muss wissen, wie man dahin kommt und für mich geht es um kleine Schritte, kleine Ziele auf dem Weg dorthin, die schlussendlich zu dem großen Ziel führen". Als sie das erste Mal als Testpilotin bei Williams in der Formel 1 fuhr, bewerteten das viele schon als großen Erfolg, aber für Wolff reichte das nicht: „Taten zählen mehr als Worte. Ich komme auf die Strecke und zeige es euch. Lasst mich nicht nur erklären, was ich kann, lasst mich es euch zeigen."

„Einen Chef braucht man nicht, wenn die Sonne scheint. Einen Chef braucht man vor allem, wenn es regnet. Er muss den Regenschirm aufspannen." Gerhard Zeiler

In der zahlendominierten Wirtschaft gehe nichts ohne Konzept, sagt Gerhard Zeiler: „Man sollte sich jeden Tag unverblümt vor Augen halten: Wie geht es der Firma? Deshalb glaube ich so sehr an eine verlässliche Planung: Wo stehen wir, wo wollen wir hin und wo müssen wir etwas tun?" Man müsse das gesamte Team immer auf den Weg des Unternehmens mitnehmen, ihm transparente Fortschrittsberichte geben, sonst würden die „Unsicherheit und Angst kommen, vor allem in Krisenzeiten". Struktur und Plan und damit Führung ist vor allem in schlechten Zeiten gefragt: „Einen Chef braucht man nicht, wenn die Sonne scheint. Einen Chef braucht man vor allem, wenn es regnet. Er muss den Regenschirm aufspannen." Zeilers Erfahrung habe ihn auch gelehrt, dass seine Mitarbeiter und Mitarbeiterinnen lieber einen klar vorgegebenen Weg als gar keinen Weg hätten, auch wenn sie einmal nicht hundertprozentig mit der Entscheidung der Führungsebene einverstanden sind: „Das Schlimmste ist das Nichtentscheiden!"

Ich liege am Irrsee im Salzkammergut, wie jedes Jahr beim Urlaub am Bauernhof. Ein Kraft- und Inspirationsplatz für neue Ideen und Gedanken. Bücher erweisen sich dann oft als Kompass für

Richtungsentscheidungen. 2010 bin ich in das Buch „Die 4-Stunden-Woche" von Timothy Ferriss vertieft. Ein zugegebenermaßen über weite Strecken populistisches Werk, aber ein Detail blieb mir hängen: sein Traumplan.[147] Er realisiert Träume mit einer konkreten Zeitdimension, die man niederschreibt. Traum, Umsetzen, Ziel erreicht.

Sein Tipp: Auf ein Blatt Papier die Begriffe „Haben", „Sein" und „Tun" schreiben und folgende Fragen beantworten:

- Was würde ich gerne haben (materiell und immateriell)
- Was würde ich gerne sein und was muss ich dazu tun?
- Was kostet es?

Doch das alles Entscheidende ist der erste konkrete Schritt. Damit setzt man alles in Bewegung. JETZT.

SCHRITT 1: HABEN	SCHRITT 5: KOSTEN	
1.	1.	
2.	2.	
3.	3.	
SCHRITT 2: SEIN	**SCHRITT 4: TUN**	**SCHRITT 5: KOSTEN**
1.	1.	1.
2.	2.	2.
3.	3.	3.
SCHRITT 3: TUN	**SCHRITT 5: KOSTEN**	
1.	1.	
2.	2.	
3.	3.	

SCHRITTE JETZT	MORGEN	ÜBERMORGEN
1.	1.	1.
2.	2.	2.
3.	3.	3.

Nach: „Die 4-Stunden-Woche – Mehr Zeit, mehr Geld, mehr Leben" von Timothy Ferriss,
Ullstein: Berlin 2008, S. 78.

Es ist um einiges leichter, Träume zu formulieren, als konkrete Schritte tatsächlich umzusetzen. Als ich meinem Sohn beim Toben im See zuschaute, wusste ich, dass ich schon geraume Zeit gerne eine längere Reise mit ihm unternehmen würde. Ich setzte mich hin und zeichnete den Plan von Ferriss auf ein Blatt Papier. Der erste Schritt: ein Mail an meinen Vorgesetzten schreiben und ihn um einen sechswöchigen Urlaub bitten, inklusive fixer Zeitangabe. Der Weg war losgetreten. Der Start war in Barcelona, das Ziel war Piran in Slowenien. Sich dazwischen *treiben* lassen. Dort, wo es uns gefällt, würden wir länger bleiben und sonst weiterziehen. Seither lieben mein Sohn und ich Südfrankreich.

Jungunternehmer Florian Gschwandtner hat den Autor und Unternehmer Timothy Ferriss in den USA getroffen. Von einer derzeit 80-Stunden- auf eine 4-Stunden-Woche zu kommen, ist aus Sicht von Gschwandtner wenig realistisch, aber er schätzt den Denkansatz: Stunden minimieren, Stundenlohn dafür maximieren.

Warum sind manchmal *Arschlöcher* erfolgreicher?

Von wegen Emotionaler Intelligenz: Es war bei einer unserer regelmäßigen Treffen in der ORF-Kantine nach der Livesendung von „heute konkret" mit dem Regisseur, den Aufnahmeleitern und Kolleginnen aus Produktion, Redaktion und Technik, als ich das Thema auf den Tisch gelegt hatte. Überall wird gepredigt, wie wichtig doch Empathie in Führungs- oder anderen Spitzenpositionen sei, die Praxis zeigt jedoch, dass immer wieder hochgradige Egomanen, die weder links noch rechts schauen, genauso an ihre Ziele gelangen. Wir diskutierten heftig über die Gründe und jeder hatte Beispiele parat. Da war der Chemieprofessor, der alle drangsalierte und letztlich zählte sein Lob doppelt im Gegensatz zu lieben, einfühlsamen Lehrerkollegen. Dort war der Typ an der Bar, der Schwarm vieler Frauen, der unzählige One-Night-Stands hinter und vor sich hatte und dennoch wurde er Männern gegenüber bevorzugt, die Mädchen auf dem Silbertablett treu und liebevoll tragen würden. Chefs, die einen in der Sitzung anschreien und man lässt es sich gefallen. Ich wusste nach dieser hitzigen Debatte, ich will von den Menschen auf der obersten Sprosse der Erfolgsleiter wissen, warum unausstehliche Zeitgenossen zeitweilig triumphieren können. Hier will ich nur schwarz auf weiß am Beginn dieses heiklen Kapitels klarstellen: Ich habe ausschließlich sympathische Persönlichkeiten für dieses Buch ausgesucht, die ich für ihre Leistungen vorbehaltlos respektiere. Keiner und keine von ihnen zählt zu den üblen Zeitgenossen, die wir als solche erkennen. Nachdem diese diffizile Frage von meinen Gesprächspartnern gerne und meist ausführlich beantwortet worden war, habe ich mich dazu entschlossen, mich dieser polarisierenden Frage anzunähern.

15 Jahre lang war ich innenpolitische Redakteurin und Reporterin und damit berufsbedingt oft im Parlament, in Ministerien und der Hofburg, dem Sitz des Bundespräsidenten, unterwegs. Ich hatte einen Interviewtermin mit ihm vereinbart.

Der Gebäudekomplex mit seinen 19 Höfen und 18 Trakten, wo der Wiener Kongress tagte und tanzte, wo Kaiser Franz Joseph Audienz gewährte und seit jeher das österreichische Staatsoberhaupt residiert, durchflutet einen, ob man will oder nicht, beim Betreten ein Gefühl von Ehrfurcht und Respekt. Ich werde ins Maria-Theresien-Zimmer geleitet. Dieser große dreifenstrige Raum diente der Habsburger Kaiserin Maria Theresia während ihrer Witwenzeit als Schlafgemach. Heute ist er der offizielle Raum für Regierungsangelobungen, Staatsbesuche und die Überreichung von Beglaubigungsschreiben ausländischer Botschafter. Es herrscht ein strenges Zeremoniell. Die Tapetentür wird von innen aufgemacht. Der Bundespräsident erscheint und empfängt mich mit einem Händedruck, ein Fotograf dokumentiert die Szene, dann darf ich durch die Tapetentür in den Empfangsraum und nehme auf dem mir zugewiesenen, prunkvollen Sessel Platz. Kurz zuvor saß der österreichische Finanzminister Schelling hier. Auf dem Tisch liegt eine Mappe vorbereitet mit meinem Namen darauf. In meinem Gesprächsentwurf stieß ich bald auf ein Dilemma. Kann ich dem amtierenden Bundespräsidenten die Frage stellen: Warum sind manchmal Arschlöcher erfolgreicher? Ich beschloss kurzerhand, mich auf meine Intuition zu verlassen und zu spüren, ob und wenn ja, wann ich die Frage stellen könnte.

Der Managementprofessor Robert I. Sutton von der amerikanischen Eliteuniversität Stanford hatte keinerlei Scheu, dieses Thema zu erforschen. Warum sind Wichtigtuer, Tyrannen, enthemmte Egomanen, Despoten, Mistkerle, Menschenschinder, Mobber und Folterknechte, die das Selbstwertgefühl und die Würde anderer mit Füßen treten, manchmal erfolgreich? Der Auslöser lag für Sutton viele Jahre zurück, als es um eine Neubesetzung in seiner Fakultät ging. Ein bekannter Forscher wurde vorgeschlagen, doch ein Kollege meinte: „Es ist mir egal, ob dieser Kerl den Nobelpreis gewonnen hat. Ich will nur nicht, dass irgendein Arschloch unsere Gruppe ruiniert." Alle lachten damals, aber von diesem Zeitpunkt an wurde bei jeder Personaldiskussion neben der Qualifikation auch intern diese Frage mitberücksichtigt: „Verstößt er oder sie nicht gegen unsere Anti-Arschloch-Regel?"[148] Sutton verwendete das derbe Wort als Buchtitel: „The No Asshole Rule", das im deutschsprachigen Raum vom Münchner Hanser Verlag mit dem Titel „Der Arschloch-Faktor" veröffentlicht wurde. Sutton wendet sich in seinem Werk in erster Linie dem geschickten Umgang mit Aufschneidern, Intriganten und Despoten in Unternehmen zu. Nach Sutton greifen Arschlöcher auf eine Vielzahl von Verhaltensweisen und Strategien zurück, um ihre Opfer zu erniedrigen und zu unterdrücken, wenn auch oft nur für einen Moment. Er nennt sie das „Dreckige Dutzend"[149]:

1. Persönliche Beleidigung
2. Verletzung der Privatsphäre
3. Unaufgeforderter körperlicher Kontakt
4. Verbale und nonverbale Einschüchterungen und Drohgebärden
5. Als „sarkastische" Witze und Hänseleien getarnte Beleidigungen
6. E-Mail-Hassattacken
7. Angriffe auf den Status des Opfers
8. Öffentliche Demütigungen oder auf „Statusminderung" abzielende Rituale
9. Rüdes Unterbrechen
10. Janusköpfige (doppeldeutige) Attacken
11. Bewusstes Anstarren
12. Leute wie Luft behandeln[150]

Doch Arschloch ist nicht gleich Arschloch, wie der Autor eingangs erklärt. Ein „temporäres Arschloch" ist jeder von uns einmal, wenn man aus Ärger oder schlechter Laune heraus „sich im Moment danebenbenimmt". Doch Sutton geht es um den Umgang mit „amtlichen Arschlöchern", die über einen langen Zeitraum ihre Stellung ausnutzen, um sich über andere zu erheben. Sutton erzählt von seiner Anfangszeit als junger Assistenzprofessor mit 29 Jahren. Er war unerfahren, nervös und ineffizient und bekam deshalb auch schlechte Beurteilungen seiner Studierenden. Nach viel Mühe erhielt er nach drei Jahren den Titel „Bester Dozent" und eine eifersüchtige Kollegin flüsterte ihm nach der Feier ins Ohr: „Sehr gut, Bob. Aber wie wäre es, wenn Sie nun, da Sie die Babys auf dem Campus zufrieden gestellt haben, zur Abwechslung mal etwas richtige Arbeit machen würden?"[151] Er hielt sich blitzartig für einen schlechteren Menschen und Forscher.

Psychoanalytiker Arno Gruen sieht die Wurzel nicht-empathischer Menschen in der Kindheit: „Wenn das Kind so sein muss, wie die Eltern es im Kopf haben, damit sie sich als Eltern wohl fühlen, dann wird das ‚Eigene' verworfen. Weil das Eigene einen in Gefahr bringt, von den Eltern nicht geliebt zu werden, muss es auch gehasst werden. Dieser Hass wird, wenn man älter wird, auf andere projiziert, die man als schwach, hilflos, als zu gefühlsmäßig sieht. Man tötet das Menschliche in sich selbst, man kann es nicht aushalten. Diese Menschen hassen nicht nur das Empathische und Intuitive an anderen Menschen, sondern wenn sie können, werden sie es zerstören."[152] Das bedeutet, bevor man Mitgefühl für andere entwickeln kann, muss man Mitgefühl mit sich selbst entwickeln. Es geht nicht nur um den Umgang mit anderen Menschen und den Umgang mit sich selbst. Emotionale Intelligenz beschreibt das Selbstmanagement und die Selbsterfahrung auf der einen Seite und Kompetenzen und Fähigkeiten im Umgang mit anderen Menschen auf der anderen. Und diese Emotionale Intelligenz fehlt den „amtlichen Arschlöchern".

Skirennläufer Marcel Hirscher weiß, dass schlechter Charakter und Erfolg sich leider nicht immer ausschließen und er fragt sich: „Ab wann ist man zu nett? Man kann grundsätzlich nicht zu nett sein, aber in einer Welt der Wirtschaft, der Politik, des Sports, die sich so nach oben schraubt, wo die Pyramide zum Schluss sehr steil ist, wird man mit Nettigkeit nicht weiterkommen. Das heißt nicht, dass ich dem anderen eine ins Kreuz schmeißen soll, aber dass ich im Endeffekt doch so viel Egoismus aufbringen muss, trotz aller Sympathien und trotz aller Freundschaften, als Spitzensportler zu sagen: Ich will die Goldmedaille lieber gewinnen, und nicht dass es ein anderer tut. Das kann man in solchen Situationen schon als egoistisch betrachten. Ich halte es für einen gesunden Egoismus, doch das ist natürlich Auslegungssache", aber das würde nur für die entscheidenden Minuten im Sport gelten, mit dem normalen Leben habe das nichts zu tun.

Die Gegenfrage an Hirscher ist nur logisch: Hat Sympathie Einfluss auf den Erfolg des amtierenden Weltcupgesamtsiegers? Das sei eine Frage der Definition, meint Hirscher. Sind es die Medaillen, die Siege, Pokale, Geld oder der Erfolg für sich selbst? Hirscher weiß das nicht so genau: „Es hat Zeiten gegeben, da waren Pokale extrem wichtig, dann hat es Zeiten gegeben, da war Sympathie mehr im Vordergrund als ein Sieg." Warum? „Weil es einfach schön ist, wenn sich viel mehr Leute mit dir freuen, wenn du Dritter wirst, als wenn du Erster wirst und ein Arschloch bist und es freut sich keiner mit dir. Das ist überhaupt nicht schön!"

So sieht das rückblickend auch Marc Girardelli: „Man kann Erfolg nur hundertprozentig kriegen, wenn man das für sich macht. Man muss ein wirklich bedingungsloser Egoist sein." Um beim Sport an die Weltspitze zu gelangen, muss jede Kleinigkeit beachtet werden, um besser zu werden, denn „oben ist die Luft so was von dünn, dass ein Zentimeter über Supererfolg oder völlige Niederlage entscheiden kann".

Als der Psychologe Walter Mischel nach den „Querschlägern ohne Selbstkontrolle" wie Bill Clinton, Strauss-Kahn oder Tiger Woods gefragt wird, meint er, wir alle hätten dunkle Flecken, wenn wir uns in den Spiegel schauen würden und seien oft nicht so, wie wir uns immer darstellen. Die Frage sei aber, wo liegen diese dunklen Flecken und wie kann ich sie beseitigen? Deshalb ist es möglich, dass dieselbe Person auf einem Gebiet gewissenhaft ist und auf dem anderen nicht. Aber prinzipiell meint Mischel kann ein Mann ohne Fähigkeit zur Selbstkontrolle sicher nicht Präsident sein. Mit der Macht würden auch Berechtigungstheorien kommen, man habe das Gefühl, Vorrechte zu haben und an die eigenen Schwächen wird nicht mehr gedacht. Die Versuchungen, sich in Machtpositionen alles zu nehmen nach dem Motto, „carpe diem what ever I want", ist hoch. Die Versuchungen lauern überall. Die Zahl der Heiligen sei viel geringer als die der normalen Menschen, sagte Mischel in einem Schweizer Radiointerview.[153]

„In der schlechtesten Gesellschaft kann der Schlechteste nach oben kommen." Gertrud Höhler

Schlimme Charaktere halten sich nicht lange, behaupten Gerhard Zeiler, Freddy Burger und Alfons Schuhbeck.

Die Unternehmens- und Politikberaterin Gertrud Höhler hat diese Frage mit ihrem Sohn schon erörtert, als dieser 16 Jahre alt war. Er hatte eine Phase, wo er meinte, nur wenn „man im bösen Sinn Regeln bricht, kommt man nach oben". Seine Mutter widersprach ihm damals heftig, nannte zwei Manager, denen sie aufgrund ihres tyrannischen Verhaltens maximal zwei Jahre an der Spitze der Firmen prophezeite. Sie behielt recht. Im Übrigen sei es auch eine Frage der Gesellschaft: „In der schlechtesten Gesellschaft kann der Schlechteste nach oben kommen." Warum lassen sich manche Menschen das gefallen? Höhler erinnert sich an eine Sitzung, wo einer mit einer „dreisten Arroganz" saß und sich so in seinen Reden verhielt, als sei er allen Anwesenden überlegen und keiner wagte eine Gegenrede, „die meisten sind verwirrt und fragen sich blitzschnell, ob Anecken Sinn macht und keiner will vor allem der Erste sein. Keiner will die Demontage anführen." Das habe damit zu tun, dass schließlich die erfolgreichen Menschen an der Spitze die Entscheidungsgewalt über die Karrieren besitzen, da man sich denkt: „Ich könnte von so einem Blender eine Chance kriegen", und nimmt man sie an, würde man oft nicht merken, dass man plötzlich selbst in dieser Blender-Welt angekommen ist.

Höhler sieht seit ihrem Buch „Spielregeln für Sieger" (1991) noch zu wenig Veränderung in den Führungsetagen großer Betriebe.

Vertrauen in die Mitarbeiter lohnt sich, denn „die Erfolgreichen machen die anderen besser, größer, stärker und leistungsbereiter". Das solle man als Führungskraft nicht vergessen. Man „muss die Menschen, für die man verantwortlich ist, strategisch überschätzen", fordert Höhler. Mit der Haltung „Ich könnte mir vorstellen, du kannst mehr!" reagieren Menschen mit Entfaltung der Kreativität und Leistungsbereitschaft. Eine wunderbare Forderung, doch in der Realität erlebe sie viel öfter die „alte Managementschule" mit ihrem Credo „Säe Konkurrenz und Zwietracht unter deinen Untergebenen und du hast deine Ruhe" – und das auch noch mit Erfolg. In einer Gesellschaft, wo das Mittelmaß zur Spitze erhoben wird, haben Egomanen, „die sich am rücksichtslosesten verhalten, den größten Erfolg". Dieses Verhalten zieht aber mit der Zeit keine wirklichen Spitzenkräfte mehr an und immer mehr junge Menschen legen auf Soft Skills von Führungskräften Wert, wie etwa Team-, Kommunikations- und Konfliktfähigkeit. Die Verbundenheit der Mitarbeiter mit dem Unternehmen hängt wesentlich vom Topmanagement ab. Die Vorgesetzten sollen nicht nur unternehmerisch-strategisch gut entscheiden, sondern auch mitarbeiterorientiert handeln, fordert Höhler.

Die Human-Ressource-Management-Experten Charlotte Rayner und Loraleigh Keashly schätzen, dass 25 Prozent der Opfer und 20 Prozent der Augenzeugen von Mobbingattacken ihren Job aufgeben. Die normale Kündigungsquote würde bei rund fünf Prozent liegen.[154] Viele Menschen würden aber aus finanziellen oder Gründen der fehlenden Alternative in einer unmenschlichen Arbeitsumgebung feststecken. Sutton verweist aus diesem Grund auch auf die negativen Kosten über Zeitgenossen. Er nennt sie „AGKs", „Arschlochgesamtkosten". So berichtet er etwa von einem amerikanischen Unternehmen, das für einen durchaus erfolgreichen Mitarbeiter einmal durchrechnete, was die Begleitumstände seines unmöglichen Verhaltens gegenüber Mitarbeitern die Firma bereits gekostet hatten. Sie beliefen sich unter dem Strich auf die unglaubliche Summe von 160.000 Dollar in einem Jahr. Sie setzte sich zusammen aus der Zeit, welche die Vorgesetzten und die Personalabteilung aufwendeten, externen Beraterkosten, Wutmanagement-Seminaren, Beratungen sowie Rekrutierungs- und Einarbeitungskosten.[155] Die Fluktuationsrate wird eine immer wichtigere Maßeinheit für erfolgreiche Unternehmen. Die nackten Zahlen sagen aber nichts darüber aus, wie viele wegen Unzufriedenheit freiwillig gegangen sind, sprich über destruktive oder konstruktive Fluktuation aus Sicht des Mitarbeiters.

Irgendwann verursacht auch ein besonders erfolgreicher Despot mehr Kosten, als er einbringt. Doch nicht in allen Fällen schaden Arschlöcher mehr, als sie nützen, meint Stanford Professor Sutter. Er musste seinen Kollegen versprechen, auch über die Vorzüge zu schreiben, sich wie ein Despot zu benehmen. Wenn es um Macht und Ansehen geht, dann würden Untersuchungen zeigen, dass man sich in einer Welt, in der „nach oben gebuckelt und nach unten getreten" wird, mit dem gezielten Einsatz von Wut und Schuldzuweisungen in der Hierarchie nach oben kämpfen kann. Lara Tiedens von der Stanford University demonstrierte das an einem Experiment.

> *„Der Senat in den USA debattierte gerade über ein Amtsenthebungsverfahren gegen den damaligen Präsidenten Bill Clinton und sie [Lara Tiedens] führte den Probanden aktuelle Filmausschnitte vor: In einem der Filmclips regte sich Clinton über den durch seine Affäre mit Monica Lewinsky ausgelösten Sexskandal auf, im andern bekundete er Trauer und Scham. Die Probanden, die den wütenden Clinton gesehen hatten, sagten häufiger, man solle ihn im Amt lassen, nur milde bestrafen und auf ein Amtsenthebungsverfahren verzichten. Tiedens schloss daraus, dass der strategische Einsatz von Zorn, aggressivem Mienenspiel, sturem Geradeausstarren und auf den Tisch schlagen zwar als unsympathisch und kalt empfunden wird, die betreffende Person aber als kompetent wahrgenommen wird."*[156]

„Ein großer Teil der erfolgreichen Menschen hat ihren Erfolg, weil sie über Leichen gegangen sind, andere an die Wand gedrückt haben, sich selbst überschätzen, und das ist keine gute Sache. Schauen sie sich die ganzen Feldherren wie Napoleon an, das waren alles Arschlöcher", drückt es Frank Elstner drastisch aus. Er will sich keine Gedanken darüber machen, warum das manche nötig haben, denn das langfristige Ziel des gläubigen Showmasters ist es „in den Himmel zu kommen". Der Erfolg sei etwas „Kurzfristiges".

Hochmut sei dem Werk bekömmlich, urteilte der Journalist und Autor Wolf Schneider. Er führt Beethoven an, der seine Bediensteten prügelte oder einem Kellner das Essen ins Gesicht warf.[157]

„Weil sie den Erfolg über alles andere stellen", beantwortet mir Red Bull Motorsportdirektor Helmut Marko die heikle Frage, „Warum sind manchmal Arschlöcher erfolgreicher?". Wobei er auch zu bedenken gibt, dass der Standort den Standpunkt bestimmt. Er habe erfolgreiche Formel-1-Piloten erlebt, die nach Dutzenden Interviews keines mehr geben konnten und der Journalist diese aufgrund der Absage als arrogant und überheblich eingestuft hat. Wichtig sei für besonders erfolgreiche Sportler, dass sie sich in ihrer Freizeit auch mit Menschen umgeben, die weit weg vom sportlichen Betätigungsfeld angesiedelt sind, sonst würde man „betriebsblind". Diese Menschen halten einen vom „Abheben" ab.

Weitere Vorzüge schlechter Charakterzüge sei es laut Sutter, Rivalen einzuschüchtern und zu besiegen und durch Angst zu Leistung und Perfektionismus zu motivieren. Sutter führt ein Steve Jobs betreffendes Beispiel an, das von Andy Hertzfeld, einem seiner ehemaligen Mitarbeiter, überliefert wurde. Es ging um ein Telefonat 1981, in welchem Jobs dem Chef des Apple-Konkurrenten Osborne Computer, Adam Osborne, Folgendes ausrichten ließ:

> „Hi, hier ist Steve Jobs. Könnte ich bitte mit Adam Osborne sprechen?' Die Sekretärin am anderen Ende informierte Steve, dass Mr. Osborne nicht da war und auch nicht vor dem nächsten Tag ins Büro zurückkehren würde. Sie fragte Steve, ob er eine Nachricht für ihn hinterlassen wolle. ,Ja', antwortete Steve. Dann, nach einer kurzen Pause: ,Hier ist meine Nachricht: Sagen Sie Adam, dass er ein Arschloch ist.' Daraufhin folgte eine lange Pause, in der die Sekretärin überlegte, wie sie darauf reagieren sollte. Schließlich fuhr Steve fort: ,Noch etwas. Wie ich höre, ist Adam sehr gespannt auf den Macintosh. Sagen Sie ihm, dass der Macintosh so gut ist, dass er wahrscheinlich ein paar davon für seine Kinder kaufen wird, obwohl das seinen Laden in den Ruin treiben wird.'"[158]

Zwei Jahre später war Osborne Computer pleite.

Wiewohl auch Sutter erwähnt, dass dieselben Menschen, die Steve Jobs Wutausbrüche und sein Verhalten kritisierten, gleichzeitig seine Fantasie und Entschlussfreudigkeit lobten. Lässt man sich deshalb das negative Verhalten gefallen oder was genau hindert einen, dagegen aufzutreten?

Als wir in der ORF-Kantine dieses Thema diskutierten, war eine Antwort: die Angst. Sie behindert uns oft, wenn wir außerordentlich schwierigen Charakteren gegenüberstehen.

„Angst kann eine mächtige Triebfeder sein und Leute zu Höchstleistungen motivieren, um Bestrafung und öffentliche Demütigung zu vermeiden"[159], schreibt Sutter.

„Führung durch Angst ist nicht mehr so weit verbreitet wie früher, aber noch immer zum Überdruss vorhanden. Auf Dauer hat niemand damit Erfolg." Gerhard Zeiler

Wir sind bereit, viel zu tun, um eine öffentliche Bloßstellung zu vermeiden. Es tut gut, wenn Manager von heute, wie Gerhard Zeiler, zu hundert Prozent daran glauben, dass egomanische Führungstypen nur kurzfristig Erfolge haben können: „Führung durch Angst ist nicht mehr so weit verbreitet wie früher, aber noch immer zum Überdruss vorhanden. Auf Dauer hat niemand damit Erfolg."

Mentaltrainerin Kristin Walzer arbeitet auch für Führungskräfte in der Wirtschaft und verweist darauf, dass die derzeitige wirtschaftliche Lage einer klaren Führung bedarf. Viele Mitarbeiter empfinden es als erleichternd, wenn jemand vorne steht, der Visionen hat und Entscheidungen trifft. Gesprächszeit und Empathie für die Angestellten eines Unternehmens bleiben dabei oft auf der Strecke: „Wenn man sich von Hunderten Leuten die Probleme anhört und empathisch mitfühlt, wie es denen geht, ist man möglicherweise davon abgehalten, den großen Blick für die Unternehmensziele einer Firma zu verfolgen."

Es ist nicht nur eine Frage der Gesellschaft, sondern auch eine Frage der Firmenstruktur. Nach wie vor gibt es monarchistisch geführte Unternehmen und im Gegensatz dazu welche, auf deren Wertehierarchie Respekt und Wertschätzung ganz oben stehen. Es ist wichtig zu wissen, für welches Firmengefüge man sich entscheidet.

„Ich will kein geistiges Sodbrennen." Alfons Schuhbeck

Eine Lebensweisheit nimmt sich Alfons Schuhbeck zu Herzen, „auf dem Weg nach oben sei nett zu den Menschen, denn auf dem Weg nach unten triffst du sie alle wieder". Er hat einige kennengelernt, die aufgrund ihres Erfolges hochnäsig wurden und das nicht beherzigt haben: „Sie fahren mit dem Lift in den fünften Stock rauf und sagen, dich brauch ich nicht. Diese Menschen da unten arbeiten ohnehin für mich." Diese Personen hätten das Leben Stufe für Stufe nicht kapiert, so Schuhbeck und solche Leute würden nur „geistiges Sodbrennen" verursachen. Wie Gertrud Höhler glaubt er, dass der Erfolg von charakterlosen Menschen ein kurzfristiger ist: „Jeder findet seinen Meister. Ich sage: Was du säest, wirst du ernten." Ein Ziel von Schuhbeck ist es, sich nur mit Menschen zu umgeben, die einem guttun und Freude bereiten, denn schlechte verursachen „geistigen Krebs".

Musikmanager Freddy Burger sagt das A-Wort selten, weil seine Frau es gar nicht mag. Eine fiese Art stößt irgendwann an Grenzen, „und dann warten die anderen nur, um ihn abzuschießen und so möchte ich nicht leben". Für Burger waren Ethik und Moral immer wichtig. Seine Mutter ist 92 Jahre alt und hat den drei Kindern ein ehernes Gesetz eingeprägt: „Man betrügt nicht, man lügt nicht, man ist arbeitsam, man hat Ethik und das haben wir alle drei versucht zu leben." Seiner Meinung nach geht diese Lebensphilosophie mit der heutigen Gesellschaft nicht mehr konform. Er erinnert an Udo Jürgens' Aufruf auf der Bühne, dass Werte wieder Einzug halten sollen oder wir sonst in einem Chaos landen werden.

„Wahrscheinlich ist auch der unangenehmste Zeitgenosse im Grunde eine kleine Seele, die geliebt werden will."
Angelika Kirchschlager

Die liebenswerte und sympathische Opernsängerin versteht auch nicht, warum Fieslinge Erfolg haben, und wird philosophisch: „Wahrscheinlich ist auch der unangenehmste Zeitgenosse im Grunde eine kleine Seele, die geliebt werden will." Gerade bei Künstlern in ihrem Beruf sind Verletzungen durch unangenehme Menschen eine unglaubliche Motivation, die „Callas hat sicher nicht so schön gesungen, weil sie so ein glücklicher Mensch war". Viele würden singen, musizieren, weil sie etwas kompensieren wollen, und das als ihr einziges Ventil ansehen. Warum machen das die anderen Leute mit? „Weil sie elendig schwach sind, sich Vorteile erhoffen, Angst haben, kein Rückgrat besitzen." Darüber, wie schnell Menschen ihre Haltung verlieren oder sich von Diven herumdirigieren lassen, ist sie immer wieder erstaunt. Wenn etwa das ganze Team in der Oper stundenlang warten muss, weil eine Operndiva erst zu Mittag zur Orchesterprobe kommt.

Eine passende Anekdote dazu gibt es von der Metropolitan Opera in New York. Eine sehr bekannte schwarzhaarige Sopranistin hätte die Rolle der Micaëla in „Carmen" singen sollen. Micaëla ist in allen konservativen Inszenierungen blond. Die schwarzhaarige Kollegin sollte die blonde Perücke aufsetzen, sie weigerte sich. Es ging hin und her, sie wollte nicht. Der Direktor der „Met", Joseph Volpe, soll schließlich zu ihr gesagt haben: „This wig is going on stage. With you or without you!" Sie hat die Perücke aufgesetzt. Oder wenn berühmte Geigerinnen einen großen Anhang mit dem Vertrag mitschicken, welche Extrawünsche erfüllt werden müssen. Es gehören immer zwei dazu. Welche, die solche Auftritte hinlegen und andere, die sich so etwas gefallen lassen oder eben nicht. Kirchschlager findet es schade, wenn Stars, von Erfolg verwöhnt, derartige Allüren entwickeln. Sie weiß aber auch, dass manche erst recht deshalb Erfolg hatten, weil sie so hart durchgegriffen haben.

„Der Schlimme ist interessanter als der Brave." Florian Gschwandtner

Wenn Menschen nicht links und rechts schauen, und gerade dies zum Erreichen eines Ziels notwendig ist, wird diese egoistische Haltung in der Umgebung oft als arrogant empfunden. Sich für einen Weg zu entscheiden und nicht Dutzende Nebenwege zu erkunden, das kann manche vor den Kopf stoßen. Für Unternehmer Florian Gschwandtner sind solche Menschen auf jeden Fall anziehender, weil „der Schlimme ist interessanter als der Brave".

Schauspiel-Koryphäe Cornelius Obonya stört es, dass manche von einem Star „eine Arschloch-Haltung" erwarten würden, weil „die Leute dann eine gewisse Distanz zu dir haben und einen dadurch selbst oben halten". Viele Menschen haben Angst vor der Macht solcher Erfolgstypen und dennoch folgen sie solchen Leuten gerne nach, die in der ersten Reihe vorangehen. Obonya dachte nur sehr kurz darüber nach, ob es denn nicht besser sei, nicht immer so lieb, sondern zumindest ein „kleines Arschloch" zu sein. Ein ebenso kurzer Praxistest zeigte ihm, dass solche Versuche „maßlos anstrengend" sind und er ließ es gleich wieder bleiben. Der „Jedermann" weiß, dass es unzählige Künstler und Künstlerinnen gibt, die eine pointierte und fundierte Meinung etwa zu politischen Themen haben, nur die werden nicht gefragt, weil sie eben nicht auf der Weltbühne des Salzburger Doms engagiert sind. Punkt.

Künstler sind oft „schwierige Menschen", meint Volks-Rock'n'Roller Gabalier. Die Distanz zu den Menschen wird oft künstlich und unnötigerweise von Anfang an erzeugt. Als er das erste Mal auf Deutschlandtour war und ins Cateringzelt ging, erinnert er sich, sind alle Truckfahrer mit halb vollen Tellern aufgestanden und wollten hinausgehen. Er fragte: „Was ist los mit euch?", und sie antworteten: „Wir dürfen niemals gemeinsam mit den Künstlern essen, das ist von einigen Managements nicht erwünscht." Gabalier bat alle, sich wieder hinzusetzen. Der Erste, dem er bei Touren die Hand gibt, sei immer der Türsteher, da „können noch so viele ORF-Chefs vor mir stehen", meint Gabalier.

Habe ich nun den Bundespräsidenten gefragt oder nicht? Ja, ich habe es getan: „Jeder Mensch ist ein Wunder in verschiedenster Hinsicht. Zu welchen Scheußlichkeiten Menschen bereit sind oder sein können, ist ja ebenso grenzenlos wie im positiven Bereich. Oft mischt sich sehr Gutes mit weniger Gutem oder sehr Schlechtes mit weniger Schlechtem. Im Einzelfall gibt's dann auch die Mischung eines unerträglichen Grobians mit sensiblem Kunstverständnis oder eines Feiglings mit sadistischer Grausamkeit. Ich denke an extreme Beispiele aus der Zeit des Dritten Reiches. Wenn jemand mit kriminellen Methoden arbeitet, ist die Wahrscheinlichkeit groß, dass sein Erfolg zeitlich begrenzt ist. Aber jemand, der unsympathisch und egoistisch ist, aber tüchtig, kann auch längerfristig Erfolg haben. Es kann auch einer ein erfolgreicher Wirtschaftstreibender sein, obwohl ihn niemand ausstehen kann. Auch in der Politik kann so jemand zumindest bis zu einer gewissen Erfolgsstufe gelangen, dafür gibt's genug Beispiele. Die Mischungsverhältnisse in den Charakteren sind bunt und faszinierend." Heinz Fischer fühlt sich jede Minute an sein neutrales Amt gebunden, so bleiben die Namen sein Geheimnis.

Frank Elstner
Showlegende

Freddy Burger
*Manager im Entertainment-, Gastro-
und Showgeschäft, war 37 Jahre
Manager von Udo Jürgens*

Roland Düringer
Schauspieler und Kabarettist

Gerhard Zeiler
Präsident des Medienkonzerns Turner
Broadcasting System International

Prof. Rudolf Taschner
Mathematiker und Bestsellerautor

Gerlinde Kaltenbrunner
Profibergsteigerin

Marcel Hirscher
Ski-Star, Gesamtweltcupsieger vier Mal in Folge

Barbara Stöckl
Moderatorin und TV-Produzentin

Mag. Tatjana Oppitz
Generaldirektorin IBM Österreich

Dkfm. Elisabeth Gürtler
*Eigentümerin der Luxus-Hotels Sacher,
Bristol, Astoria in Seefeld und General-
direktorin Spanische Hofreitschule*

Univ. Prof. Dr. Ernst Ulrich von Weizsäcker
*Deutscher Naturwissenschaftler, Experte zum
Thema Nachhaltigkeit und Ressourceneffizienz*

Cornelius Obonya
Schauspieler

Alfons Schuhbeck
Starkoch und Gewürzpapst, München

Prof. Dr. Dr. h. c. Margot Käßmann
Theologin, Pastorin in Hannover,
Ex-Bischöfin

Dr. Helmut Marko
Motorsportdirektor Red Bull Formel 1,
Unternehmer und Manager

Dr. Gertrud Höhler
Politik- und Unternehmensberaterin,
Literaturwissenschaftlerin

Florian Gschwandtner
Runtastic Startup Gründer

Dr. Heinz Fischer
Bundespräsident Österreich

213

Susie Wolff
Formel-1-Testpilotin bei Williams

Angelika Kirchschlager
Opernstar, Mezzosopranistin

Annett Louisan
Sängerin

Anne Meyer-Minnemann
Chefredakteurin „Gala"

DJ Ötzi alias Gerry Friedle
Sänger

Andreas Gabalier
Sänger

Marc Girardelli
Unternehmer, 5-facher Weltcup-Gesamtsieger im alpinen Skilauf

Kristin Walzer
Erfolgs-Coach und Mentaltrainerin mit Profigolfer Markus Brier

*Dr. **Jane Goodall** (Treffen mit Jane Goodall am 12. Juni 2015, Palladion XXI)*
Britische Verhaltensforscherin und Umweltaktivistin

DER
KNALL-EFFEKT

Alles ist jetzt im Topf drinnen: Kindheit, Bildung, Erfahrungen, Begabungen, Freundeskreis. Deckel drauf. Es gilt, mit Mut und Risiko die Temperatur nach oben zu drehen. Die Hitze auszuhalten. Aber jetzt! Plötzlich weiß ich um meine innere Essenz und Stärke, sie wollen endlich nach draußen. Mit Druck werden große Energien und Potenziale freigesetzt. Es knallt und der Erfolg geht auf. Ähnlich dem Nährgewebe der großen Flocke eines Popcorns. Der Durchbruch kommt letztlich immer von innen nach außen. Alles springt wild um sich, hält sich nicht an eine klare Reihenfolge. Das Wechselspiel der Zutaten hat zur Erfolgsexplosion geführt. Es ist ein Sprung ins Ungewisse. Wie beim „echten" Popcorn, wo Forschungen erst vor Kurzem gezeigt haben, dass ein Maiskorn in einem anderthalbfachen Salto zum Popcorn wird. Es springt auf einem Bein aus Stärke 200 Meter pro Sekunde.[160] Wenn der Erfolgspunkt erreicht ist, gibt es Highlife im Topf. Dann springen auch die anderen Körner plötzlich mühelos auf. Aber nur, wenn wirklich alles funktioniert.

Der Popcorn-Moment

Andreas Gabalier kann diesen Moment seiner Karriere, ohne eine Sekunde zu zögern, benennen. Es war sein erster Auftritt in der großen Wiener Stadthalle 2012. Bis zu diesem Zeitpunkt war er bei etwa 500 Zeltfesten aufgetreten. Dort, wo viel geraucht und wenig zugehört wird. Um jede Gage musste gekämpft werden. Sprit- und Hotelkosten wurden oft nicht übernommen. Gabalier und sein Team hatten genug davon und probierten eine Tour durch Österreich. Die Hauptstadt Wien hatten sie ausgelassen, denn dort würde ihre Musik, so glaubten sie, auf keinen Fall funktionieren. Auch wenn sie gratis gespielt hätten, in keinem noch so kleinen Zelt in Wien wollte man vor 2012 einen Auftritt des Steirers buchen: „Gabalier haben wir noch nie gehört, brauchen wir nicht", hieß es. Die Tour durch Innsbruck, Graz, Klagenfurt, Salzburg und Wels lief hingegen gut. Wiener Neustadt und St. Pölten waren sofort ausverkauft. Jetzt wollte Gabalier sich doch in die Wiener Stadthalle wagen. Die kleinere Halle mit 2000 Sitzen war am ersten Tag ausverkauft, sie beschlossen, das Konzert in der ganz großen zu spielen: „Das war eindeutig der Punkt des großen Startschusses", resümiert Gabalier. Die große Wiener Stadthalle war mit 12.000 Menschen ausverkauft. Die Menge tobte bei dem damals 27-jährigen Chart-Stürmer und seinen Hits wie „I sing a Lied für di". Es war der Popcorn-Punkt, ab dem es Schlag auf Schlag ging. Das Konzert wurde als DVD produziert, denn „als Steirerbub in Wien zu singen, wo Lady Gaga, Paul McCartney und Bon Jovi aufgetreten sind, das muss man festhalten", schwärmt Gabalier. Die DVD „Volks-Rock'n'Roller-Live" wurde von fast allen deutschen Sendern gekauft und ausgestrahlt. Eine Deutschlandtour 2013 war die logische Folge. Jahrelange harte Arbeit war explosionsartig aufgegangen.

Auch Opernstar Angelika Kirchschlager erinnert sich an jenen Punkt, als ihre Karriere durchstartete. Es war ihre erste große Rolle auf der Bühne. Sie bekam 1991, am Ende ihres Musikstudiums, ein Angebot vom Opernhaus in Graz. Sie debütierte erfolgreich in der männlichen Rolle als junger Geliebter Octavian in „Der Rosenkavalier": „Das war die einzige Rolle, wo ich mir während des Studiums gedacht habe, den würde ich gerne einmal spielen, und dann war es auch meine erste Rolle auf der Bühne und das war so ein Erfolg. Das war der absolute Durchbruch. Von da an wurde ich in der Szene wahrgenommen."

Auf der Homepage des Red-Bull-Motorsportdirektors Helmut Marko prangt der Titel „Das Wissen um den Moment" und darunter ist zu lesen:

„Als Le Mans Sieger und erfolgreicher Stratege in der Formel 1 weiß Helmut Marko, dass es für vieles im Leben nur einen einzigen perfekten Zeitpunkt gibt. Diesen einen Zeitpunkt, der kein zweites Mal kommt. Das gilt im Motorsport genauso wie in der Hotellerie, im Immobiliengewerbe oder in der Gastronomie."

Markos Popcorn-Moment war das Langstreckenrennen in Sizilien, die Targa Florio im Mai 1972, „ein Rennen jenseits von Gut und Böse". Mit bis zu 300 km/h musste man auf öffentlichen Straßen Eseln ausweichen können. Statt Leitplanken gab es vereinzelt Heuballen. Türen wurden zugenagelt, damit die Sizilianer sich nicht selber gefährdeten und zur falschen Zeit auf die Straße gingen. Marko wurde Zweiter und stellte den Rundenrekord auf: „Wenn du Vollblut-Racer bist, dann existiert nichts anderes mehr, ich war in einem Geschwindigkeitsrausch."

Für Margot Käßmann war es der Tag im Oktober 2009, an dem sie mit einer gigantischen Mehrheit zur Ratsvorsitzenden und damit an die Spitze der Evangelischen Kirche in Deutschland gewählt wurde: „Dass meine Kirche eine Frau zur Vorsitzenden wählt, noch dazu eine geschiedene Frau, noch dazu eine, die auch ab und zu aneckt, und mit so einem klaren Votum, das war beruflich für mich der Höhepunkt." Es war ein bewegender Moment, in welchem sie aber auch kurz Angst vor der „eigenen Courage" hatte.

Von der Kirche in den Dschungel. Ein renommiertes Wissenschaftsmagazin nannte Jane Goodall „die berühmteste Primatologin aller Zeiten".

Sie meint, sie habe mit 81 Jahren schon so lange gelebt, dass es für sie schwer sei, diesen einen besonderen Moment zu benennen. Doch vielleicht sei es doch jener, als „ich den Schimpansen David Greybeard beobachtet habe, wie er sich ein Werkzeug gemacht hat, um Termiten herauszufischen". Es war an einem Novembertag im Jahr 1960, als sie den Schimpansen „David Grauer Bart" und „Goliath" zusah, wie sie Zweige entblätterten und daraus Werkzeuge bastelten. Bis zu diesem Zeitpunkt hatten Wissenschaftler angenommen, dass der Mensch das einzige Lebewesen sei, das Werkzeuge herstellt. Doch Goodall bewies damit das Gegenteil.

Andere wiederum sehen jene Entscheidungen, die sie an den Anfang ihres Karrierewegs gebracht haben, als Popcorn-Momente. Literaturwissenschaftlerin Gertrud Höhler nennt die Veröffentlichung ihres Gedichts 1982 in der Frankfurter Allgemeinen Zeitung: „Wirf Worte hoch in den Himmel/Da ziehn sie als Wolken davon/ Türmen Gewitter, wo du nicht bist/Und fallen als Tau vielleicht über

Nacht bei dir wieder nieder." Sie hatte es dorthin geschickt, wie viele Hunderte andere Leute auch. Sie wusste bis zu diesem Zeitpunkt nicht genau, was sie machen wollte: Kunstgeschichte studieren oder Klavier spielen? Doch die Veröffentlichung war der Punkt, wo sie das als entschieden ansah: „Jetzt studierst du Literatur, mit dem Gefühl, dass in der Literatur die großen Menschheitsprobleme durchgenommen werden."

Erfolg ist unberechenbar. Erfolg ist ein Sprung ins Ungewisse.

Für Heinz Fischer, der gerade in die Zielgerade seiner zweiten Amtsperiode als Bundespräsident einbiegt, war der erste Wahlgang der größte Erfolg: „Da haben 52 Prozent der Bürger und Bürgerinnen einem das Vertrauen gegeben und ich wurde damit zum achten Bundespräsident der Zweiten Republik gewählt. Ich muss das als einen Höhepunkt in meinem Leben bezeichnen und als einen ganz, ganz wichtigen Erfolg. Der erste Wahlgang war vielleicht ein noch größerer Erfolg als der zweite, obwohl es beim zweiten Wahlgang 79 Prozent waren, aber da hatten weder die Österreichische Volkspartei noch die Grünen einen Gegenkandidaten aufgestellt und daher war es leichter." Als größten inhaltlichen Erfolg nennt er die Mitarbeit an der großen Strafrechtsreform in den 1970er-Jahren.

Als ich Gerhard Zeiler nach seinem Popcorn-Effekt frage, nennt er mir den Moment der Kündigung beim ORF 1990. Zeiler war seit 1986 unter dem damaligen Generalintendanten Thaddäus Podgorski Generalsekretär des größten österreichischen Medienunternehmens. Gerd Bacher wurde 1990 der neue, alte ORF-Chef und er bot Zeiler an, er könne sich die Leitung von drei Bundesländerstudios aussuchen. Zeiler wollte aber bleiben, was er war: Generalsekretär. Bacher sagte Nein. Daraufhin verließ Zeiler das Unternehmen: „Das war die beste Entscheidung, die ich treffen konnte." Er gibt zu, dass er in diesem Moment ein Gefühl der Angst hatte und gar nicht wusste, was er machen sollte. Er fragte den damaligen Sprecher der Geschäftsführung von RTL Helmut Thoma, ob er einen Job für ihn wüsste und tatsächlich, der damalige Fernsehsender Tele 5 suchte einen Geschäftsführer. Zeiler hatte diese Art von Verantwortung noch nie übernommen, wollte nie aus Wien wegziehen. Er habe „einfach nicht Nein gesagt", ließ diesen Wendepunkt einfach zu: „Das ist der beste Weg, die Angst, die man automatisch vor jedem Sprung hat, zu überwinden. Ich lasse sie zu."

Dazu passt eine Prämisse des Oscar preisgekrönten Regisseurs Michael Haneke: „Man sollte immer überfordert sein, um zu wachsen."[161]

Marcel Hirscher kann diesen Punkt nicht exakt benennen. Vielleicht, weil er noch auf die Goldene Olympiamedaille wartet. Doch bei seinen Erzählungen war für mich der springende Punkt, an dem sein absoluter Wille gesät wurde, jener, als er mit 14 Jahren seinen Wunsch niedergeschrieben hat, Weltcupfahrer werden zu wollen.

Die meisten können mir ihren Popcorn-Moment nennen, jenen Punkt, an dem plötzlich alles wie von allein funktioniert und niemand mehr fragt oder analysiert, wie schwer der Weg dorthin war. Wenige, wie zum Beispiel Fernsehmoderatorin Barbara Stöckl, wollen das aber nicht an einem Punkt festmachen: „Erfolg ist für mich eine Form von Beständigkeit, kein Sprint, es war immer die Langstrecke. Für mich ist es immer der Marathon und nicht die hundert Meter." Menschen, die laufen oder einen anderen Sport betreiben, berichten immer wieder über eine Art Glücksgefühl, das nach einiger Zeit der Anstrengung ihren Körper durchflutet. Das verhält sich offenbar ähnlich, wenn es um große Erfolgsmomente im Sport oder bei tosendem Applaus auf der Bühne geht.

Der Körper ist ein einziger Glückscocktail, vollgepumpt mit entsprechenden Hormonen, er sprudelt vor Lebenskraft und Energie. Mentale Grenzen werden überschritten und als Durchbruch empfunden. Wegen der vergleichbaren Wirkung von Rauschgiften werden Glückshormone auch als körpereigene Drogen oder endogene Drogen bezeichnet. Die Künstler unter meinen Gesprächspartnern können die Gefühlsausbrüche des Erfolgsrauschs am besten beschreiben: „Ich stelle mich auf die Bühne und lass mich drei Minuten mit einem tiefen, dröhnenden Basston wegfeiern, das zieht mir die Gänsehaut drüber, du hast das Gefühl, die Füße stehen nicht mehr am Boden und ich fühle mich wie in einem Traum, etwas Geileres gibt es nicht", skizziert Andreas Gabalier seine Emotionen. Es ist eine Art Glücksblase, die einen umgibt und das Gefühl des Schwebens hinterlässt.

„Der Rhythmus der Musik treibt deinen Herzschlag an", sagt Gerry Friedle alias DJ Ötzi und spricht von der besten Medizin und einem Hochgefühl wie in einem Liebesakt: „Es gibt diesen Moment, wie in einer Liebesnacht, nur dieser Moment dauert eineinhalb bis zwei Stunden, und es geht durch und durch, die ganze Zeit habe ich eine Gänsehaut durch den Applaus und das Mitsingen." Es ist also wie ein langer Höhepunkt? „Ja!"

Einen Auftritt wird er sein ganzes Leben nicht vergessen, jenen in London in der Show „Top of the Pops". Er tritt in einer Reihe unter anderem mit Paul McCartney und Jennifer Lopez auf und bei seinem Auftritt schreien alle „DJ Ötzi". Vis-à-vis von seiner Garderobe war der US-amerikanische Jazzpianist, Oscar- und Grammy-preisträger Herbie Hancock und am Gang trifft er Paul McCartney und macht ein Foto mit ihm. Friedles Augen strahlen derart bei der Schilderung, dass der Tipp von Neurowissenschaftlern, sich Glücks-momente einzuprägen und immer wieder bewusst in Erinnerung zu rufen, in diesem Augenblick zu einem sichtbaren Beweis wird. „Solche Momente beflügeln, man wird von den Fans durch die Lüfte der Musikwelt getragen." Doch Friedle hat seiner Großmutter fest versprochen, nie abzuheben, aber es ist schwer: „Du fliegst in Privat-jets, wenn du ein Wasser willst, bringen sie dir keine Flasche, son-dern würden dir am liebsten einen See zum Austrinken geben." Aber natürlich auch nur so lange, wie man funktioniert und der Erfolg anhält, weiß Friedle.

Meine Interviewpartner kommen mit dem Glücksgefühl gut zu-recht. Das ist gerade bei Künstlern nicht immer so. Bei Erfolg be-kommt man sehr viel Anerkennung und man gewöhnt sich an eine höhere Dosis – wie beim Essen von zu viel Zucker oder zu viel Salz. Ab einem gewissen Punkt hält man diesen Pegel für normal, hat Ge-fühle von Entzugserscheinungen wie bei einem Alkoholiker. Und wer kennt die Namen derjenigen nicht, die diesen „Rauschzustand des Erfolgs" abseits der Bühne versuchten mit Drogen, Alkohol, Tablet-ten oder Geschwindigkeit fortzuführen und an deren „Überdosis" starben: James Dean, Amy Winehouse, Janis Joplin, Kurt Cobain, Philip Seymour Hoffman, Whitney Houston. Sie kamen mit der in-neren Leere nach dem Jubel nicht zurecht.

„Ich kann ohne Applaus leben, aber nicht,
wenn ich auf der Bühne stehe."[162] Udo Jürgens

Anders bei Udo Jürgens. Er sagte in der letzten Dokumentation von ARD und ARTE über ihn und seine frenetisch bejubelten Konzerte: „Das zu machen, bedeutet einen Thron zu besteigen, den man sich nicht selber ausgesucht hat, sondern den Menschen für einen ausgesucht haben. Es bedeutet ja auch etwas Gewaltiges, wenn Hunderttausende Menschen zu diesen Konzerten kommen, die das hören wollen, das ist ein Adelsschlag. Am Schluss eines Konzertes, wenn die Menschen jubeln, fühlt man keine Müdigkeit, das ist wie ein Fußballer am Ende eines Spieles, wenn er gewonnen hat, da rast er über den Platz und fühlt sich dem Himmel näher. Das ist ein unglaubliches Glücksgefühl und dieses Glücksgefühl treibt einen. […] Ich kann ohne Applaus leben, aber nicht, wenn ich auf der Bühne stehe." Aber in den Stunden nach dem Konzert, in der Garderobe, würden sich die „Tore der Einsamkeit öffnen", sagte Jürgens. Er meinte auch, dass es das Publikum ist, das einen auf das Podest hebe und bestimmen würde, wann es einen von dort wieder runterziehe.

Marcel Hirscher ist überglücklich, wenn er vollgepumpt mit Adrenalin über die Ziellinie fährt und gewinnt. „Das ist ein wirklich geiles Gefühl, seitdem ich mir denke, es hat sich wenigstens extrem ausgezahlt, so viele zähe Trainingseinheiten im Sommer und den Rest des Jahres."

Florian Gschwandtner von Runtastic will den zweifellos großen Erfolg seines Unternehmens lieber kleinreden: „Mir ist es lieber, ich hab immer wieder kleine Erfolge und da und dort Misserfolge als nur einmal im Leben einen großen Erfolg. Hans Hölzl alias Falco hat ja damals schon gesagt, als er weltweit die Nummer eins[163] war ,Jetzt kann es nur noch bergabgehen'. Ich möchte nie diesen Zeitpunkt erleben, sondern ich möchte immer auf etwas hinarbeiten. Vorfreude ist sehr schön, und ein ganz großer Punkt im Leben ist ja, das kann man auf einen Marathon sehr gut umlegen, man bereitet sich auf einen Marathon vor, man läuft ihn und fällt dann in ein riesiges Loch. Irrsinnig viele Leute sind nach einem Marathon total unglücklich – warum? Weil man sich das, was danach kommt, nicht überlegt. Man arbeitet auf ein Ziel hin, überlegt sich aber nicht, was ist, wenn ich das Ziel erreicht habe. Man ist platt und fragt sich: ‚Was jetzt?'"

Viele Leute fallen wenige Tage nach einer erbrachten Höchstleistung in ein tiefes Loch. Im Sport gibt es das Phänomen, dass ein Event wie Olympia das alles Entscheidende für einen ist. Eine hochgradige Identifikation mit nur einem Ziel. „Vor dem nächsten Ziel sollte schon das übernächste im Blick sein", sagt Mentaltrainerin Kristin Walzer. Sie hält es vor allem im Sportbereich für wichtig, diese „Timeline" nicht nur bis zu einem Großevent zu kennen, sondern Visionen und Ziele auf einen längeren Zeitraum hin zu imaginieren, sich in Gedanken schon den übernächsten Schritt auszumalen: „Das bedeutet, die Athleten kennen ihre längerfristigen Ziele im Sport und lassen eine Regenerationsphase zu. Eine aufkommende Leere kann durch Zeit mit der Familie, Freunden und anderen Hobbys gefüllt werden, bis ein innerlicher Drang nach Training und ein nächstes Ziel auf der Timeline gespürt wird." Für Höchstleistungen und Erfolg gewinnt eine gute Regeneration immer mehr an Bedeutung. Man sollte diese Phase nicht überspringen. Dazu gehört auch, sich gekonnt vom Hauptbetätigungsfeld ablenken zu können. Helmut Marko geht selten auf Siegerpartys und liest im Flugzeug, auch wenn die Rennteams von Red Bull Racing und Mercedes an Bord sind, ein gutes Buch über ein völlig anderes Thema und „schaltet sich komplett weg". Je nach Sportart gibt es auch Spitzensportler, die bewusst ihren Geist trainieren, um einen Ausgleich zum körperlichen Training zu haben. Beliebt sind unter anderem Kreuzworträtsel oder Sudokus, erzählt Mentalcoach Walzer.

Menschen wünschen einem Erfolg bis zu dem Tag, an dem man ihn hat, heißt es. Schauspieler Cornelius Obonya hat vor allem seit seinem „Jedermann"-Engagement bei den Salzburger Festspielen bemerkt, wie sich eine Veränderung in seiner Umgebung breitmacht: „Es ist von manchen plötzlich eine komische Unterwürfigkeit zu spüren, die ich nicht will und nie verlangt habe. Wenn ich versuche, das mit einer netten Art zu unterlaufen, steige ich aber auf die Seife, weil sie damit nicht umgehen können. Sie halten es für verlogen, wenn ich

nicht auf meinen Rang bestehe." Mit Respektlosigkeit hat Obonya
manchmal zu kämpfen, wenn in seine Linsensuppe fotografiert wird
und er nicht Foto-Freiwild sein möchte. Einmal saß er draußen in
einem Café in der Nähe der Wiener Staatsoper, mit Laptop, Handy
und Knopf der Freisprecheinrichtung im Ohr, offensichtlich bei der
Arbeit, und wurde unentwegt abgelichtet, ohne dass jemand nach seinem Einverständnis gefragt hätte. „Je weiter man nach oben kommt,
umso einsamer wird es."

*„Ein Unternehmer muss nicht gewählt werden, auch wenn er
unbeliebt ist, ist er Unternehmer. Dann ist er ein unbeliebter
Unternehmer."* Elisabeth Gürtler

Frank Elstner hätte nie ein erfolgreicher Politiker sein können,
meint er: „Also ein guter Diplomat muss kompromissbereit sein, ein
guter Diplomat muss geschickt sein, ein guter Diplomat muss lavie-
ren können, das kann ich alles nicht. Wenn ich mich ärgere, dann
ärgere ich mich so, dass es mir auch egal ist, wer darunter leidet."
Diese Haltung kann sich Bundespräsident Heinz Fischer tatsächlich
nicht erlauben, wobei er damit wohl selten Schwierigkeiten hatte.
Einmal in den 1970er-Jahren soll er bei einer dringlichen Anfrage
den Kugelschreiber im Parlament auf den Boden geschmissen und
„so ein Schwein" gesagt haben: „Aber das hat nicht einmal der Nati-
onalratspräsident gehört", meint Fischer lächelnd mit angeboren
wirkender Diplomatie. Für ihn ist der Unterschied zwischen Politik
und Wirtschaft im Maßstab für Erfolg zu suchen: „Der Erfolg in
der Wirtschaft lässt sich an Umsatzzahlen und Gewinnen oder Ver-
lusten messen. In der Politik kann man die Wahlresultate zwar als
Indikatoren für aktuelle Zustimmung oder für momentane Popula-
rität werten. Aber der Erfolg ist etwas viel Komplizierteres, nämlich
eine erfolgreiche Entwicklung der Gesellschaft insgesamt und auch
der internationalen Beziehungen. Der Maßstab in der Politik ist sehr
kompliziert."

Medienmanager Gerhard Zeiler kennt beide Seiten. Er arbeitete
als Pressesprecher für die österreichischen Bundeskanzler Fred Sino-
watz und kurz für Viktor Klima, bevor er als Generalsekretär in den

ORF wechselte und seine Medienlaufbahn begann. Für Zeiler ist der Unterschied zwischen Politik und Wirtschaft langfristig kleiner, dafür werde er aber umso größer, wenn es um kurzfristige Erfolge gehe: „Zur Steuerung eines Unternehmens braucht man Ankündigungen. Um erfolgreich zu sein, muss man die entsprechenden Resultate auch wirklich liefern." Langfristig würden solche Politiker aber Schiffbruch erleiden, sagt Zeiler, der immer wieder als Kanzlerreserve für Österreich in den Medien gehandelt wird.

Unternehmerin und Top-Hotelierin Elisabeth Gürtler hat Angebote, in die Politik zu wechseln, immer dankend abgelehnt: „Ein Unternehmer kann entscheiden und handeln, ohne auf die allgemeine Meinung Rücksicht zu nehmen. Ein Politiker ist abhängig von der allgemeinen Meinung. Das oberste Ziel eines Politikers ist, dass er wieder gewählt wird. Das ist das Problem. Ein Unternehmer muss nicht gewählt werden, auch wenn er unbeliebt ist, ist er Unternehmer. Dann ist er ein unbeliebter Unternehmer."

Neid und Kritik

„Eines Abends erzählte ein alter Cherokee seinem Enkel von dem Kampf, der in den Menschen tobt. Er sagte: ‚Mein Sohn, es gibt einen Kampf zwischen zwei Wölfen in jedem von uns. Einer der Wölfe ist böse. Er ist Zorn, Neid, Eifersucht, Kummer, Bedauern, Habgier, Arroganz, Selbstmitleid, Beschuldigung, Feindseligkeit, Minderwertigkeitsgefühle, Lügen, falscher Stolz, Überheblichkeit und Egoismus. Der andere Wolf ist gut. Er ist Freude, Friede, Liebe, Hoffnung, Gelassenheit, Bescheidenheit, Freundlichkeit, Güte, Menschlichkeit, Großzügigkeit, Wahrheit, Mitgefühl und Vertrauen.' Der Enkel überlegte eine Minute und fragte dann seinen Großvater: ‚Und welcher Wolf gewinnt?' Der alte Cherokee gab zur Antwort: ‚Derjenige, den du fütterst.'"[164]

„Meinen Tod wünschte auch Peter Handke, jedenfalls würde er ihn nicht bedauern"[165], schrieb der verstorbene Kritiker-Papst Marcel Reich-Ranicki. Das Literarische Quartett hatte viele Anhänger, aber wie viele begabte Menschen haben sich davon abhalten lassen zu schreiben oder ihre Werke zu veröffentlichen, nur damit sie nicht einer derartigen Kritik ausgesetzt sein müssen? Reich-Ranicki hat in seinem Buch „Lauter Verrisse" eine Auswahl seiner negativen Kritiken gesammelt. Er wollte damit Vorurteile abbauen, wollte ein Gespräch über Literatur und Kritik anstoßen und musste zugeben, dass er sie damit nur „erhärtet" hat. Abgeschlossen hatte er das Buch mit einer Verurteilung seiner eigenen Arbeit durch Peter Handke. Reich-Ranicki hat es geärgert, dass er ab diesem Zeitpunkt fast immer als „Spezialist für Verrisse" bezeichnet wurde: „Auf einer Zeichnung von Friedrich Dürrenmatt hocke ich, mit einem überdimensionalen Federhalter bewaffnet, auf vielen Köpfen, offenbar jenen meiner Opfer. Die Zeichnung ist überschrieben: ‚Schädelstätte'."[166]

Es ärgerte ihn so sehr, dass er das Buch „Lauter Lobreden" schrieb. Dennoch blieb er der „Mann der literarischen Hinrichtungen".[167] Die Geschichte der Literaturkritik würde lehren, dass jene, die viel kritisieren, ihrerseits oft verrissen werden. Reich-Ranicki beschreibt Thomas Mann als „empfindlich wie eine Primadonna und eitel wie einen Tenor". Er wollte von keinerlei Kritik wissen und soll darauf bestanden haben, dass sein Verleger, seine Sekretäre und Familienangehörigen derartige Artikel vor ihm verbargen. Thomas Mann meinte, dass „Egozentrik die Voraussetzung für seine Produktivität" sei und dass sich Literaten mehr als andere „quälen" müssen. Deshalb hätten sie ein „Bedürfnis nach fortwährender Selbstbestätigung". Sie wollen nur Lob hören und lesen. Das konnte Reich-Ranicki verstehen, nur „dass der Erfolg eines Schriftstellers, sogar der Welterfolg, dieses Bedürfnis nicht im geringsten mindert"[168], war außerhalb seines Vorstellungsvermögens.

Schmerzt Kritik mehr als Erfolg glücklich machen kann? Die „relativen Misserfolge Goethes – von der ‚Iphigenie' bis zu den ‚Wahlverwandtschaften' – haben ihn offenbar mehr geschmerzt, als ihn seine wahrhaft internationalen Triumphe beglücken konnten."[169]

Reich-Ranicki fragte sich, was sich Schriftsteller von der Literaturkritik wünschten. Reich-Ranicki gab sich selbst die Antwort mit einer Anekdote, die ihm Arnold Zweig einmal übermittelte.

„Da gingen Heinrich Mann, Arthur Schnitzler und Hugo von Hofmannsthal am Starnberger See miteinander spazieren, sprachen über literarische Kritik und erhielten von Hofmannsthal auf die Frage, was er von Tageskritik halte, die klassische Antwort: G'lobt soll mer wern, g'lobt soll mer wern, g'lobt soll mer wern."[170]

„‚Nix gschimpft is gnua globt', also keine Kritik ist genug Lob."
ORF-Journalist Geert Kahl zu Claudia Reiterer nach ihrer ersten „Pressestunde"

Heute sollte man sich oft mit dem Gegenteil begnügen. Im Kapitel über Mut und Risiko erzählte ich Ihnen die Geschichte von meiner ersten Moderation einer TV-Pressestunde mit dem damaligen Vorsitzenden des Österreichischen Gewerkschaftsbundes Fritz Verzetnitsch. Ich bereitete mich intensiv vor und war natürlich gespannt auf die Kritiken nach der Sendung. Es kam nichts. Ich fragte meinen Kollegen Geert Kahl nach dem Grund und er antwortete: „Merk dir, im ORF gilt der Spruch: ‚Nix gschimpft is gnua globt'", also keine Kritik ist genug Lob. Wenn schon Kritik, dann soll sie die Richtigen treffen, war die Meinung eines anderen Kollegen. Reich-Ranicki zitierte dazu die Abhandlung „Schriftsteller und Kritik" von Georg Lukács: „Für den Schriftsteller ist im Allgemeinen eine ‚gute' Kritik jene, die ihn lobt oder seine Nebenbuhler herunterreißt, eine ‚schlechte' jene, die ihn tadelt oder seine Nebenbuhler fördert."[171]

Der deutsche Dramatiker und Lyriker Bertolt Brecht hat nie einen anderen Dichter seiner Zeit gelobt. Kritische Zeilen über ihn duldete er nicht, so nannte er seinen größten Kritiker, den Journalisten und Schriftsteller Alfred Kerr, „eine der größten Säue der Epoche".[172] Auch Karl Kraus nannte Kerr eine „Feuilletonschlampe". Kerr nannte Kraus dafür einen „Zwanzigpfennig-Aufguss von Oscar Wilde", ein „Nietzscherl", der an „doppelter Epigonorrhöe"[173] leide.

Beim Ruhm gehe es nur darum, dass der Name ausgesprochen werde, meint Elias Canetti in seinem Buch „Masse und Macht". Er beschreibt den Unterschied zwischen dem „Reichen", dem „Machthaber" und dem „Berühmten":

„Der *Reiche* sammelt Haufen und Herden. Für diese steht das Geld. Um Menschen ist ihm nicht zu tun; es genügt ihm, daß er sich solche kaufen kann.

Der *Machthaber* sammelt Menschen. Haufen und Herden bedeuten ihm nichts, es sei denn, er braucht sie für die Erwerbung von Menschen. Er will aber Menschen, die *leben*, um sie in seinen Tod vorauszuschicken oder mitzunehmen. Auf frühere Tote und Nachgeborene kommt es ihm nur mittelbar an.

Der *Berühmte* sammelt Chöre. Er will nur seinen Namen von ihnen hören. Sie können tot oder am Leben oder noch nicht am Leben sein, das ist gleichgültig, wenn sie nur groß sind und irgendeinmal auf seinen Namen eingeübt."[174]

Wenn sich Genies bekämpfen

Johann Wolfgang von Goethe und Thomas Edison haben es getan: Sie haben andere Genies kleingemacht. Bei Goethe spricht der Journalist und Autor Wolf Schneider in zwei Fällen gar von einer Hinrichtung: im Falle Friedrich Hölderlins und Heinrich von Kleists. Schiller hatte Goethe Hölderlin als „poetisches Genie" empfohlen. Goethes Urteil war gegensätzlich, er schrieb an Schiller: „Er ist wirklich liebenswürdig und mit Bescheidenheit, ja mit Ängstlichkeit offen. […] Ich habe ihm besonders geraten, kleine Gedichte zu machen und zu jedem einen menschlich interessanten Gegenstand zu wählen."[175]

Auch der junge, aufstrebende Dramatiker Heinrich von Kleist (1777–1811) verehrte Goethe. Er wollte vom größten Dichter seiner Zeit „erkannt und anerkannt werden". Kleist schickte ihm einen Teil seiner Tragödie „Penthesilea" und schrieb in seinem Brief vom 24. Januar 1808:

> *„Hochwohlgeborener Herr, Hochzuverehrender Herr Geheimrat, Ew.[176] Exzellenz habe ich die Ehre, in der Anlage gehorsamst das erste Heft des Phöbus zu überschicken. Es ist auf den ‚Knieen meines Herzens‘, dass ich damit vor Ihnen erscheine; möchte das Gefühl, das meine Hände ungewiss macht, den Wert dessen ersetzen, was sie darbringen […] Der ich mich mit der innigsten Verehrung und Liebe nenne. Ew. Exzellenz gehorsamster Heinrich von Kleist."[177]*

Goethe schrieb zurück: „Erlauben Sie mir zu sagen, daß es mich immer betrübt und bekümmert, wenn ich junge Männer von Geist und Talent sehe, die auf ein Theater warten, welches da kommen soll", das bereite ihm Missbehagen. Wenige Wochen später führte Goethe aber im Weimarer Theater den „Zerbrochenen Krug" von Kleist auf, es wurde ein Misserfolg. In einer Rezension schrieb Goethe: „Mir erregte dieser Dichter, bei dem reinsten Vorsatz einer aufrichtigen Teilnahme, immer Schauder und Abscheu, wie ein von Natur schön intentionierter Körper, der von unheilbarer Krankheit ergriffen wäre."[178]

Hugo von Hofmannsthal beklagte in einem fiktiven Gespräch zwischen dem Schriftsteller Honoré de Balzac und dem österreichischen Diplomaten und Orientalisten Joseph Freiherr von Hammer-Purgstall: „Ja, wer hat denn Heinrich von Kleists Seele getötet, wer denn? Oh, ich sehe ihn, den Greis von Weimar."[179]

Erst nach dem Zweiten Weltkrieg widmete sich die Forschung Kleists Kampf mit Goethe. Vorher wurde er nur in Nebensätzen erwähnt. Kleist nahm sich 1811 das Leben. Zehn Jahre später wurde „Der zerbrochene Krug" zum Erfolg.

Vom echten Drama auf der Lebensbühne der Kunst in die Welt der Erfinder: Der US-amerikanische Unternehmer und Erfinder Thomas Edison begegnete dem Physiker, Erfinder und Bauingenieur Nikola Tesla 1884 zum ersten Mal. Edison war bereits ein wohlhabender mächtiger Mann, als Tesla erst in die USA einreiste. Er hatte zwanzig Dollar in der Tasche und ein Empfehlungsschreiben von Continental Edison in Paris. Dort war Tesla einige Jahre zuvor angestellt gewesen. In diesem Schreiben von Charles Batchelor an Edison stand: „Ich kenne zwei große Männer, und Sie sind einer davon; der andere ist dieser junge Mann." Edison stellte Tesla als Assistenten ein. Tesla bewunderte Edison für seine Arbeit, die er nach einer reinen Grundschulausbildung leistete. Edison wiederum respektierte Tesla für seinen Fleiß. Tesla schlug Edison vor, wie er seinen Generator verbessern könnte. Bei Erfolg gäbe es 50.000 Dollar. Tesla schaffte es, Edison zahlte nicht, Tesla ging. Er arbeitete eine Zeit lang als Bauarbeiter in einer New Yorker Straßenkolonne, um sich über Wasser zu halten. Nach drei Jahren bekam er die Chance, sein Wechselstromsystem zu entwickeln. Der Industrielle und Erfinder George Westinghouse aus Pittsburgh kaufte Tesla sämtliche Patente an dem System ab und unterzeichnete einen Vertrag, in dem er Tesla einen Barvorschuss und Aktien plus drei Lizenzgebühren von 2,50 Dollar pro erzeugter Pferdestärke zu zahlen versprach. Edison bekämpfte die Entwicklung des Wechselstroms. Seine Lampen wurden mit Gleichstrom betrieben. Er hatte viel Geld in ein Gleichstromsystem investiert und betrachtete Wechselstrom als Bedrohung für sein Geschäft. Es kam zum „Stromkrieg". Edison versuchte mit allen Mitteln, den Wechselstrom seines Konkurrenten als tödliche Gefahr darzustellen. Er ließ Hunde öffentlich durch Stromschlag töten, setzte durch, dass der erste elektrische Stuhl mit Wechselstrom betrieben wurde. Es nützte nichts, Tesla und Westinghouse installierten für die Beleuchtung der Weltausstellung von 1893 in Chicago ein Wechselstromsystem. Tesla war der Star der Ausstellung. In weißem Frack mit weißem Binder und Schuhen mit isolierenden Korksohlen stand er auf einer Bühne mit einer seiner Teslaspulen – einem Gerät, das Starkstrom erzeugte. Die elektrischen Funken krachten und blitzten und brachten Glühlampen in Teslas Händen zum Aufleuchten. Die Menge war begeistert von diesem Spektakel. Der Erfolg der Ausstellung führte zur Entwicklung eines hydroelektrischen Projekts an den Niagarafällen. Schließlich lieferte Teslas Stromnetz auf dem gesamten Kontinent immense Mengen an elektrischem Strom.[180]

Es gibt Menschen, mit denen könnte man einen großen Lottogewinn teilen und sie würden einen am nächsten Tag dafür kritisieren, warum man ihnen nicht 60 Prozent gegeben hätte. Warum ist Lob ein so flüchtiger Moment im Gegensatz zur Kritik, an deren einzelnen Buchstaben man sich festsaugt und nicht loslassen kann?

Der österreichische Publikumsliebling, Schauspieler und Regisseur Otto Schenk liest gar keine Kritiken. Er gibt zu, dass das nicht einfach ist: „Ich habe eine fast masochistische Lust sie zu lesen. Ich finde, das Theater hat eine andere Methode als die Kritiker, und diese Methode ist gestört, wenn ich eine Kritik lese. In einer frischen Wunde lasse ich nicht gerne herumstechen."[181]

Wenn ich nach einem großen Auftritt von vielen Menschen Lob bekomme und nur von einem Einzigen scharfe Kritik, beschäftigt mich das derart intensiv, dass ich mich über mich selbst ärgere. Energieverschwendung der anderen Art. Aber diese Einzelkritiken beschäftigen viele erfolgreiche Menschen.

Für die Exbischöfin Margot Käßmann ein schwieriges Thema: „Kritik ist richtig und wichtig. Ich höre mir Kritik auch an, weil ich denke, aus Kritik lernst du auch etwas." Sie glaubt, dass manche einfach Spaß daran hätten, „Gift zu spritzen" und erzählt von einem Blogger, der pro Tag 200 negative Einträge ins Netz stellt und stolz darauf ist. Blogs liest sie seither nicht mehr.

Als sie sich scheiden ließ, hatte sie auch einiges an Kritik ertragen müssen. Ihrer Mitarbeiterin verdankt sie einen visuellen Trick, der ihr seither hilft. Sie teilte die Zuschriften in drei Stapel: positiv, negativ, neutral. Als Käßmann die Stapel sah, gab es ein paar negative, aber der Stapel an Ermutigungen war der höchste. Die Relation ist damit sichtbarer und besser einzuordnen.

An Social Media und der fast immer anonymen Kritik ist schwer vorbeizukommen. Vieles würden die Leute einem nicht ins Gesicht sagen, was sie anonym posten. Der Theologin Käßmann passierte es, dass sie jemand via E-Mail beschimpfte, aber vergessen hatte, seine Adresse am Ende zu löschen: „Ich schrieb ihm zurück, dass von seiner E-Mail-Adresse folgende Mail versandt wurde. Ich könne mir nicht vorstellen, dass er das selbst verschickt habe. Er antwortete, dass er es nicht war und sich juristisch beraten lassen würde. Das fand ich lustig."

„Künstler sollen Menschen sein dürfen auf der Bühne [...] kein Kanonenfutter." Angelika Kirchschlager

Angelika Kirchschlager liest Kritiken auch nicht mehr, seit etwa zwölf Jahren. Sie beschloss ihren Kopf nicht mehr zu vermüllen. „Ich bin nicht stark genug, dass ich eine Kritik im Kopf beim nächsten Auftritt wegschieben kann". Sie will dadurch ihre Freiheit zu 100 Prozent bewahren. Es gibt Kollegen, erzählt sie, die jede Kritik so ernst nehmen, dass sie dem Dirigenten davon berichten und eine entsprechende Anpassung wollen. Gesangskünstler öffnen auf der Bühne ihre Seele und seien deshalb so verwundbar. „Künstler sollen Mensch sein dürfen auf der Bühne", man wisse ohnehin, wenn mal etwas „daneben" geht. Sie seien oft das „Kanonenfutter" für „reißerische Artikel", damit das überhaupt gelesen werde. Zeit für sich selbst zu haben, ist unerlässlich, doch diese Zeit wird vor allem durch die Social-Media-Welt ausradiert, findet Angelika Kirchschlager, „es gibt keine Stille mehr, es spürt sich niemand mehr". Soziale Medien könnten einen „vernichten" und deshalb ist es heute schwieriger, an die Spitze zu kommen, meint sie, weil „einem keine Zeit gelassen wird, um erfolgreich zu werden und bei sich zu bleiben".

In Zeiten von Social Media stehen bekannte Menschen schnell am digitalen Pranger. Heinz Fischer meint zum Thema Kritik:

> „Da in der Politik Macht ein Instrument ist, ist es wichtig, dass auch die Kritik eine gewisse Dichte erlangt, denn das gehört zur Machtbalance. Subjektiv ist man natürlich oft über Kritik enttäuscht oder findet sie nicht sachlich, aber damit muss man leben lernen und man soll sich das nicht anmerken lassen. Ich muss hinzufügen, fairerweise, dass ich wahrscheinlich nicht so viel Kritik auslöse wie manch anderer, der provokante ‚high risk policy' macht. Man soll wissen, dass Risiko Erfolgschancen vielleicht vergrößert, aber auch die Chance des Scheiterns. Und eine vernünftige Risikobegrenzung ist nicht nur in der Investmentbranche, sondern auch in der Politik wichtig. Man muss Risiken richtig einschätzen können und begrenzen und das hat einen inneren Zusammenhang mit dem Maß an Kritik, dem man sich aussetzt."

Das österreichische Staatsoberhaupt kann, so scheint es, wenig aus der Fassung bringen, aber ungerecht empfundene Kritik in Medien gehört dazu:

> *„Ich ärgere mich vor allem dann, wenn ich das Gefühl habe, das ist unrichtig und ungerecht und hätte leicht durch entsprechende Recherche klargestellt werden können. Die andere Art des Ärgerns ist, wenn ich mir denke, die haben recht, aber dann ärgere ich mich nicht über die Kritik, sondern über mich selber."*

Offenbar schaffen es manche, sich eine Teflon-Schicht gegen Kritik aufzubauen und nur Kluges und Produktives herauszuziehen. Statt ständig Kritiken zu lesen, sollte man sich mit Freunden und Dingen umgeben, die einem guttun. Die meisten von uns wissen selbst, ob sie etwas schlecht oder falsch gemacht haben.

Marcel Hirscher stand am 27. 01. 2015 am Start vom Nachtslalom in Schladming. 50.000 Menschen jubelten ihm zu und wollten ihn siegen sehen. Eine Million Menschen saßen vor den Bildschirmen. So wie das Jahr zuvor. Er landete abgeschlagen auf dem 14. Platz. Der Sieg ging an den Russen Alexander Khoroshilov. Hirschers Antwort auf die Reporterfrage nach dem Warum: „Schlecht Ski gefahren. So mies war ich schon lange nicht mehr." Die Mentaltrainerin Kristin Walzer hält es für wichtig, auf solche Situationen vorbereitet zu sein, nicht der emotional offene Sportler zu sein, der in einen Wettlauf hineingeht. Man soll zwei Rollen einnehmen: die als Wettkämpfer, der mit offenem Herz ins Rennen geht, und die des Menschen, der das Herz einhüllt und nur Familie und liebe Menschen heranlässt. In ein Interview soll man mit dem Verstand hineingehen und beim Wort bleiben.

„Ich muss vor mir selber geradestehen, nach meinen Wertvorstellungen leben; die Leute, die etwas Negatives über mich schreiben, sollen glücklich werden damit."
Gerlinde Kaltenbrunner

Die Bergwelt sei eine heile, naturverbundene Welt, dachte sich Gerlinde Kaltenbrunner sehr lange. Exakt so lange, bis sie den achten Achttausender bestieg. Bis dahin hatte niemand von ihr Notiz genommen. Doch beim Erreichen des Gasherbrum II (8034 m) fragten sie plötzlich viele nach ihrer Taktik, wie sie denn das Wetter und die Lawinengefahr einschätzen würde.

Der Erfolg wurde registriert und damit traten Neid und Missgunst in ihr Leben, vorwiegend von männlichen Kollegen. Sie dachte sich, es sei doch genug Platz für alle da, denn sie vergönnt doch auch jedem anderen den Erfolg. Alle sollen gut hinauf- und hinunterkommen. Die ersten falschen Gerüchte tauchten auf. Beim Bergsteigen tritt der Vorderste immer die Spur. Es hieß, ohne männliche Kollegen, die ihr die Spur treten würden, hätte sie keine Chance. Sie wollte das nie extra betonen, dass auch sie schon oft die Spur als Erste getreten hatte, aber „irgendwann habe ich gelernt, ich muss es sagen". Männer würden das in ihren Newsletter nicht hineinschreiben, wenn Kaltenbrunner die Spur getreten hat, aber wenn dann auch noch manche Männer behaupten, sie hätten die Spur *für sie* getreten, ärgert sie das.

Kaltenbrunner war 2009 am Lhotse, dem vierthöchsten Berg der Erde, ein Nachbar des Mount Everest. Sie hörte, dass Bergsteiger von dort auf ihrem Blog veröffentlicht hätten, dass sie mit dem Hubschrauber ins Basislager geflogen worden sei und Sherpas für sie bereits die Hochlagerkette installiert hätten. Sie, die seit jeher ohne Sherpa und Hochträger unterwegs war, erfuhr es durch ihre Assistentin und fiel aus allen Wolken.

Sie glaubte an ein Missverständnis. Sie sollte den Bergsteiger, der sie mit falschen Tatsachen diffamiert hatte, kurz darauf im Basislager treffen. Eine riesige Zeltstadt für alle vom Mount Everest, Lhotse und einem anderen hohen Siebentausender. Sie sprach ihn darauf an und er verteidigte sich tatsächlich mit: „Es war ein Missverständnis, sein Bruder habe den Satz in den Blog getan." Sie bat ihn, diese Lügen zu entfernen. Das hat er letztlich aber nicht getan. Aus ihrem Kopf wollte der Ärger nicht verfliegen, er setzte ihr richtig zu, saß fest. Es folgte ein kommunikativer Rückzug. Als sie auf 6600 Meter beim Lager II vom Mount Everest ein Zelt aufstellte, lehnte sie Wasser und Tee von anderen Bergsteigerkollegen ab. Aus Angst, dass dann vielleicht geschrieben wird, sie lasse sich auch noch Tee kochen. Warum erzählen Menschen solche Lügen? Kaltenbrunner ist schon länger dazu übergegangen, dass sie die anderen reden lässt und tut, was sie kann, und das reicht für sie aus: „Ich muss vor mir selber geradestehen, nach meinen Wertvorstellungen leben; die Leute, die etwas Negatives über mich schreiben, sollen glücklich werden damit." Ihr Auftrag an ihre Mitarbeiter zu Hause war: „Verschont mich mit all dem, was geschrieben wird, sowohl positiv als auch negativ, ich möchte es nicht wissen. Ich will meine Ruhe und möchte mich auf mein Ziel konzentrieren – und das war dann auch so." Sie hat den Verdacht, dass auf dem Gipfel des Erfolgs manche Menschen so richtig austesten wollen, wie viel man eigentlich aushält. Ihr Spitzname „Cinderella Caterpillar", den sie von zwei kasachischen Bergsteigern wegen ihrer Hartnäckigkeit und ihrer brillanten körperlichen Verfassung erhalten hat, zeigt, dass Kaltenbrunner nie aufgibt.

Gertrud Höhler warnt indessen vor allem im Politik- und Wirtschaftsbereich aufgrund großer Missgunst vor dem Trend einer „Verdächtigungskultur". Immer öfter werden Menschen jahrelang mit Prozessen überzogen und sie sind nach den Wartezeiten – selbst ohne Verurteilung – gesellschaftlich erledigt: „Dass aus der Elite so viele rausbrechen mit Verdächtigungen ist ein Neidkomplex, der damit zu tun hat, dass es eben ganz große Gruppen gibt, ich wage nicht zu behaupten, Mehrheiten, die ihre Unruhe darüber, dass sie selbst zu wenig beitragen, dadurch beschwichtigen, dass sie andere anprangern." Es sei vor allem für die Presse einfacher mit Neid zu reagieren.

„*Neid ist ein Feind des Erfolgs.*" Andreas Gabalier

„Neid ist ein Feind des Erfolgs", analysiert Andreas Gabalier. Er ist auf niemanden neidisch und freut sich gleichzeitig, dass er es allein geschafft hat. Er hält sich an seine Fans und liest vor allem Kritiken in Zeitungen, deren „Intellekt meine Musik bei Weitem übersteigt" völlig entspannt. Hauptsache, seine Fans habe Freude mit seinen Liedern.

Kabarettist und Schauspieler Alfred Dorfer nimmt Kritik nicht ernst. Mit Roland Düringer hat er ein Konzept für den Film „Muttertag" bei der Stelle für Österreichische Filmförderungen eingereicht. Sie waren Drehbuchneulinge, der Regisseur, Harald Sicheritz, war damals auch unbekannt. So wurde „Muttertag" erst bei der vierten Einreichung gefördert. Die Verantwortlichen wollten zwei Jahre lang nicht an den Erfolg glauben. 1992 kam der Film ins Kino und es hagelte negative Kritiken. Dorfer wunderte sich damals, „warum Menschen so schlimm schreiben, wenn sie einen gar nicht kennen."[182] Nur die Tageszeitung „Kurier" lobte „Muttertag". Inzwischen gehört er zu den Kultfilmen und wurde bei großen Umfragen 2011 und 2012 zum „Besten österreichischen Film aller Zeiten" gewählt. Ein anderer Aspekt ist, dass manche außerhalb der Landesgrenzen mehr geschätzt werden als in ihrer Heimat, gemäß dem an die Bibel angelehnten Sprichwort: „Ein Prophet gilt nirgends weniger als in seinem Vaterland und in seinem Hause" (Mt 13,57). Das musste auch der österreichische Komponist Carl Michael Zierer erfahren. Er war gerade Kapellmeister des k. u. k Infanterie-Regiment Hoch- und Deutschmeister Nr. 4, als er nicht nur in ganz Europa Konzerte gab, sondern 1893 wegen seines großen Erfolgs auch in die USA zu einer Tournee eingeladen wurde. Als er zurückkam, wurde er als Leiter der Militärkapelle entlassen. Der Grund: Er war wenige Tage zu spät aus seinem Urlaub zurückgekehrt.[183]

„Ich freue mich immer, wenn andere besser sind als ich und insofern spüre ich dabei keinen Neid." Ernst Ulrich von Weizsäcker

„Der Autor kann zwar schön schreiben, aber das Entscheidende hat er vergessen, nämlich die Stoffströme", kritisierte der deutsche Chemiker und Umweltforscher Friedrich Schmidt-Bleek ein Buch des Wissenschaftlers Ernst Ulrich von Weizsäcker. Er hatte sein Buch „Erdpolitik" in „den Boden zertrümmert", doch Weizsäckers Reaktion war ungewöhnlich: „Als ich seine Kritik gelesen habe, dachte ich, Donnerwetter, der hat etwas verstanden, was ich nicht verstanden hab, den muss ich kennenlernen." Er besuchte ihn und es war wohl kein Wunder, dass Schmidt-Bleek überrascht darüber war, dass der Kritisierte nicht beleidigt reagierte. Die Folge war ab diesem Zeitpunkt eine gedeihliche Zusammenarbeit. Sie gründeten das Wuppertaler Institut für Klima, Umwelt, Energie. Weizsäcker war Präsident, Schmidt-Bleek viele Jahre der Vizepräsident. Nicht verwunderlich, dass Weizsäcker glaubhaft meint: „Ich freue mich immer, wenn andere besser sind als ich und insofern spüre ich dabei keinen Neid."

Frank Elstner hatte in seiner Sendung „Menschen der Woche" mit über 3000 Gästen gesprochen und dabei viele prägende Geschichten und Sätze gehört. Nach so vielen Jahrzehnten in seinem Beruf sieht er es ähnlich wie Weizsäcker und legt mir die Erkenntnis des deutschen Philosophen Hans-Georg Gadamer (1900–2002) nahe: „Der andere könnte recht haben."

Für Gadamer war das der oberste Grundsatz der Hermeneutik, einer Geisteshaltung aller Formen des Verstehens. Sie zeigt sich besonders im Zuhören und im Dialog, in der Bereitschaft, sich in die Sicht des anderen zu versetzen, ihm auch Recht zu geben, fremde Fragen zu eigenen werden zu lassen. Einige erfolgreiche Personen sagen voller Stolz: „Ich habe viele Neider und daran sieht man, wie wichtig ich bin." Das sei völlig falsch, so Gertrud Höhler, man solle immer fähig bleiben, sich in andere hineinzuversetzen. Gemäß ihrer Lebenserfahrung gibt es zwei Gruppen: „Ich kenne eine große Gruppe von Menschen, die mich nie beneiden, weil sie sich nicht mit mir vergleichen. Du darfst dich nicht dauernd mit den falschen Leuten vergleichen."

Das erinnert mich an den „einen Satz", der mir aus dem langjährigen Bestseller „Hectors Reise oder die Suche nach dem Glück" in Erinnerung geblieben ist. Der Autor François Lelord lässt darin den fiktiven Psychiater Hector durch die Welt reisen, um dem Geheimnis des Glücks auf die Spur zu kommen. Er notiert sich 23 Lektionen in ein Notizbuch und Nummer eins lautet: „Vergleiche anzustellen ist ein gutes Mittel, um sich sein Glück zu vermiesen." Wer vergleicht, verliert.

Man sollte sich wohl vor Augen halten, dass es in jeder Branche immer Bessere gibt und Neid eine der schlechtesten Eigenschaften im Leben ist. Nur nichts persönlich nehmen. Das tat auch John Williams. Der berühmte Filmkomponist und mehrfache Oscar- und Grammygewinner sagte einmal zu Steven Spielberg, nachdem er das Filmmaterial von „Schindlers Liste" angesehen hatte: „Steven, du benötigst für diesen Film einen besseren Komponisten, als ich es bin." Spielberg antwortete: „Ich weiß, aber die sind schon alle tot." Daraufhin komponierte Williams ein Violinkonzert, das längst die Konzertsäle der Welt erobert hat.

Conchita Wurst wollte in einem Interview nicht mehr über Neider sprechen, das koste nur Energie und Zeit und die wolle sie für sich haben.

„Gala"-Chefin Anne Meyer-Minnemann hat erst mit der Zeit gelernt, ungerechtfertigte persönliche Kritik einfach wegzustecken. Für sie ist es wichtig, Gelassenheit zu lernen: Man muss für sich begreifen, dass Kritik im beruflichen Umfeld immer etwas mit der Funktion und nicht mit dem Menschen zu tun hat, meint sie.

Das eine sind Kritik und Neid von der Außenwelt. Wie sieht es aber in der Innenwelt, im Team, im Unternehmen aus?

„Berechtigte Kritik motiviert mich." Tatjana Oppitz

In Österreich gibt es keine wirkliche Feedback-Kultur. Tatjana Oppitz erhält jedes Jahr ein „Zeugnis" von ihren Mitarbeitern und ihren Vorgesetzten im Konzern, ein sogenanntes 360-Grad-Feedback: „Da wird einem ein ehrlicher Spiegel vorgehalten. Bist du ein Teamplayer, lebst du die große IBM-Vision, wie triffst du deine Entscheidungen, wie gehst du mit Krisen um, hast du die richtige Strategie für die sehr herausfordernden Märkte?" Tatjana Oppitz erzählt hingegen auch von Meetings, wo alle höflich zueinander sind, niemand Kritik übt. Erst danach in der Cafeteria, hinter vorgehaltener Hand, wird kritisiert. Oppitz hat kein Verständnis dafür, denn wenn die Fakten stimmen, müsse man über alles diskutieren können. Nichts persönlich nehmen, es gehe um die Sache. Diese Feedback-Kultur erwartet sich Oppitz von ihren Mitarbeiterinnen und Mitarbeitern. „Berechtigte Kritik motiviert mich", sagt Oppitz. Es sei Faktum, dass es immer Menschen geben werde, die ständig das Negative suchen und sehen. Dann müsse man sich fragen, ob die Person der „klassische Giftzahn und Querulant" ist oder nicht, so Oppitz. Unberechtigte Kritik müsse man einfach wegstecken. Die Erfahrung zeige, dass man sich von solchen „Giftzähnen" bei fehlendem Commitment zum Unternehmen trennen müsse, denn „solche Personen können für die Abteilung sehr gefährlich werden".

„Es ist besser, nach einer Diskussion recht zu haben als vor einer Diskussion unrecht." Gerhard Zeiler

Bei der Frage „Wer hat Ihnen zuletzt die Meinung gesagt?" überlegen die meisten lange. Gerhard Zeiler nennt zuallererst seine Frau, die ihm regelmäßig konstruktive Kritik gibt. In der Firma sei eine Unternehmenskultur wichtig, wo das „offene Wort, die offene Meinung" gelehrt werden sollte. Ansonsten würde die beste Strategie nichts nützen, gemäß dem Slogan „culture beats strategy". Wenn ein Meeting mit dem Vorgesetzten von Beginn an schon von seiner Meinung geprägt ist, erzeugt das eine Stimmung, in der kaum jemand widersprechen will. Zeiler musste sich das eine oder andere Mal schon auf die Zunge beißen, um seinen Standpunkt nicht zu früh in den Raum zu stellen: „Es ist besser, nach einer Diskussion recht zu haben als vor einer Diskussion unrecht. Der Chef sollte sich erst einmal zurückhalten und zuhören, bevor er sich eine Meinung bildet." Um zu kreativen Lösungen zu kommen, würde Zeiler es begrüßen, ähnlich wie in Teilen der Politik, ein „term limit" einzuführen. Der US-Präsident darf beispielsweise lediglich zwei aufeinanderfolgende Amtszeiten oder insgesamt acht Jahre im Amt bleiben. Zeiler meint, dass man als Führungsperson in einem Unternehmen den Job nicht länger als zehn Jahre machen sollte, weil man zu oft in die Situation käme, wo man sagt: „Das kenn ich schon, das habe ich alles schon erlebt. Diese Voreingenommenheit steht oft kreativen Lösungen im Weg." Das ehrliche Feedback würde auch immer schwerer werden und „Jasager" wären das Schlimmste für Zeiler. Wobei auch hier das richtige Maß vorhanden sein muss: „Ein wesentliches Kriterium für mich, wenn ich Leute einstelle, ist das ‚Non-Ego'. Wenn jemand reinkommt und das Ego steht im Vordergrund, dann wird das nichts, da kann die Person fachlich noch so gut sein. Mit solchen Leuten zusammenzuarbeiten, das ist immer besonders mühsam und schadet letztlich der Unternehmenskultur."

„Wenn man glaubt, man kann es immer allen recht machen, scheitert man." Barbara Stöckl

Von außen zu bewerten, welcher Weg der richtige und welcher der falsche ist, davon rät Moderatorin und Produzentin Barbara Stöckl ab: „Wenn man glaubt, man kann es immer allen recht machen, scheitert man. [...] In meinem Begehren, von allen geliebt zu werden, ist sicher die Facette verankert, auch gefürchtet zu werden. Ich merke immer wieder, dass gerade Mitarbeiter und Kollegen mir alles recht machen wollen und das finde ich nicht gut. Ich sag dann: ‚Jetzt redet doch einmal zurück.'"

Die Drittelformel und andere Erfolgsrezepte

„Ein Drittel Glück. Ein Drittel Können. Ein Drittel Sympathie."
Claudia Reiterer

Das war seit Jahren meine Antwort auf die Frage, wie ich Erfolg in einem Satz für mich zusammenfassen würde. Wenn ich auch noch so viel kann, aber nicht zur richtigen Zeit am richtigen Ort bin und dann vielleicht noch einem Entscheidungsträger unsympathisch bin, nutzt mir mein ganzes Können wenig. Sympathie wird als die scheinbar grundlose emotionale Zuneigung zwischen zwei Personen beschrieben. Man hat „dieselbe Wellenlänge".

„Das ist eine sehr vernünftige Formel", sagt der Physiker Ernst Ulrich von Weizsäcker. Er erinnert sich an die Drittelformel von Werner Heisenberg, einem Lehrer seines Vaters: „Ein guter Vortrag besteht darin, dass ein Drittel den Zuhörern völlig bekannt ist, ein Drittel ist den Zuhörern noch nicht richtig bekannt, aber sie verstehen es, und ein Drittel ist so neu, dass sie es noch nicht verstehen."

Menschen haben grandiose Fähigkeiten, die oft unentdeckt bleiben. Glück ist offenbar auch, wenn jemand diese Gaben erkennt und fördert.

„Können, Talent und Herkunft sind nicht allein ausschlaggebend", sagt Annett Louisan. „Disziplin und Geduld und soziale Kompetenz – Sympathie und Euphorie für das Leben sind ein Motor." Opernsängerin Angelika Kirchschlager reiht Sympathie unter Glück, denn das bestimme, „wenn du zufällig auf einen Menschen triffst, mit dem die Chemie zufällig stimmt an einem bestimmten Tag".

„Erfolg ist ein gutes Brot, aber ein verdammt hartes Brot", sagt Gabalier. Man brauche „Kampfgeist, ein tolles Team, Können, Talent und Glück".

Moderator Frank Elstner würde die Formel vierteln und 25 Prozent Fleiß dazugeben.

Andere Gesprächspartner wiederum würden dem Können einen höheren Anteil am Erfolg geben wollen. Musikmanager Freddy Burger: „Können ist mehr als ein Drittel des Erfolges. Können heißt, man weiß, was man tut, und man hat die Nase, den Riecher. Wir sind ja Dienstleister zum Publikum, das kann man nicht auf alle Berufsgattungen umlegen. Wenn ich rostige Schrauben verkaufe und dabei genial bin und weiß, wie ich die billig einkaufe und teuer in andere Länder verkaufe, ist das wieder was anderes. Bei mir beginnt es immer bei null." Burger vergleicht das mit seiner Art, Auto zu fahren. Er konzentriert sich zwar auf das Fahren, nimmt aber nicht nur die Straße wahr, sondern auch was links und rechts davon zu sehen ist. Der Blick müsse immer offen sein, damit man beim „Mainstream, beim breiten Publikum, ist", meint Burger. Den richtigen Zeitpunkt würden manche an sich vorbeiziehen lassen: „Sie nehmen Menschen nicht wahr, sitzen passiv da und entscheiden nicht. Ich bin aktiv auf sie zugegangen, habe Deals abgeschlossen."

Der österreichische Bundespräsident Heinz Fischer meint, langfristig seien Können und Fähigkeiten mit mehr als einem Drittel anzusetzen und Sympathie würde er durch den Begriff Emotionale Intelligenz ersetzen.

Susie Wolff sagt: Können 40 Prozent, Talent 40 Prozent und Glück 20 Prozent. Sie hat ihre eigene Erfolgsformel so definiert:

- Finde deine Passion. Du musst wissen, was du liebst. Wenn du tust, was du liebst, kommt der Erfolg von allein.
- Hör auf dein Gefühl.
- DREAM BIG – Träume groß – und vergiss nicht auf den Plan!

Im Sport wird oft die olympische Formel „Dabei sein ist alles" verwendet. Das sei kein Erfolgsrezept, meint Helmut Marko: „Man macht es nicht, um dabei zu sein, sondern winning is the name of the game." Das sei auch immer der Weg von Red Bull. In Fahrerfragen hatte er oft keine Übereinstimmung mit den Engländern: „Sie wollten den Star, die zwei Besten auf dem Markt, aber wir haben von unserer Philosophie her immer unsere eigenen Fahrer aufgebaut." Stars, die einmal nicht gewinnen, würden nur frustriert sein, aber beispielsweise der Russe „Daniil Kwjat ist dankbar für die Chance und so motiviert, der gibt alles und haut sein ganzes Leben da hinein um was draus zu machen", erklärt Marko sein Auswahlverfahren.

„Gala"-Chefredakteurin Anne Meyer-Minnemann wiederum würde das Wort Sympathie durch Persönlichkeit ersetzen. Auch Gerhard Zeiler würde „Personality" in seine Erfolgsformel setzen, denn es sei mehr als Sympathie, die bei einer Begegnung eine Rolle spielt, es sei die Leidenschaft, die rüberkommt, wobei „die Bedeutung von Glück kann man gar nicht groß genug schätzen. Ich habe in meinem Leben so viel Glück gehabt. Ich hoffe, das hält an."

Moderatorin Barbara Stöckl war und ist immer fleißig und diszipliniert in ihrem Beruf. Erfolg ist für sie ein Balanceakt: „Da geht es darum, diese Balance zu finden zwischen dem inneren Antrieb und dem, was von außen kommt, zwischen Festhalten und Loslassen, zwischen Fleißig-Sein und Sich-gehen-Lassen und den Müßiggang üben, und erst wenn man diesen Balanceakt findet, dann passiert es. Also dort, wo man selber zu sehr aufs Gas steigt, wird es nicht passieren."

Gertrud Höhler hat die Frage „Was ist Erfolg?" sehr oft beantworten müssen: „Bei Erfolg ist es am wichtigsten, dass er folgt. Er folgt auf etwas. Wer aber sagt, er will vor allem Erfolg haben, der zäumt das Pferd von hinten auf. Erfolg hat mit Glaubwürdigkeit zu tun. Die Leute haben Lust, sich an einem Menschen zu orientieren, an einem erfolgreichen, weil sie von ihm noch nicht betrogen worden sind."

Eine strenge Lebensführung mit sich selbst hat auch Einfluss auf die Leistungsfähigkeit unter dem Credo „Streng! Dich! An!". Und bei all dem Fleiß und der Disziplin dürfe man nicht auf genug Bewegung vergessen, erinnert Höhler, das entlastet das Gehirn und befreit von Ressentiments und Ärger.

Einer, der es wirklich wissen könnte, ob es eine Erfolgsformel gibt, ist der Mathematiker Rudolf Taschner, der mich leider enttäuschen muss und die „Relativitätstheorie des Erfolgs" auspackt: „Es gibt keine Formel. Wenn es einen Berg gibt, dann steigt man rauf und das war es dann. Die Mathematik ist wie der Berg. Von unten schaut alles groß aus, steht man endlich oben, ist alles viel kleiner." Taschner findet es sehr anstrengend, wenn man richtig Erfolg haben will, dafür sei er zu „faul". Und wenn er ein Ziel erreicht hat, ist es schon wieder aus.

Die Verwendung seiner Gewürze, für die Starkoch Alfons Schuhbeck berühmt ist, gaben den Ausschlag, dass ich vis-à-vis von ihm sitzen sollte. Weil er sich selbst nicht als Solist des Erfolgs sieht, beschreibt er mir sein Erfolgsrezept mit voller Leidenschaft als Gewürzorchester:

„Hinten im Orchester stünde immer der Ingwer, weil er über 200 Inhaltsstoffe hat und mit süßen und mit salzigen Zutaten kann. Ingwer nimmt sich nie wichtig. Er ist nur Begleiter und verstärkt die anderen Gewürze. Wenn einer ein Problem hat, dann ist Ingwer einer, der sagt: ‚Geh runter vom Gas, ich bring das schon hin!' Der Knoblauch ist sowieso sein bester Spezi, der weiß: Mit dem Ingwer bin ich immer gut aufgestellt. Nicht zu vergessen der Kardamom, er hilft gegen Sodbrennen und ist für Magen und Darm sehr wichtig. Die Vanille stärkt die Zellwand und kann auch mit dem Ingwer. Wenn der Ingwer mich nach vorne schickt als Solist, hab ich kein Problem, denn der Ingwer macht die Fläche frei, auch der Kümmel und der Zimt. Alles eine wunderbare Kombination. Jetzt kommt es auf den Dirigenten an: Wie stelle ich sie zusammen? Nehme ich zu viel Zimt, dann nehme ich den wunderschönen Klang der Bläserinstrumente und das Summen der Geigen nicht mehr wahr. Zimt kann alles überdecken, also muss ich ihn zurücknehmen. Ich sage einfach zum Kardamom, du spielst jetzt die erste Geige und auf einmal hast du eine wunderschöne Kombination."

Schuhbeck hält mir einen ebenso flammenden wie wertvollen Vortrag über die medizinische Wirkung von Gewürzen. So steigern Rosmarin, Salbei und Kurkuma die Hirnleistung und Chili treibt die Fettzellen in den Tod. Er selbst nimmt keine Medikamente, sondern täglich eigens gemachte Zellfit-Gewürzkapseln mit einer Mischung aus zwölf verschiedenen Gewürzen. Es wird Sie nicht wundern, dass mein Gewürzbestand nach diesem Gespräch um ein Vielfaches angestiegen ist. Kochbücher in allen Varianten gehören jedes Jahr zu den Bestsellern und dennoch wird das Rezept bei zehn Köchen anders schmecken: „Wir gehen in der Hitze um nur 20 Grad rauf oder runter und das gleiche Rezept schmeckt anders, die Qualität der Zutaten und die Gewürze, das ist die Kunst des Kochens."

Für Gerlinde Kaltenbrunner ist Bergsteigen kein Sport, sondern eine Lebensphilosophie. Sie definiert Erfolg nicht nur danach, ganz oben zu stehen: „Das Erreichen vom Gipfel ist das eine, da schauen alle hin und das macht auch meinen Erfolg letztendlich aus, aber genauso wichtig ist eben das Umkehren vorm Ziel, die Grenzen erkennen und die gesunde Rückkehr. Auch meine Sponsorpartner haben mich nicht nur an meinen Gipfelerfolgen gemessen, sondern an meinem Stil, wie ich handle, wie ich mit der Natur umgehe, wie ich mich in Grenzsituationen bewege und welche Entscheidungen ich letztendlich treffe."

„Frauen müssen hellwach sein und springen, wenn sie Chancen haben, und nie sagen: Das ist mir zu viel oder ich weiß nicht, ob ich das kann. Sie müssen JA sagen!" Elisabeth Gürtler

Für IBM-Chefin Tatjana Oppitz gehört zu einem guten Marketingkonzept dazu, dass man auch sagt, was man gut gemacht hat. Das Grundprinzip bleibe zwar, gesteckte Ziele zu erreichen und damit den Erfolg für alle sichtbar zu machen, dennoch seien Männer im Selbstvermarkten noch besser: „Ich empfehle den Frauen: Tue Gutes und rede darüber." Ein ehemaliger Vorgesetzter hat mir einmal ans Herz gelegt: „Fünfzig Prozent der Zeit arbeitet man und in der restlichen Zeit sollte man erzählen, wie gut man ist." Auch Anne Meyer-Minnemann findet, dass wenige Frauen die Eigen-PR so gut beherrschen wie Männer: „Frauen definieren sich sehr über ihre Leistung und weniger über ihre Person. Bei Männern ist das gleichwertig, dieses ‚Schaut mal, was ich für ein toller Hecht bin' und das ‚Schaut mal, was ich für tolle Sachen mache'." Frauen sollten sich selbst und ihre Erfolge feiern, aber viele seien einfach zu bescheiden oder hoffen, dass ihre Leistung auch ohne viel Selbstdarstellung bemerkt wird. „Aber Klappern gehöre eben zum Geschäft. Wenn wir Frauen da noch ein Quäntchen mehr Eigen-PR betreiben würden, bräuchten wir auch gar keine Frauenquote für Aufsichtsräte und all diese Dinge. Da würden wir wahrscheinlich unser eigener bester Karrierecoach sein."

Den Tipp von Elisabeth Gürtler „Frauen müssen hellwach sein und springen, wenn sie Chancen haben, und nie sagen: Das ist mir

zu viel oder ich weiß nicht, ob ich das kann. Sie müssen JA sagen!'",
kann Meyer-Minnemann nur unterstreichen, denn der Unterschied
zwischen Männern und Frauen in Spitzenpositionen sei, dass sich
„Frauen sehr schnell die Frage stellen: Kann ich das? Bin ich die Richtige dafür? Das ist eine Frage, die sich Männer nie stellen. Männer
haben grundsätzlich gar nicht die Idee, dass sie das vielleicht nicht
können." Selbstzweifel scheinen nach wie vor ein zutiefst weibliches
Phänomen zu sein. In der Formel 1 haben sie keinen Platz. Der Motorsport ist eine echte Rarität im professionellen Sportbereich, weil hier
Frauen und Männer in einem Wettkampf gegeneinander antreten
könnten. Ecclestone hat im März 2015 über den „Guardian" die Idee
einer Art Formel 1 für Frauen verbreitet. Doch das würde bedeuten,
Frauen könnten sich nicht mit Männern in einer Rennserie messen.
Ecclestone wollte mit diesem Vorschlag die „Attraktivität" des Sports
erhöhen, die Frage ist nur, welche Form der Attraktivität er meinte.
Über Susie Wolff sagte er einmal: „Wenn Susie so schnell ist im Auto
wie sie drinnen aussieht, dann ist sie eine massive Bereicherung für
jedes Team." Susie Wolff weiß um die männerdominierte Umgebung
in diesem Sport: „Wir werden alle nach unserem Aussehen beurteilt.
Wenn man als Frau einen Raum betritt, schauen alle, auch die anwesenden Frauen, was trägt sie, wie sieht sie aus? Es ist ein schmaler
Grat und ein Balanceakt zwischen den Fotoshootings und Promo-
tions, wo man gut aussehen soll, und auf der Rennbahn sich den Respekt der Leute um einen herum zu verdienen. […] In der Formel 1
geht es nur um Leistung, wenn man gut ist, zählt das Geschlecht
nicht." Dabei musste Wolff in ihren ersten drei Jahren in der DTM
(Deutsche Tourenwagen Masters) in einem rosaroten Mercedes ihre
Rennrunden drehen. Das absolute Klischee: blonde Frau – rosa Auto.
Sie lehnte es zu Beginn ab, aber der positive Effekt dieser Marketing-
idee war, dass mehr junge Mädchen an die Rennstrecke kamen, um
genau dieses Auto zu sehen: „Es kamen auch Männer zu mir, die sagten: Meine Tochter hat begonnen, Autorennen zu schauen, nur weil
sie das rosa Auto gesehen hat. […] Ich ziehe immer das Positive aus
einer Situation. Das Negative war, dass es ein Klischee war, es machte
mich zur Zielscheibe, aber positiv war, dass es kleinen Mädchen gefiel, ein rosa Auto auf der Strecke zu sehen."

Die Nummer zwei

In der Geschichte gab es immer wieder einen Wettstreit um die Nummer eins. Der Zweite war der erste Verlierer. So haben sich die beiden Polarforscher, der Brite Robert Falcon Scott und der Norweger Roald Amundsen, bei extremsten Minusgradenim Winter 1911/12 einen Wettlauf zum Südpol geliefert. Amundsen erreichte ihn nach 2600 km und 99 Tagen, Scott fünf Wochen später am 17. Januar 1912. Auf dem Rückweg kommen alle Mitglieder der Scott-Expedition ums Leben, auch der Forscher selbst. Amundsen war besser vorbereitet.[184]

Bronze macht glücklicher als Silber

Die Psychologen Thomas Gilovich, Victoria Husted Medvec und Scott F. Madey untersuchten in verschiedenen Experimenten die Reaktionen von Gold-, Silber- und Bronzemedaillengewinnern bei den Olympischen Spielen in Barcelona im Jahr 1992. Sie ließen Studenten die Reaktionen der Athleten bewerten – und zwar einerseits direkt nach Ende des Wettkampfs und bei der Siegerehrung, andererseits im Interview danach. Die Studenten sollten die Emotionen der Sportler auf einer Zehn-Punkte-Skala bewerten (1: Trauer, 10: Ekstase). Das überraschende Ergebnis wurde 1995 publiziert: Die Bronzemedaillengewinner waren glücklicher als die Silbermedaillengewinner – und zwar sowohl unmittelbar nach Ende des Wettkampfs als auch bei der Siegerehrung. Auch in den Interviews mit den Sportreportern zeigten sich die Drittplatzierten viel positiver. Sie erzählten von Zufriedenheit und Glücksgefühlen, während die Zweitplatzierten zerknirscht waren, weil es nicht zu Gold gereicht hatte.[185] In der Sozialpsychologie gibt es das kontrafaktische Denken, das „Was-wäre-wenn?". Entgeht man knapp einem Verkehrsunfall, so beurteilt man die Grundsituation danach viel positiver. Die paradoxe Form dieses Denkens ist Silber versus Bronze. Bei Gewinn einer Silbermedaille wird der Vergleich nach oben gerichtet, man hätte beinahe Gold gewonnen. Die Silbermedaille erscheint damit weniger wünschenswert als das Alternativereignis einer Goldmedaille. Der

Bronzegewinner hingegen richtet seinen Vergleich nach unten, er hätte beinahe gar keine Medaille gewonnen. Für ihn ist das eingetretene Ereignis wünschenswerter als das Alternativereignis mit keiner Medaille.

Die Britin Kelly Holmes konnte sich nach einer schweren Verletzungsserie nur knapp für die Olympischen Spiele in Sydney qualifizieren und stand dann im 800-m-Lauf im Finale. Sie wurde Dritte und war überglücklich, weil sie im Vorfeld zwar an sich geglaubt hatte, aber nicht an eine Medaille. „Gold und Silber ist wie gewinnen und verlieren, das hat man sich alles nur zur Unterhaltung ausgedacht, für mich ist das wie eine Schlacht, ein Krieg"[186], meinte hingegen der schwer enttäuschte britische Speerwerfer Steve Blackley. Er schaffte den Weltrekord in Sydney, hatte damit die Goldene in Griffweite. Doch der Tscheche Jan Zelezny stellte den Rekord ein und hatte schließlich das Olympische Gold um den Hals baumeln.

Das sei gelebte Praxis, sagt auch Marc Girardelli und hat einige Beispiele parat: „Ich habe noch nie so eine glückliche Bronzemedaillengewinnerin gesehen wie Kathrin Zettel", erinnert sich Girardelli und strahlt dabei selbst über das ganze Gesicht. Er spricht vom Olympischen Damen-Slalom in Sotschi 2014. Mikaela Shiffrin gewann Gold, Marlies Schild Silber und Zettel wurde Dritte. Sie ließ den Freudentränen im Interview danach freien Lauf. Oder der leidgeplagte Schweizer Abfahrer Beat Feuz, der fast einmal ein Bein verloren hatte und 2014 in Beaver Creek noch immer nicht hundertprozentig fit war, wurde überraschend Zweiter: „Ich hab ihn gesehen und hab gespürt, ob der jetzt Gold oder Bronze gewinnt, ist für den völlig egal, Hauptsache eine Medaille, das ist für ihn das Größte gewesen." Marcel Hirscher erinnert sich an Olympia 2014 in Sotschi: „Ich war sicherlich im ersten Moment als Silbermedaillengewinner ziemlich angefressen, weil ich dem Ganzen so nah war wie noch nie. Ich kann mich noch gut an die Situation erinnern, ich hab mich damals nicht versteckt, im Gegenteil, ich war ganz, ganz, ganz, ganz ehrlich, und das hat die Sportwelt in ihrer Scheinheiligkeit teilweise nicht so gut verkraftet. Da war ziemlich viel Negativ-Feedback. Und im Endeffekt sind wir dann bei dem Punkt: Ist man sympathisch, weil man authentisch ist, oder ist man sympathisch, weil man eine gute

Rolle spielt? Da kommen so viele Fragen auf einen zu, die ich heute hier und jetzt mit 26 Jahren leider nicht beantworten kann, doch ich darf täglich dazulernen", sagt ein nachdenklicher Hirscher. „Je höher man steigt, desto mehr Neid gibt es und es wird versucht, dich auf jede erdenkliche Art und Weise zu bremsen", beschreibt Exskirennläufer Marc Girardelli dieses negative Gefühl. Auch er versteht nicht, warum das so weit verbreitet ist, er habe „jedem den Erfolg gegönnt und wenn mich der Pirmin Zurbriggen oder der Ingemar Stenmark geschlagen haben, dann habe ich ihnen aus allertiefstem Herzen gratuliert, aber ich hab natürlich insgeheim gedacht: Ich werde mich jetzt so sehr dahinterklemmen, dass das nächste Mal wieder ich gewinne." Mentaltrainerin Walzer stützt diese Ansicht: „Menschen, die wirklich wissen, was sie im Leben geschafft haben, die stolz auf sich sind und auf das, was sie erreicht haben, die werden nie Neid auf jemand anderen empfinden, die bewundern auch andere und können sich mitfreuen, dass jemand anderer etwas Tolles erreicht hat." Wenn Neid die Herrschaft in unserem gesamten System einnimmt, wird man als Zweiter nie die Nummer eins werden.

In der Wirtschaft sollte man vom ersten Tag weg „seinen Nachfolger aufbauen", sagt IBM-Generaldirektorin Tatjana Oppitz: „Ich habe meinen Weg gemacht, ich war und bin erfolgreich und möchte jemanden, der genauso, wenn nicht noch besser, ist wie ich." In großen Unternehmen müsse immer klar sein, wer den Job an der Spitze sofort übernehmen kann. Das könne wegen eines Wechsels oder eines Unfalls notwendig werden. Dafür bauen wir für alle Managementpositionen rechtzeitig neue Führungskräfte auf. Es gibt intern einen Pool mit mehreren Kandidaten, die das sofort übernehmen können: „Da gibt es einen, der ist einen Karriereschritt und eine andere, die zwei Karriereschritte davon entfernt ist, das heißt, wir arbeiten konsequent daran, dass der Nachschub an fähigen Führungskräften gesichert ist." Eine gute Nummer zwei sei wichtig, so Oppitz, und bevorzugt gerne komplementäre Personen, die einander ergänzen.

Was haben die Sieger gemeinsam?

Es gibt den kleinen, aber feinen Unterschied zwischen erfolgreichen und außergewöhnlich erfolgreichen Menschen. Das wurde mir bewusst, als Helmut Marko auf Sebastian Vettel zu sprechen kam, als dieser 18 von 20 Rennen gewonnen hatte, aber sich ausschließlich über die zwei verlorenen geärgert und die Gründe dafür analysiert hat. Oder bei den Musikern, die besonders schwierige Stücke in Angriff nehmen und üben und nicht bei jenen bleiben, die sie schon beherrschen.

Arbeit als Energiequelle

Die Erfolgreichen verlassen gerne herkömmliche Muster und treten neue Spuren. Das kostet immens viel Energie. Es ist für Geist und Körper bequemer, in vorgetretenen Pfaden zu spazieren, womöglich in der Blumenwiese, wie Anne Meyer Minnemann es beschrieben hat. Im Dschungel muss man den Weg allein finden, das ist anstrengender. Hirscher, Schuhbeck, Kaltenbrunner, Käßmann, Gschwandtner: Sie alle geben einem das Gefühl, über eine Extraladung an Energie zu verfügen. Sie sprühen bei ihren Erzählungen vor Energie und füttern sogar ihr Gegenüber mit ihrer Willenskraft und ihrer Dynamik. Sie sind kein physiologisches Wunder, sondern sie laden ihre Batterien durch Arbeit auf. Sie üben ihre Tätigkeit mit Freude, Liebe und Leidenschaft aus, sodass diese Zutaten der Strom für die Selbstladetätigkeit sind.

Peter Handke wurde gefragt, ob er glücklich sei: „Ich habe das Wort Freude lieber. Glück hat nur eine dumme Silbe, aber Freude hat zwei und muss sein. Freude ist das elfte Gebot. Du sollst dich freuen."[187]

Menschen, die in ihrer Arbeit nicht aufgehen, müssen andere Energiequellen anzapfen und das ermüdet. Die Erfolgreichen sind ihre eigene Energiequelle und haben diese innere Tankstelle. Dennoch wissen fast alle, wie wichtig Pausen sind, um die körpereigenen Ressourcen nicht auszubeuten. Sie reflektieren und hinterfragen sich selbst und leben das Wechselspiel zwischen Aktivität und Ruhe.

Mut zur Pause

„Du kannst dich nur in der Stille spüren, anders geht's nicht."
Angelika Kirchschlager

Frank Elstner hat fast alle seine großen Sendungen, „Spiel ohne Grenzen", „Montagsmaler", „Wetten, dass..?", sechs Jahre lang gemacht
und daraufhin Pausen eingelegt. Gerhard Zeiler nimmt sich immer
zwei Tage „Urlaub" in der Woche. Das muss nicht am Wochenende
sein, aber dieser Rhythmus tut ihm und seiner Beziehung gut, sagt
er. Er steigt Hunderte Male pro Jahr ins Flugzeug und versucht, sich
einmal pro Jahr zehn Tage richtig abzusetzen. Die einen gehen ins
Kloster, er geht gerne auf eine Wellnesskur, die nicht nur körperliche,
sondern auch „geistige Entspannung" für ihn bedeutet, da könne er
loslassen. Freude am geistigen Leerlauf, der Muse und Entspannung,
das alles mit gutem Gewissen. Social Media als „Fast Food für den
Geist" einfach mal sein lassen, Online-Diät halten. Der 1971 geborene Spanier Pep Guardiola gilt als einer der besten Trainer der Welt.
Er gewann in seinen vier Jahren beim FC Barcelona (2008–2012)
drei Mal die spanische Meisterschaft und zwei Mal die Champions
League. Diese Zeit war so intensiv, dass er danach eine einjährige
Auszeit nahm. Seit 2013 trainiert er den FC Bayern München.

Im Terminkalender von Florian Gschwandtner findet man den
Eintrag „Florian-Zeit", in der der 32 Jahre alte Unternehmer tun
kann, was er will. Das war nicht immer so, wenn er früher acht Minuten frei hatte, dachte er sich, da könne er doch noch zwei E-Mails
beantworten. 15 Stunden Arbeit pro Tag, da blieb immer weniger Zeit
für Privatleben und Freunde: „Die eigene Definition von Erfolg verändert sich über das Leben hinweg."

Gerlinde Kaltenbrunner sieht Pausen und Reflexion als Grund-
bedingung, um große Expeditionsziele erreichen zu können.

Sich zu hinterfragen, die Situation genau zu reflektieren – das hält
die „gesunden" Erfolgreichen länger fit.

Angelika Kirchschlager hat sich 2014 eine vier Monate lange
Auszeit genommen, weil sich vor ihr eine „Bugwelle" aufgebaut
hatte, die im Kopf immer größer und größer wurde. Als sie eines
Nachts in Bochum saß und nach 20 Jahren Karriere Herzrasen und

depressionsartige Zustände bekam, bemerkte sie, dass einzig die Stimme „funktionstüchtig" war, aber sonst nichts. Sie konnte nicht schlafen und saß nachts ruhelos auf dem Balkon. Wenn man ganz oben ist, hat man oft auch Verantwortung für ein Team um sich und damit für Arbeitsplätze. Konzerte, die abgesagt werden, kosten die Agentur eineinhalb Jahre Vorbereitung und Geld. Das lässt viele zögern: „Ich war wirklich an der Klippe, wie beim Bungee-Jump. Aber ich habe gewusst, wenn ich es jetzt nicht tue, wird es nicht besser. Es wird schlimmer, dann kollabiert alles und in dem Moment, wo ich die Entscheidung getroffen habe, hat es sich aufgelöst und es war überhaupt kein Problem mehr."

Auf dem Weg zum Erfolg ist es notwendig, die eine oder andere Grenze zu überschreiten, aber wenn es um die körperliche Gesundheit geht, muss man diese Grenze anerkennen. Durch den Spaß an der Arbeit halte man auch viele Jahre ein unglaubliches Pensum durch, meint Kirchschlager. In der Stille der Auszeit wird dann vieles an die Oberfläche geschwemmt, worüber man nachdenkt, bei Kirchschlager die ständige Trennung von ihrem Sohn und ihrem Freundeskreis: „Du kannst dich nur in der Stille spüren, anders geht's nicht." Kirchschlager hat es geschafft, in diesem Moment loszulassen. Das Loslassen ist eine der schwierigsten Übungen. Stellen Sie sich etwa vor, Sie halten mit beiden Händen ein Seil fest, das sinnbildlich für Probleme jeder Art oder utopische Ziele in Ihrem Leben stehen kann. Sie schaffen es und lassen dieses „Seil" los. Sie haben plötzlich wieder beide Hände frei, um sich neuen Herausforderungen zu widmen. Loslassen, um neu beginnen zu können. Wie bei Kirchschlager weiß man kurz danach um das befreiende Gefühl. Es gibt nur leider keinen Knopf für diesen Mechanismus, es bleibt einem nicht erspart, diesen Schritt aus eigener Kraft zu tun.

„Der Mensch braucht Auszeiten, der Mensch braucht Erholungs-
zeit. Man kann nicht alles zur gleichen Zeit machen."
Freddy Burger

Musikmanager Freddy Burger hatte eine Auszeit schon in jungen Jahren nötig. Er machte pro Jahr bis zu 52 Konzerte in der Schweiz mit
Weltstars wie den Rolling Stones, Queen und anderen. Er war oft in
drei Städten am gleichen Tag von Meeting zu Meeting unterwegs,
nahm das erste Flugzeug und das letzte nach Hause, weil er immer
im eigenen Bett schlafen wollte. Als er 30 Jahre alt war, hatte er zwei
Nervenkrisen hinter sich und seine erste Ehe war gescheitert: „Ich war
einfach überfordert, hab mit 23 geheiratet, mit 25 bin ich Papa geworden, mit 27 konnte ich mein eigenes Haus bauen und mit 30 war ich
geschieden und habe alles infrage gestellt." Er brauchte drei Monate
völlige Ruhe: „Ich wusste, wenn du jetzt dein Leben nicht änderst,
wird es gefährlich. Der Mensch braucht Auszeiten, der Mensch braucht
Erholungszeit. Man kann nicht alles zur gleichen Zeit machen." Das
erinnert mich an den Lieblingssong meines Mannes von Udo Jürgens:
„Der gekaufte Drachen". Es geht um einen Vater, der keine Zeit hat,
nur für seine Firma arbeitet, um sie später einmal seinem Sohn zu ver-
machen, aber der sagt: „Ich will nur mit dir einen Drachen bauen".
Burger erzählt, dass er diese Drachen gebaut hat. Mit 50 beschloss er,
wenn die Kinder Ferien haben, nimmt er sich auch welche. 13 Wochen
pro Jahr. Er kann sich das leisten, werden Sie vielleicht einwenden.
Aber wie viele könnten es sich leisten und machen es nicht? „Die Kunst
des Ausruhens ist ein Teil der Kunst des Arbeitens"[188], erklärte bereits
der Literaturnobelpreisträger John Steinbeck (1902–1968).

    Der Psychologe Travis Bradberry ist davon überzeugt, dass Men-
schen auch erfolgreich sind, weil sie gewisse Dinge *nicht* tun. Er zählt
drei Verhaltensweisen auf:

- Keine Probleme wälzen: Erfolgreiche Menschen würden nicht
lange über Probleme grübeln. Das mache nur Stress. Sie denken über Lösungen nach.
- Perfektion halten sie für eine Illusion: Emotional intelligente
Menschen würden wissen, dass man nicht unfehlbar ist.

Perfektionsanhänger würden immer von Versagensgefühlen geplagt.

- Negatives abschließen: Schlimme Ereignisse versetzen den Körper in einen Alarmzustand. Forscher der Emory University haben gezeigt, dass beibehaltener Stress zu hohem Blutdruck und Herzerkrankungen beiträgt. Ärger bedeutet Dauerstress und erfolgreiche Menschen würden loslassen können.[189]

„Nichts aufschieben. Aus einem kleinen Haufen wird dann ein unreparierbarer Berg." Alfons Schuhbeck

Die meisten meiner Interviewpartner zeichnen sich dadurch aus, dass sie nicht über Vergangenes grübeln und unangenehme Dinge sofort erledigen. Entscheiden und tun! Auf die Nase fallen, aber wenigstens hat man es probiert. Schuhbeck will nur nach vorne sehen: „In dem Augenblick, wo ich in die Vergangenheit schaue, beginne ich zu altern, dann habe ich nichts mehr zu tun. Ich bin 66, ich bin in der Jugend des Alters und ab 90 arbeite ich halbtags. Wenn ich sagen würde, ich hör jetzt auf, ich hab ein Leben lang Dampf gemacht und Gas gegeben, der Körper würde zu rosten beginnen, weil ich keine Aufgabe mehr habe. Ich bin lieber ein Leitwolf, der nach vorne marschiert." Schuhbeck steht seit 48 Jahren am Herd. Wenn er gegen 23 Uhr nach Hause geht, dann setzt er sich auf das Fahrrad oder stemmt Gewichte. Selbstdisziplin in der Arbeit, Disziplin am eigenen Körper. Das ist die nächste Gemeinsamkeit. Fleiß und Disziplin. Wobei das Wort Disziplin einen autoritären Zug besitzt und deshalb nach wie vor kein beliebter Begriff ist.

Schuhbeck ist es wichtig, das Negative abzuschließen, und er verwendet dazu, wenig überraschend, ein Küchenutensil als Metapher: „Ich streiche am Abend mein komplettes Leben durch ein Sieb: Was war heute gut und schlecht? Was hängen bleibt, ist das Negative, das nehme ich sofort am nächsten Tag zwischen acht und zwölf auf und erledige alles. Alles!" Wichtig sei, über jedes Problem eine Nacht zu schlafen, „es gehen die negativen Gedanken aus dem Körper raus, man geht alles disziplinierter an". Wie sagte schon Mark Twain:

„Wenn Sie jeden Morgen einen Frosch essen, werden Sie wahrscheinlich den ganzen Tag nichts Unangenehmeres mehr vor sich haben."[190] Ein Credo, das auch Alfons Schuhbeck hat: „Nichts aufschieben. Aus einem kleinen Haufen wird dann ein unreparierbarer Berg."

Kunst der Balance

„Erfolg ist nicht einfach das So-Bleiben, sondern auch das Anders-Werden." Ernst Ulrich von Weizsäcker

Die Dinosaurier waren zeitlebens erfolgreich, trotzdem sind sie ausgestorben. Die kleinen Säugetiere wie Beuteltiere oder Vögel haben die Katastrophen am Ende der Kreidezeit fabelhaft überlebt. Ernst Ulrich von Weizsäcker bemüht die Evolutionstheorie nach Charles Robert Darwin, um Aufstieg und Durchbruch zu erklären: „Erfolg ist nicht einfach das So-Bleiben, sondern auch das Anders-Werden. Und eine vernünftige Balance zwischen So-Bleiben, insbesondere wenn das So eine bewährte Sache ist, und dem Anders-Werden, wenn nämlich neue Herausforderungen nur durch das Anders-Werden beantwortet werden können. Da braucht man eine Balance." Übersetzt bedeutet das, der am besten Angepasste überlebt, nicht der Stärkere. Der Leitsatz meiner Freundin Doris passt dazu: „Leben ist Veränderung." Es sind immer mehrere Faktoren, die zum Erfolg führen. „Dass genau eine Sache zum Olympiasiegertreppchen führt, ist Schrott", sagt der Physiker. Es geht also um diese Balance, den schmalen Grat etwa zwischen Mut, Tollkühnheit und Feigheit, zwischen Begabung und Übung zu finden und die Grauschattierungen zwischen den genetischen Anlagen und den umweltbedingten Voraussetzungen wahrzunehmen.

Doch diese Balance ist der Idealzustand und zugleich ein laufender und lebenslanger Prozess. Denn meine Interviewpartnerinnen und -partner haben Erfolg, weil sie ihre Eigenschaften in der richtigen Dosierung zur richtigen Zeit einsetzen können.

Alle sind überaus fleißig, arbeiten bis zu ihrem großen Durchbruch fast Tag und Nacht. Es einen sie die Eigenschaften: Selbstdisziplin, Entschlossenheit, Selbstkontrolle, Begeisterung, Soziale

Intelligenz, Optimismus und unbändige Neugier. Niederlagen lasten sich die meisten nicht selbst an, sondern sie analysieren die Ursachen und versuchen es beim nächsten Mal besser zu machen. Hier scheinen die Erlebnisse in der Kindheit großen Einfluss zu haben, wie man mit Misserfolgen umgeht. Menschen mit einem schwach ausgeprägten Selbstwertgefühl sehen Scheitern als persönliches Versagen.

„Ja, ich will!"

Der absolute Wille ist der Treibstoff für den Erfolgsmotor. Kaltenbrunner, Marko, Hirscher, Goodall und die anderen Interviewten verfügen alle über diesen „absoluten Willen", einen ausgeprägten Ehrgeiz, der im Extremfall das Können schlägt und hilft, die Misserfolge beiseitezuschieben, den Fleiß entfacht und zu Spitzenleistungen antreibt, das Ziel nicht aus den Augen lässt. Dieser eiserne Wille, der sich bei manchen durch Kränkungen entzündet, führt zu der Einstellung:

Nicht ich *sollte*,
nicht ich *dürfte*,
nicht ich *könnte*,
sondern ich *will*.

Es ist schön, wenn man etwas tut, weil man es machen will, und nicht, weil man dafür gelobt werden will. Die Gesprächspartner arbeiten in erster Linie nicht erfolgsorientiert, sondern ergebnisorientiert, weil sie es *wollen*. Dieser Wille lässt Kaltenbrunner die steilsten Berge erklimmen, oder sie sprichwörtlich versetzen. Bei manchen, wie Marcel Hirscher und DJ Ötzi, hat sich das am Beginn in der Macht der Niederschrift manifestiert. In dem Moment, in welchem sie ihr Ziel schriftlich formulierten, hatten sie es ständig wie ein Versprechen an sich selbst vor Augen. Das „Auslachen", auch wenn es nicht böse gemeint gewesen ist, wie bei Margot Käßmann, hat die Einstellung „Jetzt will ich erst recht" initiiert. Dieser absolute Wille nährt auch die Disziplin. Denken, entscheiden, tun. Sie geben nicht auf.

Naivität und Sturheit in einem. Sie haben alle ihre innere persönliche Entschlossenheit gezeigt, selbst zu bestimmen, haben sich nicht von außen steuern lassen und damit den Autopilotenmodus ausgeschaltet. Ich trage selbst die Verantwortung für mein Handeln – das zieht sich bei fast all meinen Interviewpartnern seit ihrer frühen Jugend durch. Ich glaube fest daran, dass ich einen freien Willen habe und nicht eine biologisch gesteuerte Hormon- und Genmaschine bin. Aber dieser Glaube lässt mich an Entscheidungen völlig anders herangehen. Wenn alles vorherbestimmt ist, werde ich mir nicht die Mühe machen, einen neuen, schwierigeren Weg zu gehen, sondern mich treiben lassen. Es braucht Mut, um aus der Komfortzone herauszukommen, es ist immer ein Sprung ins Ungewisse wie beim Popcorn-Salto. Mut, um bei jedem Spurwechsel die Angst zu überwinden. Sich selbst zu entwickeln, benötigt viel Kraft und Energie. „Wir sind Wissensriesen, aber Umsetzungszwerge"[191], schrieben die beiden Wirtschaftswissenschaftler Heike Bruch und Rolf Wunderer. Die Umsetzung hängt am Willen. Wir wissen alle, wie es besser geht, aber wie heißt es schon in „Der Kaufmann von Venedig" von William Shakespeare:

> „Wäre Thun so leicht als Wissen, was gut zu thun ist, so wären Kapellen Kirchen geworden, und armer Leute Hütten Fürstenpaläste. Der ist ein guter Prediger, der seine eigenen Ermahnungen befolgt. – Ich kann leichter Zwanzig lehren, was gut zu thun ist, als einer von den Zwanzigen sein, und meine eignen Lehren befolgen."[192]

Ohne Ziel, keine Richtung

Der Weg zu denken, wer ich bin und was ich sein könnte, zeichnet sie aus. Das haben die Geschichten von Alfons Schuhbeck, Freddy Burger, Roland Düringer und Elisabeth Gürtler gezeigt. Sie wissen sehr früh, was sie auf ihrer Zielhierarchie wollen und damit auch NICHT wollen. Das machen, was man kann, und nicht darüber nachdenken, was man nicht kann. Ihnen war klar, was sie konkret brauchen, um ihren Traum zu verwirklichen. Die fernen Ziele sind klar gesteckt und unverrückbar. Aber wenn es um kurzfristige Ziele geht, legen alle eine große Flexibilität an den Tag. Der Weg dorthin ist ein individueller. Die einen schwören auf einen Plan wie Susie Wolff und Gerhard Zeiler, wenige andere wie Roland Düringer sind ohne konkretes Konzept auf das Ziel fokussiert. Einen Plan B haben die meisten nicht, alles wird auf den einen Traum ausgerichtet. Ich werde mich nur dieser Sache widmen, egal, ob ich Erfolg habe oder nicht!

Standort bestimmt den Standpunkt

„Das Geheimnis des Erfolgs ist, den Standpunkt des anderen zu verstehen"[193], meinte Henry Ford. Jeder hat seinen eigenen Rucksack zu tragen, der eine ist größer, der andere kleiner. Erfahrung, Bildung, Niederlage und vieles andere lassen jeden von uns seine persönliche Wertebrille tragen, durch die wir auf die Welt blicken. Ich spreche nicht von den gesellschaftlichen Wertvorstellungen, die als wünschenswert gelten. Meine Werte sind Familie, Freunde, Freiheit, Natur, Freude an der Arbeit. Es ist leichter, Entscheidungen zu treffen, wenn man seine Werte kennt. Man fühlt sich wohler, wenn man nach diesen Werten handelt. Werte und Bildung bieten Orientierung für Denken und Handeln und damit für gute Entscheidungen.

Löffelliste

Die meisten haben sich in entscheidenden Situationen gefragt, ob sie bereuen würden, etwas zu tun oder nicht zu tun, wenn sie wüssten, dass sie morgen „den Löffel abgeben" müssten. Bei existenziellen Entscheidungen hilft es, das Leben zu Ende zu denken. Hilfreich ist auch die Idee des „autobiografischen Museumstags" aus dem Buch „Big Five for Life" des US-amerikanischen Autors John Strelecky. Es geht dabei um ein Lebensarchiv mit all unseren Erfolgs- und Scheitermomenten:

„Stellen Sie sich vor, wie es wäre, am Ende unseres Lebens durch dieses Museum zu gehen. Die Videos zu sehen, die Tondokumente zu hören und die Bilder zu betrachten. Wie würden wir uns dabei fühlen? Wie würden wir uns fühlen, wenn wir wüssten, dass uns das Museum für immer und ewig so zeigen würde, wie man sich an uns erinnert? Alle Besucher würden uns genau so kennenlernen, wie wir tatsächlich waren. Die Erinnerung an uns würde nicht auf dem Leben basieren, das wir uns eigentlich erträumt hatten, sondern darauf, wie wir tatsächlich gelebt haben. Stellen Sie sich vor, der Himmel oder das Jenseits oder wie immer wir uns das Leben nach dem Tod vorstellen, sähe so aus, dass wir auf ewig als Führer in unserem eigenen Museum unterwegs wären."⁹⁴

Alle erfolgreichen Menschen, die in diesem Buch vorkommen, leben offenbar mit der Einstellung „Lieber auf die Nase fliegen, aber wenigstens habe ich den Mut gehabt". Auch hier kann man sich mit dem Adlerblick aus der Situation oder der Handlung rausnehmen und von außen darauf schauen. Die Devise „Wenn man nichts macht, kann man auch nichts falsch machen", ist für die handelnden Personen keine Option.

Der Schriftsteller Thomas Mann meinte, dass wir uns in den Büchern selbst finden. Das ließ mich nicht los. Um den Gedankenknäuel in meinem Gehirn etwas zu entwirren, lief ich mit meiner Hündin Cini zu einem See. Auch Margot Käßmann und Helmut Marko suchen, wenn sie in einer Sache feststecken und nicht weiter wissen, Lösungen im Gehen. Währenddessen hörte ich Radio. Maurice Chevalier singt ein Chanson aus dem Musical „Gigi", die Geschichte eines armen Mädchens, das zum Star wird. Dann hörte ich eine wunderbare Version der „Mondscheinsonate" und spürte plötzlich einen unglaublichen Druck in der Herzgegend. Ich musste stehen bleiben, hatte das Gefühl, dass es mich innerlich zerreißt. Ist das der Vorbote eines Herzinfarkts? Auf einmal schüttelt mich ein kurzer heftiger Tränenausbruch. Cini schaute mich verdattert an. Doch es war ein befreiendes Gefühl zu spüren. Ich wollte nicht mehr lügen, nicht mehr Opfer meiner Herkunft und Geschichte sein. Es war, als hätte ich mein Herz bis jetzt mit Gitterstäben vor allzu großen Verletzungen schützen und mich endlich aus diesem inneren Gefängnis befreien wollen. Ein Reim des Märchens „Der Froschkönig" kam mir in den Sinn: „Heinrich, Heinrich, der Wagen bricht", sagt der Prinz zum Kutscher, als er laute Geräusche vernimmt. „Nein, Herr!", erwidert der Kutscher, „der Wagen ist es nicht, es sind die Bande um mein Herz, die nun befreit von Schmerz die Eisenbande bricht." Das war mein Popcorn-Moment: die Selbstbefreiung. Jetzt wusste ich, warum ich auf den Titel des Buches so vehement bestand. „Die Familie ist die Abwesenheit von Lüge", sagte ich in einem Interview. In der Kindheit musste ich viele Wahrheiten mit einem Haufen voller Lügen schützen, um meinen Weg zu finden. Ich habe mich meiner Herkunft geschämt und das will ich nicht mehr. Bereits Carl Gustav Jung hat von den Schattenseiten der Persönlichkeit gesprochen, die Vergangenheit, die wir in uns tragen: „Jedermann ist gefolgt von einem Schatten, und je weniger dieser im bewussten Leben des Individuums verkörpert ist, umso schwärzer und dichter ist er. Wenn eine Minderwertigkeit bewusst ist, hat man immer die Chance, sie zu korrigieren. Auch steht sie ständig in Berührung mit anderen Interessen, sodass sie stetig Modifikationen unterworfen ist. Aber wenn sie verdrängt und aus dem Bewusstsein isoliert ist, wird sie niemals korrigiert. Es besteht dann überdies die Gefahr, dass in einem Augenblick der Unachtsamkeit das Verdrängte plötzlich ausbricht."[195] Der österreichische Künstler André Heller bekam 2015 für sein Lebenswerk die „Platin-Romy" verliehen. Er meinte in seiner Ansprache, dass ihm sein Leben jahrelang „misslungen" sei und er dabei sei, sich mit „sich selbst zu befreunden." Ich arbeite daran, mich mit dem Schatten meiner Herkunft anzufreunden. Es ist wichtig zu wissen, woher man kommt, aber wichtiger ist es, zu wissen, wer man sein will.

„‚Die Popcorn Six': Können, Glück, Durchhaltevermögen, Fleiß, Persönlichkeit und Willenskraft." Claudia Reiterer

Ich sitze im Wohnzimmer und freue mich mit meiner Familie, dass Marcel Hirscher zum vierten Mal den Weltcupgesamtsieg feiern kann. Die Popcornschüssel ist leer und an der Wand hängt ein neues Bild zum Thema Erfolg. Es ist ein Puzzle aus Hunderten Teilen, das ich aus den Gesprächen zusammengestellt habe, aus meiner Perspektive und mit meiner Wertebrille und Erfahrung. Dieses Bild hat keinen Rahmen, keine Grenze, es ist nach allen Richtungen offen. Aus dem Leben ein Kunstwerk machen. Mit etwas Glück nehmen Sie ein oder mehrere Teile heraus und setzen Popcorn-Sätze in Ihr reichhaltiges Lebensgemälde.

Während der fast zwei Jahre dauernden Arbeit an diesem Buch und den intensiven Gesprächen, hat sich meine Erfolgsformel erweitert. Aus der Drittelformel Glück, Können, Sympathie wurden für mich „Die Popcorn Six": Können, Glück, Durchhaltevermögen, Fleiß, Persönlichkeit und Willenskraft.

Erfolg ist: sich nicht mit anderen zu vergleichen.
Erfolg ist: Umleitungen zu genießen.
Erfolg ist: Entscheidungen nicht zu verteidigen, sondern dazu zu stehen.
Erfolg ist: Träume zu erreichen, um sein zu können.
Erfolg ist: die beste Version meiner Person zu sein.

„Heute beginnt der Rest deines Lebens" von Udo Jürgens

Von jetzt an Freiheit wagen,
Heuchelei nicht ertragen,
Das Glück erfassen,
Statt nur suchen nach mehr …

Fünf einmal g'rad sein lassen,
Nicht in Tabellen passen,
Und um die Wahrheit kämpfen …

Tun, was man will,
und woll'n, was man tut.
Ob jung oder alt,
Gilt uns're Devise …

Heute beginnt – der Rest deines Lebens
Jetzt oder nie – und nicht irgendwann!
Schau' auf dein Ziel – kein Traum ist vergebens.
Heut' fängt die Zukunft an!

Von jetzt an Sein statt Haben,
Nicht das Gefühl vergraben,
Einander finden,
Anstatt Worte verlier'n …

Über die Trägheit siegen
Und nicht das Rückgrat biegen.
Nicht seinen Traum verraten

Seh'n mit dem Herz
Und nie resignier'n
Mit dir Hand in Hand
Alles erfühlen …

Heute beginnt – der Rest deines Lebens
Heute fängt an – was du daraus machst!
Geh' durch die Nacht – dem Morgen entgegen,
Als ob du neu – erwachst …[196]

Referenzen

1   Gladwell, Malcom: Überflieger. Warum manche Menschen erfolgreich sind – und andere nicht. München: Piper Verlag 2013 (4. Auflage), S. 23.

2   Vgl. Zöchling, Christa: Heimskandal: Historikerbericht dokumentiert Gewaltexzesse. Profil, 21.5.2012. Online: http://www.profil.at/home/heimskandal-historikerbericht-gewaltexzesse-328475 (zuletzt 8.9.2015).

3   Zöchling, Christa: Heimskandal: Historikerbericht dokumentiert Gewaltexzesse. Profil, 21.5.2012. Online: http://www.profil.at/home/heimskandal-historikerbericht-gewaltexzesse-328475 (zuletzt 8.9.2015).

4   Vgl. Brinck, Christine: Fördern, bevor es zu spät ist. Die Zeit, Nr. 05, 2012. Online: http://www.zeit.de/2012/05/C-Frueherziehung (zuletzt 8.9.2015).

5   Austria Presse Agentur: Überhöhung durch die Eltern fördert Narzissmus bei Kindern. Der Standard, 9.3.2015. Online: http://derstandard.at/2000012696953/Ueberhoehung-durch-die-Eltern-foerdert-Narzissmus-bei-Kindern (zuletzt 9.9.2015).

6   Austria Presse Agentur: Überhöhung durch die Eltern fördert Narzissmus bei Kindern. Der Standard, 9.3.2015. Online: http://derstandard.at/2000012696953/Ueberhoehung-durch-die-Eltern-foerdert-Narzissmus-bei-Kindern (zuletzt 9.9.2015).

7   Vgl. Rettig, Daniel: Zuckerbrot statt Peitsche – Kinder profitieren von liberaler Erziehung. 13.3.2012. Online: http://www.alltagsforschung.de/zuckerbrot-statt-peitsche-kinder-profitieren-von-liberaler-erziehung/ (zuletzt 8.9.2015).

8   Simon, Anne-Catherine: Der Dreikampf der Tiger Mom. Die Presse, 15.3.2014. Online: http://diepresse.com/home/leben/mensch/1575445/Der-Dreikampf-der-Tiger-Mom (zuletzt 8.9.2015).

9   Gladwell, Malcom: Überflieger. Warum manche Menschen erfolgreich sind – und andere nicht. München: Piper Verlag 2013 (4. Auflage), S. 92.

10   Grünstäudl, Martin: Die schönsten Zitate für Erfolg und Lebensglück. Books on Demand 2012, S. 136.

11   Bahnsen, Ulrich: Erbgut in Auflösung. Die Zeit, 17.6.2008. Online: http://www.zeit.de/2008/25/M-Genetik?commentstart=9#comments (zuletzt 8.9.2015).

12   Vgl. Spork, Peter: Der zweite Code – EPIGENETIK oder: Wie wir unser Erbgut steuern können. Reinbek bei Hamburg: Rowohlt Digitalbuch 2009, Vorwort.

13   Vgl. Spork, Peter: Der zweite Code – EPIGENETIK oder: Wie wir unser Erbgut steuern können. Reinbek bei Hamburg: Rowohlt Digitalbuch 2009, Pos. 813.

14   Schipek, Peter: Von Genen, Talenten und Knallköpfen. Ein Interview mit Univ.-Prof. Mag. Dr. Markus Hengstschläger. Online: http://www.lernwelt.at/downloads/hengstschlaege_univ_prof_dr_interview_neu.pdf (zuletzt 15.7.2015).

15   Vgl. Lutterotti, Nicola: Mütterliche Zuwendung mildert die Stressempfindlichkeit. Interview mit Michael Meaney. Neue Zürcher Zeitung, 5.12.2014. Online: http://www.nzz.ch/feuilleton/muetterliche-zuwendung-mildert-die-stressempfindlichkeit-1.18438371 (zuletzt 8.9.2015).

16   Schnurr, Eva-Maria: Das Leben ist eine Baustelle. Interview mit Ursula Staudinger. Der Spiegel, 29.8.2013. Online: http://www.spiegel.de/karriere/berufsleben/persoenlichkeitsentwicklung-wie-sich-der-mensch-mit-der-zeit-veraendert-a-915309.html (zuletzt 8.9.2015).

17   Schnurr, Eva-Maria: Das Leben ist eine Baustelle. Interview mit Ursula Staudinger. Der Spiegel, 29.8.2013. Online: http://www.spiegel.de/karriere/berufsleben/persoenlichkeitsentwicklung-wie-sich-der-mensch-mit-der-zeit-veraendert-a-915309.html (zuletzt 8.9.2015).

18   Vgl. Dilk, Anja/Littger, Heike: Raus aus der Routine. Wirtschaftsmagazin „enorm", 01/2014, S. 16–27.

19   Jiménez, Fanny: Warum es hilft, wenn die Milch immer rechts steht. Die Welt, 31.3.2012. Online: http://www.welt.de/gesundheit/psychologie/article106140349/Warum-es-hilft-wenn-die-Milch-immer-rechts-steht.html (zuletzt 8.9.2015).

20   Vgl. Dilk, Anja/Littger, Heike: Raus aus der Routine. Wirtschaftsmagazin „enorm", 01/2014, S. 16–27.

21   Birbaumer, Niels: Dein Gehirn weiß mehr, als du denkst. Neueste Erkenntnisse aus der Hirnforschung. Berlin: Ullstein 2014, S. 18.

22   Birbaumer, Niels: Dein Gehirn weiß mehr, als du denkst. Neueste Erkenntnisse aus der Hirnforschung. Berlin: Ullstein 2014, S. 20.

23   Birbaumer, Niels: Dein Gehirn weiß mehr, als du denkst. Neueste Erkenntnisse aus der Hirnforschung. Berlin: Ullstein 2014, S. 25.

24   Kegel, Bernhard: Wie Erfahrungen vererbt werden. Vortrag auf dem „60 Jahre DNA-Kongress für Lehrkräfte, Studierende, Schüler/innen und Interessierte", 13.9.–14.9.2013. Online: https://www.youtube.com/watch?v=Msqlqqr1OVg (zuletzt 8.9.2015).

25   Bahnsen, Ulrich/Rauner, Max: Der Traum vom künstlichen Leben. Die Zeit, Januar 2008. Online: http://www.zeit.de/zeit-wissen/2008/01/Craig-Venter (zuletzt 8.9.2015).

26   Hengstschläger, Markus: Ein schöner Hintern. Die Presse, 5.12.2009. Online: http://diepresse.com/home/spectrum/literatur/526421/Ein-schoner-Hintern (zuletzt 8.9.2015).

27   Gschwandtner, Florian: Runtastic Zahlen Stand Mai 2015.

28   Kolf, Gerda M.: Resilienz. Was die Psyche stark macht! Das eigene Potential entfalten, Blockaden lösen und Krisen meistern. Petersberg: Via Nova 2013, S. 48.

29   Brief von Max Wertheimer an Albert Einstein 1934. In: Gigerenzer, Gerd: Risiko. Wie man richtige Entscheidungen trifft. München: Bertelsmann 2013, S. 63.

30   Vgl. Gigerenzer, Gerd: Risiko. Wie man richtige Entscheidungen trifft. München: Bertelsmann 2013, S. 62 f.

31   Bettel, Sonja: Leistungsträger Kind. ORF Radiokolleg Ö1, 12.5.2015.

32   Bettel, Sonja: Leistungsträger Kind. ORF Radiokolleg Ö1, 12.5.2015.

33   Bettel, Sonja: Leistungsträger Kind. ORF Radiokolleg Ö1, 12.5.2015.

34   Vgl. Bettel, Sonja: Leistungsträger Kind. ORF Radiokolleg Ö1, 12.5.2015.

35   Metzger, Ida: „Verstehe die Sturheit der Lehrer". Interview mit Rudolf Taschner.
       Kurier, 30.7.2013. Online: http://kurier.at/menschen/im-gespraech/rudolf-tasch- ner-
       verstehe-die-sturheit-der-lehrer/20.894.623 (zuletzt 8.9.2015).

36   Herwig, Malte: Meister der Dämmerung: Peter Handke. Eine Biographie. München:
       Deutsche Verlags-Anstalt 2012, S. 113.

37   Herwig, Malte: Meister der Dämmerung: Peter Handke. Eine Biographie. München:
       Deutsche Verlags-Anstalt 2012, S. 145.

38   Lenz, Werner: Das Leben lehrt, ist das nicht genug. In: Magazin erwachsenenbildung.
       at. Das Fachmedium für Forschung, Praxis und Diskurs. Ausgabe 7/8, Wien 2009, S. 3.

39   Vgl. K. Anders Ericsson, Ralf Th. Krampe and Clemens Tesch-Römer: The Role of
       Deliberate Practice in the Acuisition of Expert Performance. In: Psychological Review
       100/3, 1993, S. 363–406. Zit. n. Gladwell, Malcom: Überflieger. Warum manche
       Menschen erfolgreich sind – und andere nicht. München: Piper Verlag 2013 (4. Au-
       flage), S. 38 ff.

40   Vgl. K. Anders Ericsson, Ralf Th. Krampe and Clemens Tesch-Römer: The Role of
       Deliberate Practice in the Acuisition of Expert Performance. In: Psychological Review
       100/3, 1993, S. 363–406. Zit. n. Gladwell, Malcom: Überflieger. Warum manche
       Menschen erfolgreich sind – und andere nicht. München: Piper Verlag 2013 (4. Auf-
       lage), S. 38 ff.

41   Vgl. Thielicke, Robert: Begabung. Reine Übungssache. Focus, 8.4.2009. Online:
       http://www.focus.de/wissen/mensch/begabung-reine-uebungssache_aid_387887.
       html (zuletzt 8.9.2015).

42   Levitin, Daniel J.: This Is Your Brain on Music. The Science of a Human Obsession.
       New York: Dutton 2006, S. 197.

43   Gladwell, Malcom: Überflieger. Warum manche Menschen erfolgreich sind – und
       andere nicht. München: Piper Verlag 2013 (4. Auflage), S. 47 f.

44   Howe, Michael J. A.: Genius Explained. Cambridge: Cambridge University Press
       1999, S. 3.

45   Solomon, Andrew: Weit vom Stamm. Wenn Kinder ganz anders als ihre Eltern sind.
       Frankfurt am Main: Fischer Verlag 2013, S. 529.

46   Solomon, Andrew: Weit vom Stamm. Wenn Kinder ganz anders als ihre Eltern sind.
       Frankfurt am Main: Fischer Verlag 2013, S. 530.

47   Solomon, Andrew: Weit vom Stamm. Wenn Kinder ganz anders als ihre Eltern sind.
       Frankfurt am Main: Fischer Verlag 2013, S. 530.

48   Vgl. Broda, Michael/Stein, Barbara: Schlaf und Traum. In: Psychotherapie im Dialog,
       Nr. 2, 10. Jg., Stuttgart: Thieme Verlag 2009, S. 103.

49   Rudle, Ditta: Roman Lazik: „Vor dem Schlafen tanze ich im Kopf". Die Presse. Bei-
       lage „Schaufenster", Nr. 22, 12.6.2015, S. 21.

50   Vgl. Krause, Michael: Wie Nikola Tesla das 20. Jahrhundert erfand. Weinheim: Wiley
       2010, S. 56.

51   Krause, Michael: Wie Nikola Tesla das 20. Jahrhundert erfand. Weinheim: Wiley 2010, S. 56.

52   Tewes, Renate: Einig werden. Verhandlungsführung für Physio- und Ergotherapeuten. Berlin, Heidelberg: Springer Verlag 2014, S. 151.

53   Vgl. Watzlawick, Paul und Franz Kreuzer: Die Unsicherheit unserer Wirklichkeit. Ein Gespräch über den Konstruktivismus. München: Piper Verlag 1983, S. 72.

54   Watzlawick, Paul: Anleitung zum Unglücklichsein. München: Piper Verlag 1983, S. 37 f.

55   Siebert, Horst: Der Konstruktivismus als pädagogische Weltanschauung. Entwurf einer konstruktivistischen Didaktik. Frankfurt: VAS Verlag für Akademische Schriften 2002, S. 15.

56   Gladwell, Malcom: Überflieger. Warum manche Menschen erfolgreich sind – und andere nicht. München: Piper Verlag 2013 (4. Auflage), S. 32.

57   Vgl. Gladwell, Malcom: Überflieger. Warum manche Menschen erfolgreich sind – und andere nicht. München: Piper Verlag 2013 (4. Auflage), S. 32

58   Sportprofi: Der Geburtsmonat entscheidet. Springer Verlag. Analysing Seasonal Health Data 04.02.2010 – DLO. Quelle: http://www.scinexx.de/wissen-aktuell-11185-2010-02-04.html (zuletzt 8.9.2015).

59   Gladwell, Malcom: Überflieger. Warum manche Menschen erfolgreich sind – und andere nicht. München: Piper Verlag 2013 (4. Auflage), S. 24–28.

60   Vgl. Gladwell, Malcom: Überflieger. Warum manche Menschen erfolgreich sind – und andere nicht. München: Piper Verlag 2013 (4. Auflage), S. 30.

61   Vgl. Coyle, Daniel: Die Talent-Lüge. Warum wir (fast) alles erreichen können. Bergisch-Gladbach: Lübbe 2009, S. 13 f.

62   Vgl. Duckworth, A. L., Peterson, C., Matthews, M. D., & Kelley, D. R.: Grit: Perseverance and passion for long-term goals. Journal of Personality and Social Psychology, 92 (2007), 1087-1101. Zit. n. Rangel, Ulrike: Das Geheimnis des Erfolgs. 19.12.2007. Online: http://www.forschung-erleben.uni-mannheim.de/node/30 (zuletzt 15.5.2015).

63   Walter Mischel im Gespräch mit Angela Lee Duckworth in „Politics&Prose", 1.10.2014. Online: https://vimeo.com/109065003 (zuletzt 16.5.2015).

64   Walter Mischel im Gespräch mit Stefan Klapproth in „Sternstunde der Philosophie", SRF 22.3.2015.

65   Walter Mischel im Gespräch mit Stefan Klapproth in „Sternstunde der Philosophie", SRF 22.3.2015.

66   Vgl. Bund, Kerstin/Rudzio, Kolja: Beherrsch Dich! Die Zeit Nr. 46, 2014. Online: http://www.zeit.de/2014/46/marshmallow-test-erfolg-geduld-selbstdisziplin (zuletzt 8.9.2015).

67   Bund, Kerstin/Rudzio, Kolja: Beherrsch Dich! Die Zeit, Nr. 46, 2014. Online: http://www.zeit.de/2014/46/marshmallow-test-erfolg-geduld-selbstdisziplin (zuletzt 8.9.2015).

68   Bund, Kerstin/Rudzio, Kolja: Beherrsch Dich! Die Zeit, Nr. 46, 2014. Online: http://www.zeit.de/2014/46/marshmallow-test-erfolg-geduld-selbstdisziplin (zuletzt 8.9.2015).

69   Bund, Kerstin/Rudzio, Kolja: Beherrsch Dich! Die Zeit, Nr. 46, 2014. Online: http://www.zeit.de/2014/46/marshmallow-test-erfolg-geduld-selbstdisziplin (zuletzt 8.9.2015).

70   Bund, Kerstin/Rudzio, Kolja: Beherrsch Dich! Die Zeit, Nr. 46, 2014. Online: http://www.zeit.de/2014/46/marshmallow-test-erfolg-geduld-selbstdisziplin (zuletzt 8.9.2015).

71   Vgl. Walter Mischel im Gespräch mit Stefan Klapproth in „Sternstunde Philosophie", SRF, 22.3.2015.

72   Vlg. Bund, Kerstin/ Rudzio, Kolja: Beherrsch Dich! In: Die Zeit, Nr. 46, 2014. Online: http://www.zeit.de/2014/46/marshmallow-test-erfolg-geduld-selbstdisziplin (zuletzt 8.9.2015).

73   Vgl. Beglinger, Martin: Der Weg ins Glück. Wie Frühförderung wirkt. Und warum sie so wichtig ist. In: Das Magazin. Beilage „Tages-Anzeiger", „Basler Zeitung". Nr. 38, 2014, S. 1–25. Online: http://blog.dasmagazin.ch/wp-content/uploads/2014/09/ma1438.pdf (zuletzt 16.3.2015).

74   Vgl. Walter Mischel im Gespräch mit Stefan Klapproth in „Sternstunde Philosophie", SRF, 22.3.2015.

75   Die Fantastischen Vier: Album „4 gewinnt" 1992.

76   Vgl. Leonhardt, Roland: Des Pudels Kern. Sprichwörter erklärt. München: Haufe Verlag 2006, S. 42.

77   U. a. http://quiz.sueddeutsche.de/quiz/2081640251-promi-vorbilder

78   Vgl. Heinrich Staudinger im Gespräch mit Oliver Baier in „Café Sonntag", Ö1, 21.2.2015.

79   Vgl. Heinrich Staudinger im Gespräch mit Oliver Baier in „Café Sonntag", Ö1, 21.2.2015.

80   Fröse, Marlies W./Kaudela-Baum, Stefanie/Dievernich, Frank E. P. (Hrsg.): Emotion und Intuition in Führung und Organisation. Wiesbaden: Springer-Gabler, 2015. S.130.

81   Goleman, Daniel: Emotionale Intelligenz. München: Deutscher Taschenbuchverlag 1997, S. 57.

82   Vgl. Konnerth, Tanja: Emotionale Intelligenz. 13.10.2011. Online: http://www.zeit-zuleben.de/2112-emotionale-intelligenz/ (zuletzt 8.9.2015).

83   Vgl. Lexikon der Psychologie: Begriff „Emotionale Intelligenz. Online: http://www.psychomeda.de/lexikon/emotionale-intelligenz.html (zuletzt 8.9.2015).

84   Dworschak, Manfred/Grolle, Johann: Als wären wir gespalten. Spiegel-Gespräch mit Daniel Kahnemann. Der Spiegel, Nr. 2, 2012. Online: http://www.spiegel.de/spiegel/print/d-85833401.html (zuletzt 8.9.2015).

85   Vgl. Uslar, Moritz von: „Glück wird überschätzt", Interview mit Wilhelm Schmid. Die Zeit, Nr. 3, 2012. Online: http://www.zeit.de/2012/37/Philosophie-Lebenskunst-Glueck-Wilhelm-Schmid/seite-2 (zuletzt 23.5.2015).

86   Gonschior Thomas/Bohnefeld, Ulrich: Auf den Spuren der Intuition. Empathie als Grundlage der Intuition, Folge 5, Deutsche Erstausstrahlung, BR-alpha, 4.11.2010.

87   Böttcher, Jörg (Hrsg.): Handbuch Offshore-Windenergie. Rechtliche, technische und wirtschaftliche Aspekte. München: Oldenbourg Wissenschaftsverlag 2013, S. 275.

88   Nelson, Bradley. Der Emotionscode. So werden Sie krank machende Emotionen los. Kirchzarten bei Freiburg: VAK Verlag 2010, S. 193.

89   Sixtus, Mario: Das hochgeladene Ich. ARTE. Online: http://future.arte.tv/de/article/timeline-das-ich (zuletzt 8.9.2015).

90   Csíkszentmihályi, Mihály: Kreativität. Wie Sie das Unmögliche schaffen und ihre Grenzen überwinden. Stuttgart: Klett-Cotta 1997, S. 339.

91   Wischhof, Judith: Bauchentscheidungen und die Macht der Intuition. Interview mit Gerd Gigerenzer. Zeitzuleben, 20.9.2011. Online: http://www.zeitzuleben.de/15557-interview-bauchentscheidungen-und-die-macht-der-intuition/ (zuletzt 23.5.2015).

92   Bender, Justus/Soehring, Maren: Aus dem Bauch. Die Zeit, Campus, März 2007. Online: http://www.zeit.de/campus/2007/03/interview-gigerenzer (zuletzt 23.5.2015).

93   Bender, Justus/Soehring, Maren: Aus dem Bauch. Die Zeit, Campus, März 2007. Online: http://www.zeit.de/campus/2007/03/interview-gigerenzer (zuletzt 23.5.2015).

94   Vgl. Wischhof, Judith: Bauchentscheidungen und die Macht der Intuition. Interview mit Gerd Gigerenzer. Zeitzuleben, 20.9.2011. Online: http://www.zeitzuleben.de/15557-interview-bauchentscheidungen-und-die-macht-der-intuition/ (zuletzt 23.5.2015).

95   Vgl. Jung, Carl Gustav: Typologie. Olten: Walter-Verlag 1972, Zit. n. Schmid, Bernd/Caspari, Susanne: Zugänge zur Wirklichkeit. Die Typenlehre nach C. G. Jung. Institut für systemische Beratung. Wiesbach, 20.7.1999. Online: http://www.systemische-professionalitaet.de/download/schriften/72-zugaenge-zur-wirklichkeit.pcf (zuletzt 25.5.2015).

96   Vgl. Andersen, Jon Aarum: Intuition in managers: Are intuitive managers more effective?. Journal of Managerial Psychology, Vol. 15, Iss: 1, 2000, S. 46–63.

97   Bürger, Hans: Der vergessene Mensch in der Wirtschaft. Wien: Braumüller Verlag 2012, S. 45.

98   Vgl. Menk, Thomas/Martin, Sébastien: Ergebnisse der Studie Kreativität und Intuition. 15.3.2011. Online: http://www.menk.de/download/studie/studie.pdf In: http://www.mentale-intuition.de/ergebnisse-der-studie-kreativitat-und-intuition-im-unternehmensalltag/ (zuletzt 24.5.2015).

99   Bender, Justus/Soehring, Maren: Aus dem Bauch. Die Zeit, Campus, März 2007. Online: http://www.zeit.de/campus/2007/03/interview-gigerenzer (zuletzt 23.5.2015).

100 Wellensiek, Sylvia Kéré: Handbuch Resilienz-Training. Widerstandskraft und Flexibilität für Unternehmen und Mitarbeiter. Weinheim, Basel: Belz Verlag 2011, S. 18f.

101 Vgl. Wellensiek, Sylvia Kéré: Handbuch Resilienz-Training. Widerstandskraft und Flexibilität für Unternehmen und Mitarbeiter. Weinheim, Basel: Beltz Verlag 2011, S. 18–21.

102 Vgl. Zander, Margherita: Positionspapier zu Resilienz. Vortrag in Nürnberg, am 27.1.2012. Online: http://www.stadtmission-nuernberg.de/uploads/media/Positionspapier_zur_Resilienzforschung.pdf (zuletzt 8.9.2015).

103 Vgl. Gigerenzer, Gerd: Risiko. Wie man richtige Entscheidungen trifft. München: Bertelsmann 2013, S. 59 f.

104 Vgl. Klein, Stefan: Da Vincis Vermächtnis oder Wie Leonardo die Welt neu erfand. Frankfurt am Main: Fischer Taschenbuchverlag 2009, S. 11–13.

105 Vgl. Fehr Advice: Weil ich gut bin: Priming und Kreativität. 3.12.2014. Online: http://www.fehradvice.com/blog/2014/12/03/weil-ich-gut-bin-priming-und-kreativitaet/ (zuletzt 9.9.2015).

106 Härén, Fredrik: Das Ideenbuch. Stockholm: Verlag Interesting Organization Singapore 2009, S. 164

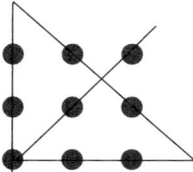

107 Vgl. Härén, Fredrik: Das Ideenbuch. Stockholm: Verlag Interesting Organization Singapore 2009, Auflösung S. 164ff.

108 Härén, Fredrik: Das Ideenbuch. Stockholm: Verlag Interesting Organization Singapore 2009, S. 44.

109 Vgl. Härén, Fredrik: Das Ideenbuch. Stockholm: Verlag Interesting Organization Singapore 2009, S. 14 f.

110 Vgl. Csíkszentmihályi, Mihály: Kreativität. Wie Sie das Unmögliche schaffen und ihre Grenzen überwinden. Stuttgart: Klett-Cotta 1997, S. 89 ff.

111 Dilts, Robert B./Epstein, Todd/Dilts, Robert W.: Know how für Träumer: Strategien der Kreativität. Reihe Pragmatismus & Tradition, Bd. 31. Paderborn: Junfermann Verlag 1994.

112 Vgl. Dilts, Robert B.: Strategies of Genius. Volume I: Aristotle, Sherlock Holmes. Walt Disney, Wolfgang Amadeus Mozart. Capitola (California/USA): Meta Publications 1994.

113 Oberschmid, Hannes/Stugger, Andreas: Kreativitätstechniken, Graz University of Technology. Institut für Industriebetriebslehre und Innovationsforschung, Industrict 2006, S. 20f., Online: http://www.informatik.uni-oldenburg.de/~sos/kurse/mat/Kreativitaets-Techniken.pdf (zuletzt 8.9.2015)

114 Film von Peter Weir: Der Club der toten Dichter (Dead Poets Society), USA 1989.

115 Vgl. Hill, Diana/Hunt, Teresa: How to make better decisions. Spiegel TV „ Das Geheimnis des Glücks". 2008. Online: http://www.spiegel.tv/filme/bbc-how-make-better-decisions/ (zuletzt 8.9.2015).

116 Schümmer, Volker: Georg Christophs Lichtenbergs Konzept aufgeklärter Kultur. Würzburg: Königshausen und Neumann 2000, S. 148.

117 Schury, Gudrun: Wer nicht suchet, der findet – Zufallsentdeckungen in der Wissenschaft. Frankfurt am Main: Campus Verlag 2006, S. 19 f.

118 Vgl. Zankl, Heinrich: Die Launen des Zufalls. Wo die Wissenschaft Glück hatte. Hörbuch. Darmstadt: Verlag auditorium maximum 2010.

119 Schmid, Wilhelm: Glück. Alles, was Sie darüber wissen müssen, und warum es nicht das Wichtigste im Leben ist. Frankfurt am Main, Leipzig: Insel Verlag 2007, S. 13.

120 Becker, Maria: Der Meister des Kairos. Ein Versuch über die Fassbarkeit des Kreativen. Neue Zürcher Zeitung, 16.3.2013. Online: http://www.nzz.ch/der-meister-des-kairos-1.18047525 (zuletzt 8.9.2015).

121 Piegsa, Oskar: „Es gibt keine Sicherheit", Interview mit Heiner Minssen. Die Zeit, Campus Nr. 4, 2015. Online: http://www.zeit.de/campus/2015/04/wissenschaftler-karriere-universitaet-unsicher-glueck (zuletzt 28.06.2015).

122 Schneider, Wolf: Die Sieger. Wodurch Genies, Phantasten und Verbrecher berühmt geworden sind. Hamburg: Gruner + Jahr 1993, S. 268.

123 Hellpach, Willy: Sozialpsychologie. Stuttgart: Thieme Verlag 1946. Zit. n. Schneider, Wolf: Die Sieger. Wodurch Genies, Phantasten und Verbrecher berühmt geworden sind. Hamburg: Gruner + Jahr 1993, S. 268.

124 Vgl. Pinder, Wilhelm: Aussagen zur Kunst. München: Mäander 1949. Zit. n. Schneider, Wolf: Die Sieger. Wodurch Genies, Phantasten und Verbrecher berühmt geworden sind. Hamburg: Gruner + Jahr 1993, S. 268.

125 Schneider, Wolf: Die Sieger. Wodurch Genies, Phantasten und Verbrecher berühmt geworden sind. Hamburg: Gruner + Jahr 1993, S. 269.

126 Vgl. Taine, Hippolyte: Philosophie de l'art. Paris: Fayard 1865. Zit n. Schneider, Wolf: Die Sieger. Wodurch Genies, Phantasten und Verbrecher berühmt geworden sind. Hamburg: Gruner + Jahr 1993, S. 270.

127 Schneider, Wolf: Die Sieger. Wodurch Genies, Phantasten und Verbrecher berühmt geworden sind. Hamburg: Gruner + Jahr 1993, S. 266.

128 Schneider, Wolf: Die Sieger. Wodurch Genies, Phantasten und Verbrecher berühmt geworden sind. Hamburg: Gruner + Jahr 1993, S. 266.

129 Lemke-Matwey, Christine: Von Beruf Schwester. Die Zeit, Feuilleton, Nr. 2, 8.1.2015, S. 45.

130 Jessen, Jens: Schaut hin, sie leben! Die Zeit online, Nr. 2, 8.1.2015, S. 2. Online: http://www.zeit.de/2015/02/klassiker-verkannte-genies-kanon/seite-2 (zuletzt 12.9.2015).

131 Jacob, Beatrix u. a.: Der Abend vor Silvester. Erzählungen und Gedichte. Berlin: Dorante Edition 2015, S. 136.

132 Härén, Fredrik: Das Ideenbuch. Stockholm: Verlag Interesting Organization Singapore 2009, S. 144.

133 Geropp, Bernd: Die 10 wichtigsten Tipps für erfolgreiches Scheitern. Online: http://www.mehr-fuehren.de/erfolgreiches-scheitern/ (zuletzt 8.9.2015).

134 Siebert, Horst: Der Konstruktivismus als pädagogische Weltanschauung. Entwurf einer konstruktivistischen Didaktik. Frankfurt: VAS Verlag für Akademische Schriften 2002, S. 33.

135 Watzlawick, Paul: Anleitung zum Unglücklichsein. München: Piper Verlag 1983, S. 27.

136 Peter Handke an Erich Schönemann, 18. April 1962. Zit. n. Malte, Herwig: Meister der Dämmerung: Peter Handke. Eine Biographie. München: Deutsche Verlags-Anstalt 2012, S. 111.

137 Schechner, Johanna/Zürner, Heidemarie: Krisen bewältigen. Viktor E. Frankls 10 Thesen in der Praxis. Wien: Braumüller Verlag 2011, S. 41.

138 Vgl. Biller, Karlheinz/Stiegeler, Maria de Lourdes: Wörterbuch der Logotherapie und Existenzanalyse von Viktor E. Frankl. Wien, Köln, Weimar: Böhlau 2008, S. 525.

139 Kammertöns, Hanns-Bruno/Wech, Michael: Der Mann, der Udo Jürgens ist. Filmdokumentation, ARD/ARTE, Erstausstrahlung ARD 29.9.2014.

140 Vgl. Hirschhausen, Eckart von: Glück kommt selten allein... Hamburg: Rowohlt 2011, S. 397.

141 Jaffé, Aniela (Hrsg.): Jung, C. G. Erinnerungen, Träume, Gedanken. Zürich, Düsseldorf: Walter-Verlag 1971, S. 176–178.

142 Flasspöhler, Svenja: In „Mut und Risiko" der TV-Sendung „Sternstunde Philosophie", Diskussionsleitung Barbara Bleisch, SRF, 1.9.2013.

143 Marko, Helmut: Helmut Marko erinnert sich. AutoBild.de, 5.9.2014. Online: http://www.autobild.de/artikel/formel-1-zum-todestag-von-jochen-rindt-5296507.html (zuletzt 8.9.2015).

144 Brunson, Paul C.: Diese 20 Dinge habe ich über Erfolg gelernt, als ich für zwei Milliardäre gearbeitet habe. The Huffington Post in Zusammenarbeit mit Focus, 30.12.2014, Online: http://www.huffingtonpost.de/paul-carrick-brunson/zwei-milliardaere-20-lektionen-erfolg-oprah-winfrey-enver-yucel_b_6395504.html (zuletzt 8.9.2015).

145 Fischer, Heinz: Vortrag beim Symposium „Macht Glaube Politik? – Die Macht der Ohnmacht", Phil.-Theolog. Hochschule Benedikt XVI., Stift Heiligenkreuz, 27.3.2014.

146 Vgl. Csíkszentmihályi, Mihály: Kreativität. Wie Sie das Unmögliche schaffen und ihre Grenzen überwinden. Stuttgart: Klett-Cotta 1997, S. 163–167.

147 Vgl. Ferriss, Timothy: Die 4-Stunden-Woche: Mehr Zeit, mehr Geld, mehr Leben. Berlin: Ullstein Verlag. 2008, S. 77–78.

148 Sutton, Robert I.: Der Arschloch-Faktor. Vom geschickten Umgang mit Aufschneidern, Intriganten und Despoten im Unternehmen. München, Wien: Hanser Verlag 2007, S. V.

149 Sutton, Robert I.: Der Arschloch-Faktor. Vom geschickten Umgang mit Aufschneidern, Intriganten und Despoten im Unternehmen. München, Wien: Hanser Verlag 2007, S. 4.

150 Sutton, Robert I.: Der Arschloch-Faktor. Vom geschickten Umgang mit Aufschneidern, Intriganten und Despoten im Unternehmen. München, Wien: Hanser Verlag 2007, S. 4.

151 Sutton, Robert I.: Der Arschloch-Faktor. Vom geschickten Umgang mit Aufschneidern, Intriganten und Despoten im Unternehmen. München, Wien: Hanser Verlag 2007, S. 2.

152 Gonschior Thomas/Bohnefeld, Ulrich: Auf den Spuren der Intuition. Empathie als Grundlage der Intuition, Folge 5, Deutsche Erstausstrahlung, BR-alpha, 4.11.2010.

153 Vgl. Walter Mischel im Gespräch mit Stefan Klapproth in „Sternstunde der Philosophie", SRF, 22.3.2015.

154 Vgl. Sutton, Robert I.: Der Arschloch-Faktor. Vom geschickten Umgang mit Aufschneidern, Intriganten und Despoten im Unternehmen. München, Wien: Hanser Verlag 2007, S. 123.

155 Vgl. Sutton, Robert I.: Der Arschloch-Faktor. Vom geschickten Umgang mit Aufschneidern, Intriganten und Despoten im Unternehmen. München, Wien: Hanser Verlag 2007, S. 42.

156 Sutton, Robert I.: Der Arschloch-Faktor. Vom geschickten Umgang mit Aufschneidern, Intriganten und Despoten im Unternehmen. München, Wien: Hanser Verlag 2007, S. 154.

157 Vgl. Schneider, Wolf: Die Sieger. Wodurch Genies, Phantasten und Verbrecher berühmt geworden sind. Hamburg: Gruner + Jahr 1993, S. 157.

158 Sutton, Robert I.: Der Arschloch-Faktor. Vom geschickten Umgang mit Aufschneidern, Intriganten und Despoten im Unternehmen. München, Wien: Hanser Verlag 2007, S. 159.

159 Sutton, Robert I.: Der Arschloch-Faktor. Vom geschickten Umgang mit Aufschneidern, Intriganten und Despoten im Unternehmen. München, Wien: Hanser Verlag 2007, S. 160.

160 Vgl. Virot, Emmanuel/Ponomarenko, Alexandre: Popcorn: critical temperature, jump and sound. Interface, 11.02.2015. Online: 10.1098/rsi.2014.1247 (zuletzt 11.2.2015).

161 Montmayeur, Yves: Michael Haneke. Porträt eines Film-Handwerkers. TV-Dokumentation, Österreich/Frankreich: WILDart FILM 2013. ORF 2 Erstausstrahlung 17.2.2013.

162 Kammertöns, Hanns-Bruno/Wech, Michael: Der Mann, der Udo Jürgens ist. Filmdokumentation, ARD/ARTE, Erstausstrahlung ARD 29.9.2014.

163 Falco hält sich als erster deutschsprachiger Popmusiker mit „Rock Me Amadeus" 1986 an der Spitze der US-amerikanischen Billboard-Charts, des „Heiligen Grals" der Popmusik, drei Wochen lang vor Prince mit „Kiss" als Nummer eins an der Spitze.

164 Zwack, Julika: Wie Ärzte gesund bleiben – Resilienz statt Burnout. Stuttgart: Thieme Verlag 2013, S. 12.

165 Reich-Ranicki, Marcel: Mein Leben. Stuttgart: Deutsche Verlags-Anstalt 1999, S. 446.

166 Reich-Ranicki, Marcel: Mein Leben. Stuttgart: Deutsche Verlags-Anstalt 1999, S. 445.

167 Reich-Ranicki, Marcel: Mein Leben. Stuttgart: Deutsche Verlags-Anstalt 1999, S. 445.

168 Reich-Ranicki, Marcel: Mein Leben. Stuttgart: Deutsche Verlags-Anstalt 1999, S. 447.

169 Reich-Ranicki, Marcel: Mein Leben. Stuttgart: Deutsche Verlags-Anstalt 1999, S. 448.

170 Reich-Ranicki, Marcel: Mein Leben. Stuttgart: Deutsche Verlags-Anstalt 1999, S. 448.

171 Reich-Ranicki, Marcel: Mein Leben. Stuttgart: Deutsche Verlags-Anstalt 1999, S. 448.

172 Schneider, Wolf: Die Sieger. Wodurch Genies, Phantasten und Verbrecher berühmt geworden sind. Hamburg: Gruner + Jahr 1993, S. 158.

173 Roll, Evelyn: Der Großkritiker. Die Süddeutsche Zeitung, 10.05.2010. Online: http://www.sueddeutsche.de/kultur/alfred-kerr-xxvii-der-grosskritiker-1.432544 (zuletzt 8.9.2015).

174 Canetti, Elias: „Masse und Macht" Frankfurt am Main: Fischer Taschenbuch 1980, S. 471.

175 Schneider, Wolf: Die Sieger. Wodurch Genies, Phantasten und Verbrecher berühmt geworden sind. Hamburg: Gruner + Jahr 1993, S. 275.

176 Abk. für Ehrwürdiger, Ehrwürdigst.

177 Mahr, Gerhard: Katharina Mommsen: Kleists Kampf mit Goethe. Die Tat, Nr. 69, 22.03.1975. Heidelberg: Lothar Stiehm Verlag, S. 75.

178 Schneider, Wolf: Die Sieger. Wodurch Genies, Phantasten und Verbrecher berühmt geworden sind. Hamburg: Gruner + Jahr 1993, S. 275.

179 Mahr, Gerhard: Katharina Mommsen: Kleists Kampf mit Goethe. Die Tat, Nr. 69, 22.03.1975. Heidelberg: Lothar Stiehm Verlag, S. 75.

180 Vgl. Tesla World. Online: http://www.tesla.ch/deutsch/4-Free_energy.html (zuletzt 12.6.2015).

181 Interview mit Otto Schenk: „Man schätzt mich mehr als ich mich". Kleine Zeitung, 12.6.2015, S. 90–91.

182 Alfred Dorfer im Gespräch mit Eva Rossmann in „Café Sonntag". Ö1, 3.5.2015.

183 Schneider, Winfried: ORF Radioserie „Radiokolleg – 150 Jahre Wiener Ringstraße", Ö1, 29.4.2015.

184 Vgl. Wettlauf zwischen Amundsen und Scott. BR Wissen, 30.3.2011. Online: http://www.br.de/themen/wissen/antarktis-amundsen-suedpol102.html (zuletzt 12.9.2015).

185 Vgl. Medvec, Victoria Husted/Madey, Scott F./Gilovich, Thomas: When less is more: Counterfactual Thinking and Satisfaction Among Olympic Medalists. Journal of Personality and Social Psychology. Vol. 69, No. 4, 1995, S. 603–610. Online: http://www.psych.cornell.edu/sec/pubPeople/tdg1/Medvec.Madey.Gilo.pdf (zuletzt 8.9.2015).

186 Hill, Diana/Hunt, Teresa: Die verborgenen Wege zum Glück. Deutsche Bearbeitung Edith Stohl. ORF2, 23.6.2004.

187 Sichrovsky, Heinz: Interview mit Peter Handke, NEWS, Nr. 40, 4.Okt 2012, S. 88.

188 Hadeler, Thorsten (Hrsg.): Zitate für Manager. Für Reden, Diskussionen und Papers immer das treffende Zitat. Wiesbaden: Gabler Verlag 2000, S.10.

189 Past: Psychologe behauptet, wer auf diese 3 Dinge verzichtet wird erfolgreich. Wirtschaftsblatt, 21.6.2015. Online: http://wirtschaftsblatt.at/home/nachrichten/newsletter/4735307/Psychologe-behauptet_Wer-auf-diese-3-Dinge-verzichtet-wird (zuletzt 12.9.2015).

190 Pinczolits, Karl: Was Profi Verkäufer besser machen. Fünf Faktoren für ihren Erfolg. Frankfurt am Main: Campus Verlag 2010, S. 106f.

191 Löhmer, Cornelia/ Standhardt, Rüdiger: Time Out statt Burnout. Einführung in die Lebenskunst der Achtsamkeit, Stuttgart: Klett-Cotta 2012, S. 110.

192 Shakespeare, William: Shakespeares dramatische Werke. Bd. 7 u. 8. Paderborn: Salzwasser Verlag 2013, S. 8.

193 Eißler-Rauh, Dagmar: Erfolg Zitate. Norderstedt: Books on Demand 2005, S. 37.

194 Strelecky, John: The Big Five for Life. Was wirklich zählt im Leben. München: dtv 2009, S. 24, 25.

195 Jung, Carl Gustav: Psychologie und Religion. Grundwerk Band 4, Olten: Walter Verlag 1984, S. 79.

196 Jürgens, Udo: Album „Zärtlicher Chaot" 1995.

Danksagung

Mein großer Dank gebührt allen Gesprächspartnern, die mir ihre Gedanken, Emotionen, ihre Zeit und ihr Vertrauen geschenkt haben.

Erfolg ist für mich, dass ich dieses Buch bei Sommertemperaturen von 38 Grad vollendet habe. Wenn man zwei Jahre lang daran arbeitet, geht das nicht ohne Unterstützung. In meinem Fall mit der Hilfe meiner Familie und meinem Freundeskreis. Zwei Erfolgsfaktoren, die ich in dem Werk beschreibe, sind Geduld und Durchhaltevermögen. Das haben mein Mann Lothar und mein Sohn Julian während der lang andauernden Arbeit an diesem Projekt liebevoll unter Beweis gestellt. Sie holten mich aus Schreibkrisen, haben mich ermuntert, wenn ich erlahmte, und mir meine eigenen „Popcorn-Sätze" immer wieder ans Herz gelegt. Lothar und meine Freundin Doris haben vieles kritisch hinterfragt, meine Thesen mit mir diskutiert, Korrektur gelesen und mich immer wieder daran erinnert, über meine Grenzen hinaus zu denken.

Danke an meine Freundin Christine, die mich seit 32 Jahren kennt und mit langen Gesprächen und einer Flasche Wein da ist, wenn der Druck zu groß geworden ist. 26 Interviews waren am Schluss über 350 Seiten Transkripte. Ohne die Hilfe von Diana Weidlinger, Alexandra Cech und Eva Deutsch würde ich heute noch an der Fertigstellung arbeiten. Danke Anja Lenhart, die mir großartige Menschen für dieses Buch vorgeschlagen hat.

Danke Martin Zechner für das tolle Cover.

Meine Lektorin Anita Luttenberger hat die Probleme immer kleiner gemacht, als ich sie dargestellt habe, und hat mich mit Begeisterung, Energie und ebenso viel Geduld begleitet – Danke! Alle übrig gebliebenen Fehler sind voll und ganz meine Verantwortung und wenn Sie welche finden, dürfen Sie sie behalten.